线性代数

邓辉文　编

清华大学出版社
北京

内容简介

本书以线性方程组为主线、以矩阵和向量为工具，阐述线性代数的基本概念、基本理论和方法，使全书内容联系紧密，具有较强的逻辑性. 全书共分5章，分别介绍线性方程组、矩阵代数、向量空间、特征值和特征向量以及二次型. 对每章的学习内容简述其起源和作用.

由于线性代数概念多、结论多，内容较抽象，本书尽量从简单实例入手，力求通俗易懂、由浅入深，对重点内容提供较多的典型例题，以帮助学生更好地理解、掌握和运用线性代数的知识. 每章有精选习题，有些选自历年的研究生入学考试题目，书后有习题答案. 专业术语均有对应的英文. 本书简单介绍了使用MATLAB求解线性代数问题的一些常见命令，希望能引起大家的学习兴趣，较早进入MATLAB世界.

本书适合于普通高等院校非数学专业各类理工科本科生特别是计算机各专业、电子信息及有关各专业、自动化专业、经济和管理学科等专业学生作为教学用书.

本书有配套的《线性代数学习指导与习题解答》辅助用书，同时由清华大学出版社出版，本书电子教案可在清华大学出版社网站下载.

图书在版编目(CIP)数据

线性代数/邓辉文编. —北京：清华大学出版社，2008.7(2025.2重印)
ISBN 978-7-302-17760-9

Ⅰ. 线… Ⅱ. 邓… Ⅲ. 线性代数 Ⅳ. O151.2

中国版本图书馆CIP数据核字(2008)第077790号

责任编辑：刘 颖
责任校对：赵丽敏
责任印制：宋 林

出版发行：清华大学出版社
网 址：https://www.tup.com.cn，https://www.wqxuetang.com
地 址：北京清华大学学研大厦A座 **邮 编**：100084
社 总 机：010-83470000 **邮 购**：010-62786544
投稿与读者服务：010-62776969，c-service@tup.tsinghua.edu.cn
质量反馈：010-62772015，zhiliang@tup.tsinghua.edu.cn
印 装 者：三河市铭诚印务有限公司
经 销：全国新华书店
开 本：185mm×230mm **印 张**：13 **字 数**：279千字
版 次：2008年7月第1版 **印 次**：2025年2月第15次印刷
定 价：39.00元

产品编号：028937-06

前　　言

*什么是代数？*代数(algebra)最早就是求解方程或方程组，在清代传入我国，当时将Algebra翻译成“阿尔热巴拉”，直到1859年才翻译成“代数”. 根据现代数学的观点，代数就是在所考虑的对象之间规定一些运算后得到的数学结构.

*什么是线性代数？*线性代数(linear algebra)涉及的运算主要是称为加减和数乘的线性运算，这些线性运算须满足一定的性质进而构成线性空间. 线性代数需要解决的第一个问题就是求解来源于实际应用问题的线性方程组.

*线性代数的研究对象是什么？*线性代数的研究对象是**线性空间**，包括其上的线性变换. 它与高等代数、近世代数的研究对象略有所不同.

从广义的角度看，线性代数研究线性科学中的“线性问题”. 直观地讲，对所考虑的变量来讲，和式中各项次数最高为一次的问题就是线性问题. 即使是大量出现的非线性问题有时也可以转换成线性问题进行处理，如在一定条件下，曲线可用直线近似，曲面可用平面近似，函数增量可用函数的微分近似.

矩阵和向量是重要的代数工具. 线性问题的讨论往往涉及矩阵和向量，它们是重要的代数工具. 在一定的意义上，它们以及其上的一些运算本身就构成线性空间. 因此，线性代数的主要内容分别是线性方程组、向量空间、矩阵代数，以及与线性变换密切相关的方阵的特征值和二次型这种线性空间之间特殊的双线性函数等.

*线性代数的特点是什么？*内容较抽象、概念和定理较多，前后联系紧密，环环相扣，相互渗透.

*为何要学习线性代数？*线性代数是一种数学建模方法，科研工作者必须掌握，虽然其有关内容具有一定的抽象性. 前面已经提到，线性化是重要的数学方法，在高等数学特别是优化问题的讨论中会用到. 在计算机程序设计语言特别是MATLAB中，矩阵是最基本的数据结构. 在微积分(高等数学)、微分方程、离散数学、算法分析与设计、计算机图形图像处理及数字信号处理等课程中，矩阵、向量、线性变换是经常要用的知识. 随着计算机的普及，线性代数在理论和实际应用中的重要性更加突出，这使得诸如计算机专业、电子信息专业、自动控制专业以及经济管理专业等对线性代数的内容从深度和广度方面都提出了更高的要求.

学习线性代数要达到的目的. 通过线性代数的学习，一方面可以进一步培养抽象思维能力和严密的逻辑推理能力，为进一步学习和研究打下坚实的理论基础，另一方面为立志报考研究生的同学提供必要的线性代数理论知识、解题技巧和方法.

本书适用对象. 本书是根据作者多年的教学经验编写的，同时也参考了国内外的线性代数教材. 所选内容适合于普通高等院校非数学专业各类理工科本科学生，特别是计算机各专

业、电子信息及相关各专业、自动化专业、经济和管理学科等专业本科学生作为教学用书，也可作为理工科考研学生和有关工作者的参考书.

本书主要内容. 全书共分5章，分别介绍线性方程组、矩阵代数、向量空间、特征值与特征向量和二次型. 全书以线性方程组为主线、以矩阵和向量为工具阐述线性代数的基本概念、基本理论和方法，使全书内容联系紧密，具有较强的逻辑性. 由于线性代数概念多、结论多，内容较抽象，本书尽量从简单实例入手，力求通俗易懂、由浅入深，对重点内容提供较多的典型例题，以帮助学生更好地理解、掌握和运用线性代数的知识. 每章都有精选习题，有些选自历年的研究生入学考试线性代数题目，书后有习题答案.

MATLAB程序设计语言. 计算机科学的研究和发展，给线性代数内容注入了新的活力，出现了各种各样的数学软件，如MATLAB、Mathematic等. 本书介绍了使用MATLAB求解线性代数问题的一些常见命令，希望能引起大家的学习兴趣，较早进入MATLAB世界. 因为MATLAB强大的数值计算和符号计算功能、卓越的数据可视化能力和适用于各行各业的不同的工具箱(Toolbox)，使得MATLAB成为多学科多种工作平台的程序设计语言，在欧美的几乎所有高校中，MATLAB已经成为线性代数、概率论与数理统计、自动控制理论、数字信号处理、动态系统仿真等课程的基本教学工具，是攻读学位的大学生、硕士生和博士生必须掌握的基本技能.

本书讲授约需54课时，根据教学课时数以及学生具体情况，对于第2章、第3章和第5章内容，特别是个别难度较大的例题，进行适当删减，可作为专科学生、网络学院学生、成教学生的教材. 在学习过程中，若能结合与本书配套的教学辅助用书《线性代数学习指导与习题解答》进行学习，则能起到举一反三、加深对课本内容理解的作用.

由于编者水平有限，缺点和疏漏在所难免，肯请大家不吝指正，万分感激.

编　者

2008年5月

目　　录

第 1 章　线性方程组

众所周知，代数(algebra)最早就是求解(线性、非线性)方程或方程组.

历史上，线性代数(linear algebra)遇到的第一个问题是求解线性方程组，在西方它是在 17 世纪后期由 G. W. Leibniz(1646—1716)开创的.

线性方程组是线性代数的基本内容，是贯穿线性代数的一条主线. 线性代数各部分内容或多或少与线性方程组有关，如矩阵方程、向量组的线性相关性、特征值及特征向量和二次型的标准化等.

线性方程组又称为一次方程组，大家在中学就学习过较简单的二元一次方程组和三元一次方程组. 在自然科学、管理科学和工程应用中，如石油探测、管理决策、电路分析和减肥食谱研究等大量科学技术问题中，往往需要求解一个有成百上千甚至更多个未知量的大型线性方程组，求解线性方程组的重要性是显而易见的. 因此，从这个角度去看，也有必要讨论一般的线性方程组的求解问题.

一般的线性方程组的求解问题的讨论离不开矩阵. 实际上，矩阵是重要的数学工具之一，在很多的实际应用和理论研究中都经常会用到.

1.1　线性方程组与矩阵的有关概念

1.1.1　线性方程组的有关概念

在中学学习过诸如以下较简单的二元一次方程组和三元一次方程组：

$$\begin{cases} x+y=1, \\ 2x-y=5; \end{cases} \qquad \begin{cases} x+2y-5z=19, \\ 2x+8y+3z=-22, \\ x+3y+2z=-11. \end{cases}$$

它们都是本章要讨论的线性方程组.

再看一个例子.

例 1.1　求经过四个点$(-1,2)$，$(0,0.25)$，$(1,1)$，$(2,-1)$的三次函数 $y=ax^3+bx^2+cx+d$ 就需要求解以下的线性方程组：

$$\begin{cases} a\cdot(-1)^3+b\cdot(-1)^2+c\cdot(-1)+d=2, \\ a\cdot 0^3+b\cdot 0^2+c\cdot 0+d=0.25, \\ a\cdot 1^3+b\cdot 1^2+c\cdot 1+d=1, \\ a\cdot 2^3+b\cdot 2^2+c\cdot 2+d=-1, \end{cases} \quad \text{即} \begin{cases} -a+b-c+d=2, \\ d=0.25, \\ a+b+c+d=1, \\ 8a+4b+2c+d=-1. \end{cases}$$

其中 a,b,c 和 d 看作未知量.

对所考虑的未知量来说,和式中每项次数最高为一次的方程称为**线性方程**(linear equation),否则称为**非线性方程**(nonlinear equation).

对未知量 x,y,z 来说,如 $2x+3y+4z=5$ 是线性方程,而 $3xy+y-2z=5$, $e^y+xy-e=0$ 和 $3x^2+\sin y=2z$ 是非线性方程.若 $a_{i1},a_{i2},\cdots,a_{in},b_i(i=1,2,\cdots,m)$是常数,对未知量 $x_1,x_2,\cdots,x_n$ 来说,$a_{i1}x_1+a_{i2}x_2+\cdots+a_{in}x_n=b_i$ 是线性方程.

在微积分中,对于未知函数 $y(x)$以及未知函数 $y(x)$的导数来说,和式中每项次数最高为一次的微分方程称为**线性微分方程**,如 $y''+p(x)y'+Q(x)y=f(x)$,而 $3y'y=f(x)$是非线性微分方程.

每个方程均是线性方程的方程组称为**线性方程组**(system of linear equations).具有 n 个未知量的线性方程组称为 ***n* 元线性方程组**(system of linear equations with n unknowns).

n 元线性方程组的一般形式为

$$\begin{cases} a_{11}x_1+a_{12}x_2+\cdots+a_{1n}x_n=b_1, \\ a_{21}x_1+a_{22}x_2+\cdots+a_{2n}x_n=b_2, \\ \quad\vdots \\ a_{m1}x_1+a_{m2}x_2+\cdots+a_{mn}x_n=b_m. \end{cases} \tag{1.1}$$

(1.1)式是有 m 个方程的 n 元线性方程组,可称为 ***m*×*n* 线性方程组**,其中 a_{ij} 称为第 i 个方程第 j 个未知量 x_j 的**系数**(coefficient)($i=1,2,\cdots,m,j=1,2,\cdots,n$),$b_i$ 称为第 i 个方程的**常数项**(constant)($i=1,2,\cdots,m$),m 和 n 是任意正整数,其关系可能为下列三种情况之一:$m=n,m>n$ 及 $m<n$.

对于 n 元线性方程组,应该讨论下述问题:

(1) 解的存在性.

(2) 求出其所有解,包括解的个数.

在讨论 n 元线性方程组的有关问题时,矩阵是一个很方便的工具.

1.1.2　矩阵的有关概念

1. 矩阵

为了引入矩阵概念,先看一个三阶幻方的例子.

例 1.2(**三阶幻方问题**)　将1到9共9个正整数按一定顺序填入如下表格的空里,使其每行的3个数相加、每列的3个数相加、表格所构成的正方形的两条对角线上的3个数相加之和均相同.

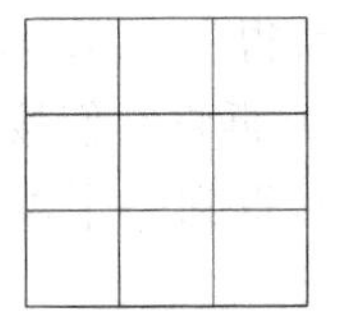

解 容易知道,题目中所提到的3个数相加之和为15,于是得到其中的一种填法为

6	1	8
7	5	3
2	9	4

将得到的数表

$$\begin{matrix} 6 & 1 & 8 \\ 7 & 5 & 3 \\ 2 & 9 & 4 \end{matrix}$$

称为矩阵,记为

$$\begin{pmatrix} 6 & 1 & 8 \\ 7 & 5 & 3 \\ 2 & 9 & 4 \end{pmatrix}.$$

类似地,可以考虑 $n(n\geqslant 4)$ 阶幻方问题.

矩阵就是由一些数,也可以是一些表示数的符号,按一定顺序排成若干行和若干列而构成的一个表格.

定义 1.1 由 mn 个数按一定顺序构成的有 m 行及 n 列的数表

$$\begin{pmatrix} a_{11} & a_{12} & \cdots & a_{1n} \\ a_{21} & a_{22} & \cdots & a_{2n} \\ \vdots & \vdots & & \vdots \\ a_{m1} & a_{m2} & \cdots & a_{mn} \end{pmatrix} \tag{1.2}$$

称为 $\boldsymbol{m\times n}$ **矩阵**(matrix of size $m\times n$).

已经看出,为了表示元素的排列顺序,通常用一对圆括号( )或方括号[ ]将它们括起来,但不能使用{ }或| |等符号.

通常用大写的黑斜体(英文或希腊)字母来表示矩阵,如 $\boldsymbol{A},\boldsymbol{B},\boldsymbol{C},\boldsymbol{A}_1,\boldsymbol{A}_2,\boldsymbol{A}_3$.

在矩阵(1.2)中,对于 $i=1,2,\cdots,m$,$a_{i1},a_{i2},\cdots,a_{in}$ 称为**第 $\boldsymbol{i}$ 行元素**(i-th row),对于 $j=1,2,\cdots,n$,$a_{1j},a_{2j},\cdots,a_{mj}$ 称为**第 $\boldsymbol{j}$ 列元素**(j-th column).用 a_{ij} 表示第 i 行第 j 列位置的元素,称为(i,j)位置元素.(i,j)位置元素 a_{ij} 是用双下标表示的,第一个下标表示该元素所在的行,第二个下标表示该元素所在的列,这种表示方法本身就有一定的创意.

例如,分别将线性方程组(1.1)的第1个方程到第 m 个方程中未知量 $x_1,x_2,\cdots,x_n$ 的系数依次抽取出来,如根据第 i 个方程就得到 $a_{i1},a_{i2},\cdots,a_{in}(i=1,2,\cdots,m)$. 特别地,若在第 i 个方程中不含未知量 x_j,则表明 $a_{ij}=0$. 再将它们按第1个方程到第 m 个方程的顺序分别排成第1行,第2行,……,直到第 m 行,得到一个数表,这个仅由线性方程组(1.1)各方程未知量的 mn 个系数构成的矩阵

$$\begin{pmatrix} a_{11} & a_{12} & \cdots & a_{1n} \\ a_{21} & a_{22} & \cdots & a_{2n} \\ \vdots & \vdots & & \vdots \\ a_{m1} & a_{m2} & \cdots & a_{mn} \end{pmatrix}$$

称为线性方程组(1.1)的**系数矩阵**(coefficient matrix),常用黑斜体字母 $\boldsymbol{A}$ 表示.

又如,分别将线性方程组(1.1)的第1个方程到第 m 个方程中未知量 $x_1,x_2,\cdots,x_n$ 的系数以及右边的常数项依次抽取出来,如根据第 i 个方程就得到 $a_{i1},a_{i2},\cdots,a_{in},b_i(i=1,2,\cdots,m)$. 再将它们按第1个方程到第 m 个方程的顺序分别排成第1行,第2行,……,直到第 m 行,得到一个由 $m(n+1)$ 个数构成的矩阵

$$\begin{pmatrix} a_{11} & a_{12} & \cdots & a_{1n} & b_1 \\ a_{21} & a_{22} & \cdots & a_{2n} & b_2 \\ \vdots & \vdots & & \vdots & \vdots \\ a_{m1} & a_{m2} & \cdots & a_{mn} & b_m \end{pmatrix},$$

在以后的讨论中,通常用黑斜体字母 $\boldsymbol{B}$ 表示,称为线性方程组(1.1)的**增广矩阵**(augmented matrix).

事实上,增广矩阵是最早出现的矩阵."矩阵"一词来源于拉丁语,表示排数的意思,1850年英格兰数学家 J. J. Sylvester(1814—1897)首次使用矩阵术语.

在1.2节将会看到,对线性方程组进行同解变换,关键是对未知量 $x_1,x_2,\cdots,x_n$ 的系数和方程右边的常数项进行变换,即对其增广矩阵进行相应的初等行变换,因而可以略去未知量 $x_1,x_2,\cdots,x_n$,这样做不但简单而且不易出错.

说明 在以后的讨论中,将系数矩阵用 $\boldsymbol{A}$ 表示,增广矩阵用 $\boldsymbol{B}$ 表示.

例1.3 写出下列线性方程组的系数矩阵和增广矩阵:

$$\begin{cases} x_1+2x_2 = 3, \\ 4x_1+7x_2+x_3=10, \\ x_2-x_3=2, \\ 2x_1+3x_2+x_3=4. \end{cases}$$

解 系数矩阵和增广矩阵分别为

$$\boldsymbol{A}=\begin{pmatrix} 1 & 2 & 0 \\ 4 & 7 & 1 \\ 0 & 1 & -1 \\ 2 & 3 & 1 \end{pmatrix}, \quad \boldsymbol{B}=\begin{pmatrix} 1 & 2 & 0 & 3 \\ 4 & 7 & 1 & 10 \\ 0 & 1 & -1 & 2 \\ 2 & 3 & 1 & 4 \end{pmatrix}.$$

注意 在写线性方程组的系数矩阵和增广矩阵时，一方面要按一定顺序，如 x_1,x_2,x_3 或 x,y,z 得出未知量的系数，另一方面，若有缺位，如例 1.3 中的第 1 个方程没有 x_3，就认为 x_3 的系数为 0.

为了方便，可以将矩阵(1.2)写成 $(a_{ij})_{m\times n}$，其中 a_{ij} 是矩阵的代表元素. 当仅用一个字母表示矩阵时，可以在该字母的右下角写上 $m\times n$，以表明矩阵的行数和列数，如 $\boldsymbol{A}_{m\times n}$.

矩阵 $\boldsymbol{A}_{m\times n}$ 中，$m\times n$ 为矩阵 $\boldsymbol{A}$ 的**型**(size)，这里 $m\times n$ 没有乘积之意. 有 m 行 n 列的矩阵 $\boldsymbol{A}$，就是"$m\times n$ 矩阵 $\boldsymbol{A}$"，读作"m 行 n 列矩阵 $\boldsymbol{A}$". 在 $m\times n$ 中，行数 m 写在"×"的前面，而列数 n 写在"×"的后面.

两个矩阵 $\boldsymbol{A}$ 和 $\boldsymbol{B}$ 是同型的是指其行数、列数分别相同.

矩阵中的元素一般取自一些数组成的集合，在该集合上有一些满足特定性质的运算.

若矩阵中的元素全取自复数集合 $\mathbb{C}$，这样的矩阵称为**复矩阵**(complex matrix)，如 $\begin{pmatrix} 1 & 2 & \mathrm{i} \\ 1-\mathrm{i} & -1 & 0 \\ 3 & \mathrm{i} & 1+\mathrm{i} \end{pmatrix}$，其中 $\mathrm{i}=\sqrt{-1}$ 是虚数单位. 若矩阵中的元素全取自实数集合 $\mathbb{R}$，这样的矩阵称为**实矩阵**(real matrix). 若矩阵中的元素全取自整数集合，这种矩阵称为**整数矩阵**.

约定，若没有特殊说明，今后所讨论的矩阵为实矩阵.

一般的 $m\times n$ 矩阵，其元素排列起来像一个矩形，它是一个矩形阵列. 为了方便，将只有一行的矩阵 $(a_1,a_2,\cdots,a_n)$ 称为**行矩阵**，只有一列的矩阵 $\begin{pmatrix} b_1 \\ b_2 \\ \vdots \\ b_m \end{pmatrix}$ 称为**列矩阵**.

由于 $n\times n$ 矩阵的元素排列起来像一个正方形，因此 $n\times n$ 矩阵常称为**方阵**(square)，为了将方阵的行数或列数表示出来，$n\times n$ 矩阵又称为 ***n* 阶矩阵**(matrix of order n)或 ***n* 阶方阵**(square matrix of order n). n 阶方阵 $\boldsymbol{A}$ 也可以表示为 $\boldsymbol{A}_n$ 或 $\boldsymbol{A}_{n\times n}$. 由一个数 a 构成的一阶方阵 (a) 就是元素 a 本身，即 $(a)=a$.

在 n 阶方阵 $\boldsymbol{A}=(a_{ij})_{n\times n}$ 中，称元素 $a_{11},a_{22},\cdots,a_{nn}$ 为方阵 $\boldsymbol{A}$ 的**主对角线**(principal diagonal)，简称为 $\boldsymbol{A}$ 的**对角线**(diagonal). 有时称元素 $a_{1n},a_{2,n-1},\cdots,a_{n1}$ 为方阵 $\boldsymbol{A}$ 的**次对角线**(secondary diagonal).

实际上，矩阵是一种非常重要的数学工具之一，在处理很多问题时都会用到矩阵. 下面再举一个例子，以加深对矩阵概念的理解.

例 1.4 三个商店 S_1,S_2,S_3 进货四种产品 P_1,P_2,P_3,P_4 的数量(单位：件)如表 1.1.

表 1.1

商店＼产品	P_1	P_2	P_3	P_4
S_1	a_{11}	a_{12}	a_{13}	a_{14}
S_2	a_{21}	a_{22}	a_{23}	a_{24}
S_3	a_{31}	a_{32}	a_{33}	a_{34}

四种产品 P_1,P_2,P_3,P_4 的单价(单位：元)及单件重量(单位：kg)如表1.2.

表 1.2

产品	单价	单件重量
P_1	b_{11}	b_{12}
P_2	b_{21}	b_{22}
P_3	b_{31}	b_{32}
P_4	b_{41}	b_{42}

于是,得到两个矩阵分别为

$$\boldsymbol{A}=\begin{pmatrix} a_{11} & a_{12} & a_{13} & a_{14} \\ a_{21} & a_{22} & a_{23} & a_{24} \\ a_{31} & a_{32} & a_{33} & a_{34} \end{pmatrix},\quad \boldsymbol{B}=\begin{pmatrix} b_{11} & b_{12} \\ b_{21} & b_{22} \\ b_{31} & b_{32} \\ b_{41} & b_{42} \end{pmatrix}.$$

2. 转置矩阵

在例1.4中,如果将三个商店 S_1,S_2,S_3 进货四种产品 P_1,P_2,P_3,P_4 的数量列成表1.3的形式.

表 1.3

产品＼商店	S_1	S_2	S_3
P_1	a_{11}	a_{21}	a_{31}
P_2	a_{12}	a_{22}	a_{32}
P_3	a_{13}	a_{23}	a_{33}
P_4	a_{14}	a_{24}	a_{34}

这时得到的矩阵为

$$\begin{pmatrix} a_{11} & a_{21} & a_{31} \\ a_{12} & a_{22} & a_{32} \\ a_{13} & a_{23} & a_{33} \\ a_{14} & a_{24} & a_{34} \end{pmatrix},$$

此矩阵称为例 1.4 中矩阵 $\boldsymbol{A}$ 的转置矩阵，它是这些元素 a_{ij} 的另外一种排列方式.

定义 1.2　设矩阵

$$\boldsymbol{A}=\begin{pmatrix} a_{11} & a_{12} & \cdots & a_{1n} \\ a_{21} & a_{22} & \cdots & a_{2n} \\ \vdots & \vdots & & \vdots \\ a_{m1} & a_{m2} & \cdots & a_{mn} \end{pmatrix},$$

称下列矩阵为 $\boldsymbol{A}$ 的**转置矩阵**(transpose of a matrix)，记为 $\boldsymbol{A}^{\mathrm{T}}$ 或 $\boldsymbol{A}'$.

$$\boldsymbol{A}^{\mathrm{T}}=\begin{pmatrix} a_{11} & a_{21} & \cdots & a_{m1} \\ a_{12} & a_{22} & \cdots & a_{m2} \\ \vdots & \vdots & & \vdots \\ a_{1n} & a_{2n} & \cdots & a_{mn} \end{pmatrix}.$$

一个矩阵的转置矩阵就是将其行与对应的列互换得到的矩阵，例如对于

$$\boldsymbol{A}=\begin{pmatrix} -1 & 3 & 0 & 3 \\ 2 & 4 & 1 & 2 \\ -2 & -1 & -1 & 5 \end{pmatrix},$$

则 $\boldsymbol{A}$ 的转置矩阵为

$$\boldsymbol{A}^{\mathrm{T}}=\begin{pmatrix} -1 & 2 & -2 \\ 3 & 4 & -1 \\ 0 & 1 & -1 \\ 3 & 2 & 5 \end{pmatrix}.$$

显然，对于任意矩阵 $\boldsymbol{A}$，有 $(\boldsymbol{A}^{\mathrm{T}})^{\mathrm{T}}=\boldsymbol{A}$. 一个方阵的转置矩阵也可以理解为是沿主对角线的翻转.

说明　为了理解为何要讨论转置矩阵，我们是将一个矩阵的转置矩阵理解为表格的不同排列方式，它实际上也是矩阵的一种运算——转置运算.

3. 几种特殊矩阵

有了矩阵概念后，下面介绍几种常用的特殊矩阵.

(1) 单位矩阵

在平面直角坐标系中，相对于坐标原点将点 (x,y) 旋转(rotation)θ 角变换到新的点 (x',y')，见图 1.1.

这时，有

$$\begin{cases} x' = x\cos\theta - y\sin\theta, \\ y' = x\sin\theta + y\cos\theta. \end{cases}$$

将两个等式右边 x 与 y 的系数用一个矩阵表示为

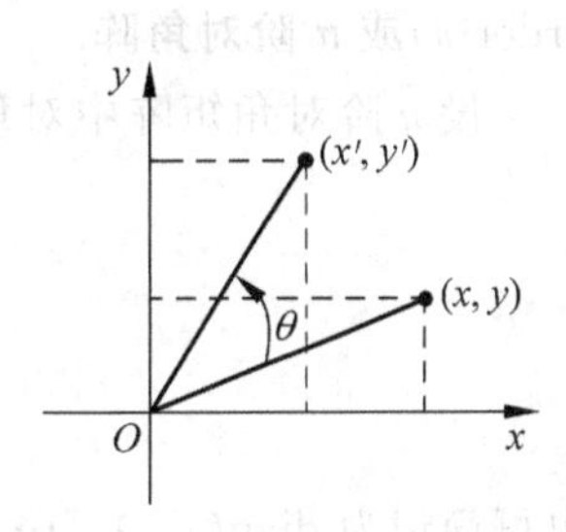

图　1.1

$$\boldsymbol{R}=\begin{pmatrix}\cos\theta & -\sin\theta\\ \sin\theta & \cos\theta\end{pmatrix},$$

它称为上述变换的旋转矩阵.当 $\theta=0$ 时,有 $\begin{cases}x'=x,\\ y'=y,\end{cases}$ 而 $\boldsymbol{R}=\begin{pmatrix}1 & 0\\ 0 & 1\end{pmatrix}$,它称为二阶单位矩阵.

一般地,对角线元素全为1,其他元素全为0的 n 阶方阵称为 **n 阶单位矩阵**(identity matrix of order n)或 **n 阶单位阵**,记为 $\boldsymbol{E}$ 或 $\boldsymbol{E}_n$,有时记为 $\boldsymbol{I}$ 或 $\boldsymbol{I}_n$,即

$$\boldsymbol{E}=\begin{bmatrix}1 & & & \\ & 1 & & \\ & & \ddots & \\ & & & 1\end{bmatrix},$$

未写出的元素全为0,也可以在是0的部分写一个较大的0,今后会经常遇到这种处理方式.

将单位矩阵记为 $\boldsymbol{I}$ 在线性代数中应该更好,如产生 n 阶单位矩阵的MATLAB命令为eye(n),只是由于在一般的代数结构讨论中关于乘法运算的"单位元"习惯用 $\boldsymbol{e}$ 或 $\boldsymbol{E}$,与数1有同样作用.

二阶单位阵和三阶单位阵分别为

$$\boldsymbol{E}_2=\begin{pmatrix}1 & 0\\ 0 & 1\end{pmatrix},\quad \boldsymbol{E}_3=\begin{bmatrix}1 & 0 & 0\\ 0 & 1 & 0\\ 0 & 0 & 1\end{bmatrix}.$$

(2) 对角矩阵

在平面直角坐标系中,为了改变一个对象的大小,可以进行如下缩放(scaling)变换

$$\begin{cases}x'=\lambda_1 x,\\ y'=\lambda_2 y.\end{cases}$$

按上面的方式,该变换的矩阵为 $\boldsymbol{S}=\begin{bmatrix}\lambda_1 & 0\\ 0 & \lambda_2\end{bmatrix}$,它是上述变换的缩放矩阵,称为二阶对角矩阵.

更一般地,除对角线元素外全为0的 n 阶方阵称为 **n 阶对角矩阵**(diagonal matrix of order n)或 **n 阶对角阵**.

设 n 阶对角矩阵中对角线元素依次为 $\lambda_1,\lambda_2,\cdots,\lambda_n$,则该对角阵为

$$\begin{bmatrix}\lambda_1 & & & \\ & \lambda_2 & & \\ & & \ddots & \\ & & & \lambda_n\end{bmatrix},$$

也可简记为 $\mathrm{diag}(\lambda_1,\lambda_2,\cdots,\lambda_n)$.

显然,单位矩阵是对角矩阵.

对角线元素相同的 n 阶对角矩阵称为**数量矩阵**(scalar matrix),其一般形式为

$$\mathrm{diag}(k,k,\cdots,k).$$

(3) 零矩阵

元素全为 0 的 $m\times n$ 矩阵称为**零矩阵**(zero matrix),记为 $\mathbf{0}$ 或 $\mathbf{0}_{m\times n}$. n 阶零方阵记为 $\mathbf{0}_n$. 注意 $\mathbf{0}$ 是加粗的,与数 0 有区别. 有各种形式的零矩阵,如

$$\mathbf{0}_{2\times 3}=\begin{pmatrix}0&0&0\\0&0&0\end{pmatrix},\quad \mathbf{0}_3=\begin{bmatrix}0&0&0\\0&0&0\\0&0&0\end{bmatrix}.$$

零矩阵的作用类似于数 0.

(4) 上(下)三角矩阵

线性方程组

$$\begin{cases}x_1+2x_2+3x_3+4x_4=3,\\ \quad\ 7x_2+x_3-2x_4=10,\\ \qquad\quad -x_3+2x_4=2,\\ \qquad\qquad\quad x_4=4\end{cases}$$

的系数矩阵为

$$\begin{bmatrix}1&2&3&4\\0&7&1&-2\\0&0&-1&2\\0&0&0&1\end{bmatrix}.$$

此矩阵的非零元素都位于右上角的三角形中,称其为一个上三角矩阵.

一般地,对角线以下元素全为 0 的方阵称为**上三角矩阵**(uppertriangular matrix)或上三角阵,其一般形式为

$$\begin{bmatrix}a_{11}&a_{12}&\cdots&a_{1n}\\&a_{22}&\cdots&a_{2n}\\&&\ddots&\vdots\\&&&a_{nn}\end{bmatrix}.$$

在关于矩阵计算的内容中,还涉及下三角矩阵. 对角线以上元素全为 0 的方阵称为**下三角矩阵**(lower triangular matrix)或下三角阵,其一般形式为

$$\begin{bmatrix}a_{11}&&&\\a_{21}&a_{22}&&\\\vdots&\vdots&\ddots&\\a_{n1}&a_{n2}&\cdots&a_{nn}\end{bmatrix}.$$

4. 矩阵相等

通过前面的例子,已经看出矩阵的一些作用,它在线性方程组和几何变换的讨论和研究中至关重要.

根据矩阵的定义知道,矩阵就是表格,因而很容易理解下述定义.

定义 1.3 设 $\boldsymbol{A}=(a_{ij})_{m\times n}$,$\boldsymbol{B}=(b_{ij})_{m\times n}$,若矩阵 $\boldsymbol{A}$ 和矩阵 $\boldsymbol{B}$ 对应的元素分别相等,即 $a_{ij}=b_{ij}$,$i=1,2,\cdots,m$,$b=1,2,\cdots,n$,则称**矩阵 $\boldsymbol{A}$ 和 $\boldsymbol{B}$ 相等**(equal matrices),记为 $\boldsymbol{A}=\boldsymbol{B}$.

显然,只有同型的两个矩阵才可能相等.

例 1.5 已知 $\begin{pmatrix} a+b & 4 \\ 0 & d \end{pmatrix}=\begin{pmatrix} 2 & a-b \\ c & 3 \end{pmatrix}$,求 a,b,c,d.

解 根据矩阵相等的定义,有下列方程组

$$\begin{cases} a+b=2, \\ 4=a-b, \\ 0=c, \\ d=3, \end{cases}$$

于是,有 $a=3,b=-1,c=0,d=3$.

矩阵是程序设计语言 MATLAB(matrix laboratory)的数据结构,见文献[7]. MATLAB 中产生矩阵的最简单的方法是在 MATLAB 命令窗口输入如下命令并回车.

```
>>A=[1,2,3; 4,5,6; 7,8,9]
A=
    1  2  3
    4  5  6
    7  8  9
```

若再输入

```
>>A'
```

回车即可得到 $\boldsymbol{A}$ 的转置矩阵.

```
ans=
    1  4  7
    2  5  8
    3  6  9
```

其中 ans 为程序中的临时变量,是 answer 的前三个字母.

若想将 $\boldsymbol{A}^{\mathrm{T}}$ 存储在矩阵 $\boldsymbol{B}$ 中,只需要再输入

```
>>B=A'
B=
```

1　4　7

2　5　8

3　6　9

在 MATLAB 中有很多产生特殊矩阵的命令,如生成元素全为 1 的 $m\times n$ 矩阵的命令为 ones(m,n)、元素全为 0 的 $m\times n$ 矩阵的命令为 zeros(m,n)、[0,1]上均匀分布的随机 $m\times n$ 矩阵的命令为 rand(m,n)等,参见文献[7].

另外,矩阵在计算机图形图像处理等专业课程中有直接的工具性作用,可见文献[8,9].

1.2　线性方程组解的存在性

1.2.1　线性方程组的解

对于线性方程组,第一个关心的问题是它是否有解.

给定 n 元线性方程组(1.1),若存在数 $\eta_1,\eta_2,\cdots,\eta_n$,使得当

$$\begin{cases} x_1=\eta_1, \\ x_2=\eta_2, \\ \quad\vdots \\ x_n=\eta_n, \end{cases} \tag{1.3}$$

或采用矩阵的记号,当

$$\begin{pmatrix} x_1 \\ x_2 \\ \vdots \\ x_n \end{pmatrix}=\begin{pmatrix} \eta_1 \\ \eta_2 \\ \vdots \\ \eta_n \end{pmatrix} \tag{1.4}$$

时,线性方程组(1.1)的每个方程均成立,则称(1.3)或(1.4)是线性方程组(1.1)的一个**解**(solution). 否则,若线性方程组(1.1)中至少有一个方程不成立,它就不是线性方程组(1.1)的解.

在 n 元线性方程组(1.1)中,若 $b_1,b_2,\cdots,b_m$ 不全为 0,则称线性方程组(1.1)为**非齐次线性方程组**(non-homogeneous linear equations). 若 $b_1,b_2,\cdots,b_m$ 全为 0,则称方程组(1.1)为**齐次线性方程组**(homogeneous linear equations),n 元齐次线性方程组的一般形式为

$$\begin{cases} a_{11}x_1+a_{12}x_2+\cdots+a_{1n}x_n=0, \\ a_{21}x_1+a_{22}x_2+\cdots+a_{2n}x_n=0, \\ \quad\vdots \\ a_{m1}x_1+a_{m2}x_2+\cdots+a_{mn}x_n=0, \end{cases} \tag{1.5}$$

其中 m 是方程的个数.

因此,线性方程组分成齐次线性方程组和非齐次线性方程组两大类.

显然,任意的 n 元齐次线性方程组均有解,如 $\begin{pmatrix} x_1 \\ x_2 \\ \vdots \\ x_n \end{pmatrix} = \begin{pmatrix} 0 \\ 0 \\ \vdots \\ 0 \end{pmatrix}$. 此解称为齐次线性方程组的**零解**(zero solution). 只有齐次线性方程组才有零解. 若存在不全为 0 的数 $\eta_1, \eta_2, \cdots, \eta_n$, 使得 $\begin{pmatrix} x_1 \\ x_2 \\ \vdots \\ x_n \end{pmatrix} = \begin{pmatrix} \eta_1 \\ \eta_2 \\ \vdots \\ \eta_n \end{pmatrix}$ 是齐次线性方程组(1.5)的解,该解称为**非零解**(nonzero solution). 当然,齐次线性方程组可能存在非零解.

下面讨论一般的线性方程组解的存在性问题. 通过下面的讨论容易知道,一般的非齐次线性方程组可能没有解.

1.2.2　线性方程组的同解变换与矩阵的初等行变换

对于给定的线性方程组,如

$$\begin{cases} 2x_1 - x_2 + 2x_3 = 4, \\ x_1 + x_2 + 2x_3 = 1, \\ 3x_1 - 6x_2 = 9, \\ 4x_1 + x_2 + 4x_3 = 2, \end{cases} \tag{1.6}$$

其增广矩阵为

$$\begin{pmatrix} 2 & -1 & 2 & 4 \\ 1 & 1 & 2 & 1 \\ 3 & -6 & 0 & 9 \\ 4 & 1 & 4 & 2 \end{pmatrix}. \tag{1.7}$$

根据中学知识,线性方程组的同解变换有以下 3 种:

(1) 交换第 i 个方程和第 j 个方程的位置.

(2) 第 i 个方程两边同时乘以不为 0 的数 k.

(3) 第 i 个方程两边乘以同一个数 k 后,分别加在第 j 个方程的两边.

采用同解变换得到的线性方程组与原线性方程组是同解的,即它们的解完全相同.

下面将线性方程组的这 3 种同解变换与其增广矩阵的初等行变换联系起来.

在线性方程组(1.6)中,若交换第 1 个方程和第 2 个方程的位置,得到同解线性方程组

$$\begin{cases} x_1 + x_2 + 2x_3 = 1, \\ 2x_1 - x_2 + 2x_3 = 4, \\ 3x_1 - 6x_2 = 9, \\ 4x_1 + x_2 + 4x_3 = 2, \end{cases} \tag{1.8}$$

其增广矩阵为

$$\begin{pmatrix} 1 & 1 & 2 & 1 \\ 2 & -1 & 2 & 4 \\ 3 & -6 & 0 & 9 \\ 4 & 1 & 4 & 2 \end{pmatrix}, \tag{1.9}$$

此过程相当于将增广矩阵(1.7)的第1行和第2行的位置进行了交换,记为 $r_1 \leftrightarrow r_2$,其中字母 r 代表行(row),即

$$\begin{pmatrix} 2 & -1 & 2 & 4 \\ 1 & 1 & 2 & 1 \\ 3 & -6 & 0 & 9 \\ 4 & 1 & 4 & 2 \end{pmatrix} \xrightarrow{r_1 \leftrightarrow r_2} \begin{pmatrix} 1 & 1 & 2 & 1 \\ 2 & -1 & 2 & 4 \\ 3 & -6 & 0 & 9 \\ 4 & 1 & 4 & 2 \end{pmatrix},$$

其中箭头“→”表示是从左至右的变换,写在箭头上方(或写在下方)的 $r_1 \leftrightarrow r_2$ 表明所采用的是何种($r_1 \leftrightarrow r_2$)变换.

在线性方程组(1.8)中,若将第3个方程的两边同时乘以$\frac{1}{3}$,得到同解线性方程组

$$\begin{cases} x_1 + x_2 + 2x_3 = 1, \\ 2x_1 - x_2 + 2x_3 = 4, \\ x_1 - 2x_2 = 3, \\ 4x_1 + x_2 + 4x_3 = 2, \end{cases} \tag{1.10}$$

其增广矩阵为

$$\begin{pmatrix} 1 & 1 & 2 & 1 \\ 2 & -1 & 2 & 4 \\ 1 & -2 & 0 & 3 \\ 4 & 1 & 4 & 2 \end{pmatrix}, \tag{1.11}$$

此过程相当于将线性方程组(1.8)的增广矩阵(1.9)的第3行乘以$\frac{1}{3}$,记为$\frac{1}{3}r_3$,即

$$\begin{pmatrix} 1 & 1 & 2 & 1 \\ 2 & -1 & 2 & 4 \\ 3 & -6 & 0 & 9 \\ 4 & 1 & 4 & 2 \end{pmatrix} \xrightarrow{\frac{1}{3}r_3} \begin{pmatrix} 1 & 1 & 2 & 1 \\ 2 & -1 & 2 & 4 \\ 1 & -2 & 0 & 3 \\ 4 & 1 & 4 & 2 \end{pmatrix}.$$

在线性方程组(1.10)中,若将第1个方程两边乘以同一个数-2后,分别加在第2个方

程的两边,得到同解线性方程组

$$\begin{cases} x_1+\ x_2+2x_3=1, \\ \quad -3x_2-2x_3=2, \\ x_1-2x_2 \qquad =3, \\ 4x_1+\ x_2+4x_3=2, \end{cases} \tag{1.12}$$

其增广矩阵为

$$\begin{pmatrix} 1 & 1 & 2 & 1 \\ 0 & -3 & -2 & 2 \\ 1 & -2 & 0 & 3 \\ 4 & 1 & 4 & 2 \end{pmatrix}, \tag{1.13}$$

此过程相当于将线性方程组(1.10)的增广矩阵(1.11)的第1行乘以−2加到第2行,记为$-2r_1+r_2$,即

$$\begin{pmatrix} 1 & 1 & 2 & 1 \\ 2 & -1 & 2 & 4 \\ 1 & -2 & 0 & 3 \\ 4 & 1 & 4 & 2 \end{pmatrix} \xrightarrow{-2r_1+r_2} \begin{pmatrix} 1 & 1 & 2 & 1 \\ 0 & -3 & -2 & 2 \\ 1 & -2 & 0 & 3 \\ 4 & 1 & 4 & 2 \end{pmatrix}.$$

由以上的分析可知,矩阵的初等行变换有3种.

定义1.4　矩阵的初等行变换(row elementary operations of a matrix)有以下3种:

(1) **换行**　交换第i行和第j行的位置,记为$r_i \leftrightarrow r_j$.

(2) **倍乘**　将第i行乘以不为0的数k,记为$kr_i (k \neq 0)$.

(3) **倍加**　将第i行乘以一个数k加在第j行,记为kr_i+r_j.

这样就将线性方程组的3种同解变换与其对应的增广矩阵的初等行变换联系了起来.

按倍加定义,将第i行乘以一个数k加在第j行,记为kr_i+r_j.若$k=-1$,则是$-1r_i+r_j$,不写成$-r_i+r_j$.若$k=1$,则是$1r_i+r_j$,不写成r_i+r_j.这样做的目的是为了避免混淆.

1.2.3　高斯消元法、行阶梯形矩阵与矩阵的秩

在上面的讨论过程中,实际上在进行**消元**(elimination).线性方程组(1.10)中,第1个方程中的未知量(就是元)x_1不变,将第2个方程中的x_1消去.至于在线性方程组(1.6)中交换第1个方程和第2个方程的位置,以及在线性方程组(1.8)中将第3个方程的两边同时乘以$\frac{1}{3}$,是为了方便消元,此方法称为**高斯消元过程**或**高斯消元法**(Gaussian elimination method),还可直接简称为**消元法**(elimination method).

在1800年,德国数学家、天文学家和物理学家C. F. Gauss(1777—1855)提出上述消元的方法,但早在他几个世纪前(大约在公元前250年),中国人就会一些简单的“消元”了.

在一般的矩阵中去这样做，仍把这种方法称为高斯消元法，可参见数值计算的有关文献.高斯消元法还可用于计算行列式以及求逆矩阵等，见第2章.

前面的消元法可以称为“向下消元”，因为是上面的方程不动，将其下面的方程中的元消去.向下消元可以再继续进行下去：

$$\begin{pmatrix}1&1&2&1\\0&-3&-2&2\\1&-2&0&3\\4&1&4&2\end{pmatrix}\xrightarrow{-1r_1+r_3}\begin{pmatrix}1&1&2&1\\0&-3&-2&2\\0&-3&-2&2\\4&1&4&2\end{pmatrix}\xrightarrow{-4r_1+r_4}\begin{pmatrix}1&1&2&1\\0&-3&-2&2\\0&-3&-2&2\\0&-3&-4&-2\end{pmatrix}$$

$$\xrightarrow{-1r_2+r_3}\begin{pmatrix}1&1&2&1\\0&-3&-2&2\\0&0&0&0\\0&-3&-4&-2\end{pmatrix}\xrightarrow{-1r_2+r_4}\begin{pmatrix}1&1&2&1\\0&-3&-2&2\\0&0&0&0\\0&0&-2&-4\end{pmatrix}$$

$$\xrightarrow{r_3\leftrightarrow r_4}\begin{pmatrix}1&1&2&1\\0&-3&-2&2\\0&0&-2&-4\\0&0&0&0\end{pmatrix}\xrightarrow{-\frac{1}{2}r_3}\begin{pmatrix}1&1&2&1\\0&-3&-2&2\\0&0&1&2\\0&0&0&0\end{pmatrix}.$$

最后得到的矩阵

$$\begin{pmatrix}1&1&2&1\\0&-3&-2&2\\0&0&1&2\\0&0&0&0\end{pmatrix},\tag{1.14}$$

称为矩阵(1.9)的行阶梯形矩阵，其对应的与线性方程组(1.6)同解的线性方程组为

$$\begin{cases}x_1+\ x_2+2x_3=1,\\ \quad -3x_2-2x_3=2,\\ \qquad\qquad x_3=2.\end{cases}\tag{1.15}$$

矩阵(1.14)之所以称为**行阶梯形矩阵**(row echelon matrix)或简称**梯阵**(echelon matrix)，是因为可以在该矩阵里面画一条阶梯线，满足

(1) 线的下方元素全为0；

(2) 每个台阶只有一行，台阶数即为非零行的行数；

(3) 阶梯线的竖线后面的第一个元素非零，该元素称为该非零行的首非零元素，即首元.

下列几个矩阵均不是行阶梯形矩阵.

$$\begin{pmatrix}1&1&2&1\\0&-3&-2&2\\0&0&0&0\\0&0&-2&-4\end{pmatrix},\quad\begin{pmatrix}1&1&2&1\\0&-3&-2&2\\0&-3&-4&-2\\0&0&0&0\end{pmatrix},\quad\begin{pmatrix}1&1&2&1\\0&0&2&0\\0&-3&-4&-2\\0&0&0&0\end{pmatrix}.$$

对于一个线性方程组来说，得出增广矩阵的行阶梯形矩阵是在用高斯消元法求解该线性方程组时应该进行的过程.

可以编写一个程序，求出一个矩阵的行阶梯形矩阵.

将一个矩阵化成行阶梯形矩阵后，其非零行的行数至关重要，它就是下面定义的矩阵的秩.

矩阵的秩是矩阵理论中最重要的概念之一，它是德国数学家 F. G. Frobenius(1849—1917)在 1879 年利用行列式引入的. 在第 2 章根据行列式理论将对矩阵的秩作进一步讨论. 可以得出一个矩阵 $\boldsymbol{A}$ 的所有行阶梯形矩阵中非零行的行数是相同的.

定义 1.5 在矩阵 $\boldsymbol{A}_{m\times n}$ 的行阶梯形矩阵中，其非零行的行数称为矩阵 $\boldsymbol{A}_{m\times n}$ 的秩(rank of the matrix $\boldsymbol{A}$)，记为 $R(\boldsymbol{A})$ 或 $\mathrm{r}(\boldsymbol{A})$.

显然，零矩阵的秩为 0. 在 MATLAB 中利用 rank(A)可以求出 $\boldsymbol{A}$ 的秩.

我们将在 2.5 节利用矩阵分块技巧和 3.5 节利用线性方程组的结构理论得出关于矩阵秩的一些重要结论.

对于线性方程组(1.1)，根据约定，其系数矩阵和增广矩阵分别用 $\boldsymbol{A}$ 和 $\boldsymbol{B}$ 表示，可以利用矩阵的初等行变换得出增广矩阵 $\boldsymbol{B}$ 的行阶梯形矩阵. 一方面，根据 $\boldsymbol{B}$ 的行阶梯形矩阵，容易得出 $\boldsymbol{B}$ 的秩 $R(\boldsymbol{B})$，如上例中 $R(\boldsymbol{B})=3$. 另一方面，根据线性方程组的系数矩阵和增广矩阵的关系知，在对 $\boldsymbol{B}$ 进行初等行变换时，均不考虑最后一列，就得到系数矩阵 $\boldsymbol{A}$ 的行阶梯形矩阵，进而得出 $R(\boldsymbol{A})$，如上例中 $R(\boldsymbol{A})=3$.

利用矩阵的秩可以得出一个线性方程组有解的充要条件.

定理 1.1 设线性方程组的系数矩阵和增广矩阵分别为 $\boldsymbol{A}$ 和 $\boldsymbol{B}$，则该线性方程组有解的充要条件是 $R(\boldsymbol{A})=R(\boldsymbol{B})$.

第一，若线性方程组有解，则 $R(\boldsymbol{A})=R(\boldsymbol{B})$. 因为 $R(\boldsymbol{A})\neq R(\boldsymbol{B})$，意味着在 $\boldsymbol{B}$ 的行阶梯形矩阵的最后非零行里会出现 $0,0,\cdots,0,d$，其中 $d\neq 0$. 于是对应的同解线性方程组，会出现 $0=d$ 的情况，显然原线性方程组无解.

第二，若 $R(\boldsymbol{A})=R(\boldsymbol{B})$，则线性方程组有解. 这是由于在 $\boldsymbol{B}$ 的行阶梯形矩阵对应的线性方程组里，不会出现 $0=d\neq 0$ 的情况，因而至少可得出原线性方程组的一个解. 例如，线性方程组(1.6)有解

$$\begin{pmatrix} x_1 \\ x_2 \\ x_3 \end{pmatrix} = \begin{pmatrix} -1 \\ -2 \\ 2 \end{pmatrix}.$$

在 $R(\boldsymbol{A})=R(\boldsymbol{B})$ 时，其秩记为 r.

对于齐次线性方程组，显然有 $R(\boldsymbol{A})=R(\boldsymbol{B})$，根据定理 1.1 容易知道，任意齐次线性方程组有解. 当然，由于齐次线性方程组均有零解，可推出 $R(\boldsymbol{A})=R(\boldsymbol{B})$.

例 1.6 判断下列线性方程组是否有解,说明理由:

$$\begin{cases} x_1+\ x_2+x_3=1, \\ x_1+2x_2+x_3=3, \\ x_1+3x_2+x_3=4. \end{cases}$$

解 将所给线性方程组的增广矩阵 $\boldsymbol{B}$ 化为

$$\boldsymbol{B}=\begin{pmatrix} 1 & 1 & 1 & 1 \\ 1 & 2 & 1 & 3 \\ 1 & 3 & 1 & 4 \end{pmatrix} \xrightarrow[-1r_1+r_3]{-1r_1+r_2} \begin{pmatrix} 1 & 1 & 1 & 1 \\ 0 & 1 & 0 & 2 \\ 0 & 2 & 0 & 3 \end{pmatrix} \xrightarrow{-2r_2+r_3} \begin{pmatrix} 1 & 1 & 1 & 1 \\ 0 & 1 & 0 & 2 \\ 0 & 0 & 0 & -1 \end{pmatrix},$$

由此可知 $R(\boldsymbol{B})=3$ 且 $R(\boldsymbol{A})=2$,于是由定理 1.1 知所给线性方程组无解.

完全类似于矩阵的初等行变换,最后介绍与求解线性方程组没有直接联系的**矩阵的初等列变换**(column elementary operations of a matrix).

(1) **换列** 交换第 i 列和第 j 列的位置,记为 $c_i \leftrightarrow c_j$.

(2) **倍乘** 将第 i 列乘以不为 0 的数 k,记为 $kc_i(k\neq 0)$.

(3) **倍加** 将第 i 列乘以一个数 k 加在第 j 列,记为 kc_i+c_j.

矩阵的初等行变换和矩阵的初等列变换统称为矩阵的**初等变换**(elementary operations).矩阵的初等列变换本身在处理其他问题时也有其独特的作用.

若一个矩阵 $\boldsymbol{A}$ 经若干次初等变换得到矩阵 $\boldsymbol{B}$,则称**矩阵 $\boldsymbol{A}$ 与 $\boldsymbol{B}$ 等价**(equivalent matrices),记为 $\boldsymbol{A}\to\boldsymbol{B}$(一些教材中将矩阵 $\boldsymbol{A},\boldsymbol{B}$ 等价记为 $\boldsymbol{A}\cong\boldsymbol{B}$).显然,矩阵等价具有下列性质,其中 $\boldsymbol{A},\boldsymbol{B},\boldsymbol{C}$ 为同型矩阵.

(1) 自反性:$\boldsymbol{A}\to\boldsymbol{A}$.

(2) 对称性:若 $\boldsymbol{A}\to\boldsymbol{B}$,则 $\boldsymbol{B}\to\boldsymbol{A}$.

(3) 传递性:若 $\boldsymbol{A}\to\boldsymbol{B}$ 且 $\boldsymbol{B}\to\boldsymbol{C}$,则 $\boldsymbol{A}\to\boldsymbol{C}$.

等价矩阵的性质(3)在矩阵的初等变换中经常不加说明地使用,例如在前面的例中已经多次使用过了.因为

$$\begin{pmatrix} 1 & 1 & 2 & 1 \\ 0 & -3 & -2 & 2 \\ 1 & -2 & 0 & 3 \\ 4 & 1 & 4 & 2 \end{pmatrix} \xrightarrow{-1r_1+r_3} \begin{pmatrix} 1 & 1 & 2 & 1 \\ 0 & -3 & -2 & 2 \\ 0 & -3 & -2 & 2 \\ 4 & 1 & 4 & 2 \end{pmatrix},$$

而

$$\begin{pmatrix} 1 & 1 & 2 & 1 \\ 0 & -3 & -2 & 2 \\ 0 & -3 & -2 & 2 \\ 4 & 1 & 4 & 2 \end{pmatrix} \xrightarrow{-4r_1+r_4} \begin{pmatrix} 1 & 1 & 2 & 1 \\ 0 & -3 & -2 & 2 \\ 0 & -3 & -2 & 2 \\ 0 & -3 & -4 & -2 \end{pmatrix},$$

所以

$$\begin{pmatrix}1&1&2&1\\0&-3&-2&2\\1&-2&0&3\\4&1&4&2\end{pmatrix}\to\begin{pmatrix}1&1&2&1\\0&-3&-2&2\\0&-3&-2&2\\0&-3&-4&-2\end{pmatrix}.$$

一直下去，最后有

$$\begin{pmatrix}1&1&2&1\\0&-3&-2&2\\1&-2&0&3\\4&1&4&2\end{pmatrix}\to\begin{pmatrix}1&1&2&1\\0&-3&-2&2\\0&0&1&2\\0&0&0&0\end{pmatrix}.$$

由于强调等价的传递性，而不是对称性，使用"→"表示矩阵间的等价关系是合理的.当然，关系符号可以根据需要选取[10].

利用矩阵的初等变换，可以将任意一个矩阵化成如下**标准形**(standard form)：

$$\begin{pmatrix}1&0&\cdots&0&0&\cdots&0\\0&1&\cdots&0&0&\cdots&0\\\vdots&\vdots&\ddots&\vdots&\vdots&&\vdots\\0&0&\cdots&1&0&\cdots&0\\0&0&\cdots&0&0&\cdots&0\\\vdots&\vdots&&\vdots&\vdots&&\vdots\\0&0&\cdots&0&0&\cdots&0\end{pmatrix},$$

其左上角是一个单位矩阵.例如前面提到的矩阵

$$\begin{pmatrix}1&1&2&1\\0&-3&-2&2\\1&-2&0&3\\4&1&4&2\end{pmatrix},$$

在其行阶梯形的基础上再实施矩阵的初等变换即可，当然矩阵的初等行、列变换在求矩阵的标准形时可以混用.

$$\begin{pmatrix}1&1&2&1\\0&-3&-2&2\\1&-2&0&3\\4&1&4&2\end{pmatrix}\to\begin{pmatrix}1&1&2&1\\0&-3&-2&2\\0&0&1&2\\0&0&0&0\end{pmatrix}\xrightarrow[-1c_1+c_4]{\substack{-1c_1+c_2\\-2c_1+c_3}}\begin{pmatrix}1&0&0&0\\0&-3&-2&2\\0&0&1&2\\0&0&0&0\end{pmatrix}$$

$$\xrightarrow{2r_3+r_2}\begin{pmatrix}1&0&0&0\\0&-3&0&4\\0&0&1&2\\0&0&0&0\end{pmatrix}\xrightarrow{-\frac{1}{3}c_2}\begin{pmatrix}1&0&0&0\\0&1&0&4\\0&0&1&2\\0&0&0&0\end{pmatrix}\xrightarrow{\substack{-4c_2+c_4\\-2c_3+c_4}}\begin{pmatrix}1&0&0&0\\0&1&0&0\\0&0&1&0\\0&0&0&0\end{pmatrix}.$$

在熟练矩阵这种初等行、列变换以后，可以省略箭头上方(或下方)的理由.

注意 在进行矩阵初等行、列变换时，左边矩阵和右边矩阵之间只能用箭头“→”，切记不要用等号“=”，因为经过初等行、列变换后，左边矩阵和右边矩阵一般是不相等的. 这是初学者容易犯的书写错误.

1.3 线性方程组的高斯求解方法

对于线性方程组，第二个关心的问题是在有解的情况下，如何求出其所有的解即**通解**(general solution).

当然，求解线性方程组，首先是判断该线性方程组是否有解，其次是在有解的基础上将该线性方程组的所有解求出来.

1.3.1 将增广矩阵化为行阶梯形矩阵

对于线性方程组(1.6)，大家已经知道如何利用高斯“向下”消元法将增广矩阵化为行阶梯形矩阵，这时可分别得出系数矩阵和增广矩阵的秩，根据定理 1.1，就可以判断该线性方程组是否有解.

下面的例子是求解一个线性方程组. 它要求首先判断所给线性方程组是否有解，其次是在有解的情况下求出线性方程组的通解.

例 1.7 求解下列线性方程组.

$$\begin{cases} 2x_1 - x_2 + 2x_4 = -1, \\ -4x_1 + 5x_2 - 8x_3 + 3x_4 = 5, \\ 3x_1 - 2x_2 + x_3 + 2x_4 = -2. \end{cases} \tag{1.16}$$

解 线性方程组(1.16)的增广矩阵为

$$\boldsymbol{B} = \begin{pmatrix} 2 & -1 & 0 & 2 & -1 \\ -4 & 5 & -8 & 3 & 5 \\ 3 & -2 & 1 & 2 & -2 \end{pmatrix}. \tag{1.17}$$

首先将增广矩阵(1.17)化为行阶梯形矩阵，其向下消元过程如下：

$$\begin{pmatrix} 2 & -1 & 0 & 2 & -1 \\ -4 & 5 & -8 & 3 & 5 \\ 3 & -2 & 1 & 2 & -2 \end{pmatrix} \xrightarrow{2r_1 + r_2} \begin{pmatrix} 2 & -1 & 0 & 2 & -1 \\ 0 & 3 & -8 & 7 & 3 \\ 3 & -2 & 1 & 2 & -2 \end{pmatrix}$$

$$\xrightarrow{-1r_1 + r_3} \begin{pmatrix} 2 & -1 & 0 & 2 & -1 \\ 0 & 3 & -8 & 7 & 3 \\ 1 & -1 & 1 & 0 & -1 \end{pmatrix} \xrightarrow{r_1 \leftrightarrow r_3} \begin{pmatrix} 1 & -1 & 1 & 0 & -1 \\ 0 & 3 & -8 & 7 & 3 \\ 2 & -1 & 0 & 2 & -1 \end{pmatrix}$$

$$
\xrightarrow{-2r_1+r_3}\begin{bmatrix}1 & -1 & 1 & 0 & -1\\0 & 3 & -8 & 7 & 3\\0 & 1 & -2 & 2 & 1\end{bmatrix}\xrightarrow{r_2\leftrightarrow r_3}\begin{bmatrix}1 & -1 & 1 & 0 & -1\\0 & 1 & -2 & 2 & 1\\0 & 3 & -8 & 7 & 3\end{bmatrix}
$$

$$
\xrightarrow{-3r_2+r_3}\begin{bmatrix}1 & -1 & 1 & 0 & -1\\0 & 1 & -2 & 2 & 1\\0 & 0 & -2 & 1 & 0\end{bmatrix}.
$$

由最后得到的矩阵(1.17)的行阶梯形矩阵

$$
\begin{bmatrix}1 & -1 & 1 & 0 & -1\\0 & 1 & -2 & 2 & 1\\0 & 0 & -2 & 1 & 0\end{bmatrix}\tag{1.18}
$$

知,$R(\boldsymbol{A})=R(\boldsymbol{B})=3$.根据定理1.1,该线性方程组有解(未完待续).

说明 在上面的矩阵的初等行变换中,实施$-1r_1+r_3$以及$r_1\leftrightarrow r_3$是为了尽量避免出现分数运算.

为了求出线性方程组的通解,通常将行阶梯形矩阵(1.18)再化为下述行最简形矩阵.

1.3.2 将行阶梯形矩阵化为行最简形矩阵

一个矩阵的**行最简形矩阵**(reduced row echelon form of a matrix),满足以下3个条件:

(1) 是该矩阵的行阶梯形矩阵.

(2) 行阶梯形矩阵非零行的首元为1.

(3) 首个非零元1所在列的其他元素全为0.

行最简形矩阵可称为约化行阶梯形矩阵,或简称约化梯阵.为了得出一个矩阵的行最简形矩阵,只需在其行阶梯形矩阵中,采用"向上消元"即可.下面结合线性方程组给出较详细的过程.

行阶梯形矩阵(1.18)对应的同解线性方程组为

$$
\begin{cases}x_1-x_2+x_3 = -1,\\ \quad x_2-2x_3+2x_4=1,\\ \quad -2x_3+x_4=0.\end{cases}\tag{1.19}
$$

保持线性方程组(1.19)的第3个方程中的未知量x_3不变,将第2个方程和第1个方程中的x_3消去.这种消元过程就是"向上"消元,因为是下面的方程不动,将其上面的方程中的元消去.向上消元实际上是W.若尔当(Wilhelm Jordan)而不是法国数学家Camille Jordan首先这样做的,正因为这样,既向下消元又向上消元统称为**高斯-若尔当消元法**(Gauss-Jordan elimination method).我们仍称为高斯消元法,主要是不想区分高斯消元法和高斯-若尔当消元法.

消元的过程是比较灵活的.如在线性方程组(1.19)中,可以将其第3个方程乘以-1加在第 2 个方程，将第 2 个方程中的 x_3 消去；为了将第 1 个方程中的 x_3 消去，可以将第 3 个方程两边先乘以 $-\frac{1}{2}$，再将第 3 个方程乘以 -1 加在第 1 个方程，将第 1 个方程中的 x_3 消去. 借助于增广矩阵，该部分消元过程为

$$\begin{pmatrix} 1 & -1 & 1 & 0 & -1 \\ 0 & 1 & -2 & 2 & 1 \\ 0 & 0 & -2 & 1 & 0 \end{pmatrix} \xrightarrow{-1r_3+r_2} \begin{pmatrix} 1 & -1 & 1 & 0 & -1 \\ 0 & 1 & 0 & 1 & 1 \\ 0 & 0 & -2 & 1 & 0 \end{pmatrix}$$

$$\xrightarrow{-\frac{1}{2}r_3} \begin{pmatrix} 1 & -1 & 1 & 0 & -1 \\ 0 & 1 & 0 & 1 & 1 \\ 0 & 0 & 1 & -\frac{1}{2} & 0 \end{pmatrix} \xrightarrow{-1r_3+r_1} \begin{pmatrix} 1 & -1 & 0 & \frac{1}{2} & -1 \\ 0 & 1 & 0 & 1 & 1 \\ 0 & 0 & 1 & -\frac{1}{2} & 0 \end{pmatrix}.$$

向上消元再继续进行下去. 行阶梯形矩阵

$$\begin{pmatrix} 1 & -1 & 0 & \frac{1}{2} & -1 \\ 0 & 1 & 0 & 1 & 1 \\ 0 & 0 & 1 & -\frac{1}{2} & 0 \end{pmatrix} \tag{1.20}$$

对应的同解线性方程组为

$$\begin{cases} x_1 - x_2 \quad + \frac{1}{2}x_4 = -1, \\ \quad x_2 \quad + x_4 = 1, \\ \quad x_3 - \frac{1}{2}x_4 = 0. \end{cases} \tag{1.21}$$

保持线性方程组(1.21)的第 2 个方程中的未知量 x_2 不变，将第 1 个方程中的 x_2 消去，有

$$\begin{pmatrix} 1 & -1 & 0 & \frac{1}{2} & -1 \\ 0 & 1 & 0 & 1 & 1 \\ 0 & 0 & 1 & -\frac{1}{2} & 0 \end{pmatrix} \xrightarrow{1r_2+r_1} \begin{pmatrix} 1 & 0 & 0 & \frac{3}{2} & 0 \\ 0 & 1 & 0 & 1 & 1 \\ 0 & 0 & 1 & -\frac{1}{2} & 0 \end{pmatrix}.$$

这时得到的行阶梯形矩阵

$$\begin{pmatrix} 1 & 0 & 0 & \frac{3}{2} & 0 \\ 0 & 1 & 0 & 1 & 1 \\ 0 & 0 & 1 & -\frac{1}{2} & 0 \end{pmatrix} \tag{1.22}$$

就是增广矩阵 $\boldsymbol{B}$ 的行最简形矩阵，其对应的同解线性方程组为

$$\begin{cases} x_1 \quad + \dfrac{3}{2}x_4 = 0, \\ \quad x_2 + \quad x_4 = 1, \\ \quad\quad x_3 - \dfrac{1}{2}x_4 = 0. \end{cases} \tag{1.23}$$

在行最简形矩阵中，一般说来，将非零行的首非零元素对应的未知量 x_1，x_2 和 x_3 作为**先导未知量**(leading unknown)，而其余未知量 x_4 是**自由未知量**(free unknown). 显然，先导未知量的个数就是矩阵的秩 $R(\boldsymbol{A})=R(\boldsymbol{B})=r=3$，进而自由未知量的个数为 $n-r=4-3=1$.

线性方程组(1.6)中，$R(\boldsymbol{A})=R(\boldsymbol{B})=r=n$，不存在自由未知量，这时该线性方程组只有唯一一个解. 对于线性方程组(1.16)，$R(\boldsymbol{A})=R(\boldsymbol{B})=r<n$，存在 $n-r$ 个自由未知量，这时该线性方程组有无数多个解. 因为在同解线性方程组(1.23)中，将 x_4 作为自由未知量，即可令 $x_4=k$(其中 k 为任意常数)，分别代入线性方程组(1.23)中的第3个方程、第2个方程和第1个方程就可以方便地求出 $x_3=\dfrac{1}{2}k$，$x_2=-k+1$，$x_1=-\dfrac{3}{2}k$. 于是线性方程组(1.16)的所有解为

$$\begin{cases} x_1 = -\dfrac{3}{2}k, \\ x_2 = -k+1, \\ x_3 = \dfrac{1}{2}k, \\ x_4 = k, \end{cases} \quad \text{或写成} \quad \begin{pmatrix} x_1 \\ x_2 \\ x_3 \\ x_4 \end{pmatrix} = \begin{pmatrix} -\dfrac{3}{2}k \\ -k+1 \\ \dfrac{1}{2}k \\ k \end{pmatrix},$$

其中 k 为任意常数.

从上面的分析可知，之所以建议将行阶梯形矩阵使用矩阵的初等行变换进一步化为行最简形矩阵，是为了方便求解线性方程组.

由1.3.1节和前面的讨论可得下面的定理.

定理1.2　若 n 元线性方程组有解，其系数矩阵和增广矩阵分别为 $\boldsymbol{A}$ 和 $\boldsymbol{B}$，则：

(1) 当 $R(\boldsymbol{A})=R(\boldsymbol{B})=r=n$ 时，该线性方程组有唯一解.

(2) 当 $R(\boldsymbol{A})=R(\boldsymbol{B})=r<n$ 时，该线性方程组存在 $n-r$ 个自由未知量，进而有无限多个解.

根据上述定理知，一个线性方程组若有解，则该线性方程组或者有唯一解或者有无限多个解，这就是线性方程组的解的个数问题. 当然，若一个线性方程组无解，则其解的个数为0.

由于任意齐次线性方程都至少有一个零解，且系数矩阵 $\boldsymbol{A}$ 和增广矩阵 $\boldsymbol{B}$ 的秩相等，于是有：

(1) 当 $R(\boldsymbol{A})=r=n$ 时，该齐次线性方程组只有零解.

(2) 当 $R(\boldsymbol{A})=r<n$ 时，该齐次线性方程组存在 $n-r$ 个自由未知量，进而有无限多个解.

结合定理 1.1 和定理 1.2 知，本章有如下的主要结论.

主要结论 设 n 元线性方程组的系数矩阵和增广矩阵分别为 $\boldsymbol{A}$ 和 $\boldsymbol{B}$，则：

(1) 当 $R(\boldsymbol{A})\neq R(\boldsymbol{B})$ 时，该线性方程组无解.

(2) 当 $R(\boldsymbol{A})=R(\boldsymbol{B})=r=n$ 时，该线性方程组有唯一解.

(3) 当 $R(\boldsymbol{A})=R(\boldsymbol{B})=r<n$ 时，该线性方程组存在 $n-r$ 个自由未知量，进而有无限多个解.

下面写出例 1.7 的完整的求解过程.

例 1.7 之解 线性方程组(1.16)的增广矩阵为

$$\boldsymbol{B}=\begin{pmatrix}2&-1&0&2&-1\\-4&5&-8&3&5\\3&-2&1&2&-2\end{pmatrix}.$$

首先将增广矩阵化为行阶梯形矩阵，过程如下：

$$\begin{pmatrix}2&-1&0&2&-1\\-4&5&-8&3&5\\3&-2&1&2&-2\end{pmatrix}\xrightarrow[-1r_1+r_3]{2r_1+r_2}\begin{pmatrix}2&-1&0&2&-1\\0&3&-8&7&3\\1&-1&1&0&-1\end{pmatrix}$$

$$\xrightarrow{r_1\leftrightarrow r_3}\begin{pmatrix}1&-1&1&0&-1\\0&3&-8&7&3\\2&-1&0&2&-1\end{pmatrix}\xrightarrow{-2r_1+r_3}\begin{pmatrix}1&-1&1&0&-1\\0&3&-8&7&3\\0&1&-2&2&1\end{pmatrix}$$

$$\xrightarrow{r_2\leftrightarrow r_3}\begin{pmatrix}1&-1&1&0&-1\\0&1&-2&2&1\\0&3&-8&7&3\end{pmatrix}\xrightarrow{-3r_2+r_3}\begin{pmatrix}1&-1&1&0&-1\\0&1&-2&2&1\\0&0&-2&1&0\end{pmatrix}.$$

由此可知 $R(\boldsymbol{A})=R(\boldsymbol{B})=3$，于是该线性方程组有解.

再将行阶梯形矩阵化为行最简形矩阵：

$$\begin{pmatrix}1&-1&1&0&-1\\0&1&-2&2&1\\0&0&-2&1&0\end{pmatrix}\xrightarrow{-1r_3+r_2}\begin{pmatrix}1&-1&1&0&-1\\0&1&0&1&1\\0&0&-2&1&0\end{pmatrix}$$

$$\xrightarrow{-\frac{1}{2}r_3}\begin{pmatrix}1&-1&1&0&-1\\0&1&0&1&1\\0&0&1&-\frac{1}{2}&0\end{pmatrix}\xrightarrow{-1r_3+r_1}\begin{pmatrix}1&-1&0&\frac{1}{2}&-1\\0&1&0&1&1\\0&0&1&-\frac{1}{2}&0\end{pmatrix}$$

$$\xrightarrow{1r_2+r_1}\begin{pmatrix}1&0&0&\frac{3}{2}&0\\0&1&0&1&1\\0&0&1&-\frac{1}{2}&0\end{pmatrix},$$

其对应的线性方程组为

$$\begin{cases} x_1 \quad\quad + \dfrac{3}{2}x_4 = 0, \\ \quad x_2 \quad + x_4 = 1, \\ \quad\quad x_3 - \dfrac{1}{2}x_4 = 0. \end{cases}$$

将 x_4 作为自由未知量，令 $x_4=k$，于是线性方程组(1.16)的通解为

$$\begin{pmatrix} x_1 \\ x_2 \\ x_3 \\ x_4 \end{pmatrix} = \begin{pmatrix} -\dfrac{3}{2}k \\ -k+1 \\ \dfrac{1}{2}k \\ k \end{pmatrix},$$

其中 k 为任意常数.

在上面的求解过程中，已经将有些矩阵的初等行变换同时进行了，如 $2r_1+r_2$ 和 $-1r_1+r_3$，这样做仅是为了书写更简洁一些，在矩阵的初等行变换较熟悉以后经常这样做.

在 MATLAB 命令窗口输入矩阵 $\boldsymbol{B}$ 以及 rref(B)就可以得到 $\boldsymbol{B}$ 的行最简形矩阵，使用 rrefmovie(B)还可以看到 $\boldsymbol{B}$ 的行最简形矩阵的计算过程，再通过选取自由未知量可得出线性方程组的通解. 例如，为了得出

$$\boldsymbol{B} = \begin{pmatrix} 2 & -1 & 0 & 2 & -1 \\ -4 & 5 & -8 & 3 & 5 \\ 3 & -2 & 1 & 2 & -2 \end{pmatrix}$$

的行最简形矩阵，可以输入以下两个命令并回车：

```
>>B=[2,-1,0,2,-1; -4,5,-8,3,5; 3,-2,1,2,-2];
format rat                    %用有理分数格式，否则是小数格式
>>rref(B)
ans=
    1   0   0    3/2    0
    0   1   0     1     1
    0   0   1   -1/2    0
```

下面举一个求解齐次线性方程组的例子.

例 1.8　用高斯消元法求解齐次线性方程组

$$\begin{cases} x_1 - x_2 + 5x_3 - x_4 = 0, \\ x_1 + x_2 - 2x_3 + 3x_4 = 0, \\ 3x_1 - x_2 + 8x_3 + x_4 = 0, \\ x_1 + 3x_2 - 9x_3 + 7x_4 = 0. \end{cases} \tag{1.24}$$

说明 由于齐次线性方程组的增广矩阵的最后一列元素全为0,当对增广矩阵实施矩阵的初等行变换时,其每一个步骤所得的等价矩阵的最后一列元素亦全为0,因此,为了方便可以只考虑其系数矩阵.另外,显然齐次线性方程组系数矩阵的秩等于增广矩阵的秩,进而必有解,因此可以在系数矩阵的行阶梯形矩阵的基础上,直接得出行最简形矩阵,再写出对应的线性方程组,通过确定自由未知量求出其通解.

解 该线性方程组的系数矩阵为

$$\boldsymbol{A}=\begin{pmatrix}1&-1&5&-1\\1&1&-2&3\\3&-1&8&1\\1&3&-9&7\end{pmatrix}.$$

求出 $\boldsymbol{A}$ 的行最简形矩阵,过程如下:

$$\begin{pmatrix}1&-1&5&-1\\1&1&-2&3\\3&-1&8&1\\1&3&-9&7\end{pmatrix}\xrightarrow[\substack{-3r_1+r_3\\-1r_1+r_4}]{-1r_1+r_2}\begin{pmatrix}1&-1&5&-1\\0&2&-7&4\\0&2&-7&4\\0&4&-14&8\end{pmatrix}\xrightarrow[-2r_2+r_4]{-1r_2+r_3}\begin{pmatrix}1&-1&5&-1\\0&2&-7&4\\0&0&0&0\\0&0&0&0\end{pmatrix}$$

$$\xrightarrow{\frac{1}{2}r_2}\begin{pmatrix}1&-1&5&-1\\0&1&-\frac{7}{2}&2\\0&0&0&0\\0&0&0&0\end{pmatrix}\xrightarrow{1r_2+r_1}\begin{pmatrix}1&0&\frac{3}{2}&1\\0&1&-\frac{7}{2}&2\\0&0&0&0\\0&0&0&0\end{pmatrix}.$$

其对应的同解齐次线性方程组为

$$\begin{cases}x_1\quad+\dfrac{3}{2}x_3+\ x_4=0,\\ \quad x_2-\dfrac{7}{2}x_3+2x_4=0.\end{cases}$$

这时取 x_3 和 x_4 为自由未知量,令 $x_3=k_1,x_4=k_2$,得原方程组的所有解为

$$\begin{pmatrix}x_1\\x_2\\x_3\\x_4\end{pmatrix}=\begin{pmatrix}-\dfrac{3}{2}k_1-k_2\\ \dfrac{7}{2}k_1-2k_2\\k_1\\k_2\end{pmatrix},\tag{1.25}$$

其中 k_1 和 k_2 为任意常数.

上面介绍的是使用高斯消元法求解线性方程组的一般步骤,可以自己总结一下.但可以灵活运用,例如在例1.8中,若取 x_2 和 x_3 为自由未知量,则将 $\boldsymbol{A}$ 的行阶梯形矩阵化为

$$\begin{pmatrix}1&-1&5&-1\\0&2&-7&4\\0&0&0&0\\0&0&0&0\end{pmatrix}\xrightarrow{\frac{1}{4}r_2}\begin{pmatrix}1&-1&5&-1\\0&\frac{1}{2}&-\frac{7}{4}&1\\0&0&0&0\\0&0&0&0\end{pmatrix}\xrightarrow{1r_2+r_1}\begin{pmatrix}1&-\frac{1}{2}&\frac{13}{4}&0\\0&\frac{1}{2}&-\frac{7}{4}&1\\0&0&0&0\\0&0&0&0\end{pmatrix}.$$

其对应的同解齐次线性方程组为

$$\begin{cases}x_1-\dfrac{1}{2}x_2+\dfrac{13}{4}x_3\qquad=0,\\ \qquad\dfrac{1}{2}x_2-\dfrac{7}{4}x_3+x_4=0.\end{cases}$$

这时取 x_2 和 x_3 为自由未知量，令 $x_2=k_1,x_3=k_2$，得原方程组的所有解为

$$\begin{pmatrix}x_1\\x_2\\x_3\\x_4\end{pmatrix}=\begin{pmatrix}\dfrac{1}{2}k_1-\dfrac{13}{4}k_2\\k_1\\k_2\\-\dfrac{1}{2}k_1+\dfrac{7}{4}k_2\end{pmatrix},\tag{1.26}$$

其中 k_1 和 k_2 为任意常数.

但需注意，矩阵

$$\begin{pmatrix}1&-\frac{1}{2}&\frac{13}{4}&0\\0&\frac{1}{2}&-\frac{7}{4}&1\\0&0&0&0\\0&0&0&0\end{pmatrix}$$

不是 $\boldsymbol{A}$ 的行最简形矩阵.

含有参数的线性方程组解的讨论考查大家综合运用知识的能力，具有一定的难度，见下例，其他例子参见3.5节.

例1.9　设线性方程组

$$\begin{cases}x_1+x_2+x_3=0,\\x_1+2x_2+ax_3=0,\\x_1+4x_2+a^2x_3=0.\end{cases}$$

与线性方程 $x_1+2x_2+x_3=a-1$ 有公共解，求 a 的值及所有公共解.

解 根据已知条件知,线性方程组

$$\begin{cases} x_1 + x_2 + x_3 = 0, \\ x_1 + 2x_2 + ax_3 = 0, \\ x_1 + 4x_2 + a^2 x_3 = 0, \\ x_1 + 2x_2 + x_3 = a-1. \end{cases}$$

有解,其增广矩阵 $\boldsymbol{B}$ 的秩 $R(\boldsymbol{B})$ 等于系数 $\boldsymbol{A}$ 的秩 $R(\boldsymbol{A})$,即 $R(\boldsymbol{B})=R(\boldsymbol{A})$. 使用矩阵的初等行变换将增广矩阵 $\boldsymbol{B}$ 尽可能地化成行阶梯形,由于增广矩阵 $\boldsymbol{B}$ 可以化为

$$\boldsymbol{B}=\begin{pmatrix} 1 & 1 & 1 & 0 \\ 1 & 2 & a & 0 \\ 1 & 4 & a^2 & 0 \\ 1 & 2 & 1 & a-1 \end{pmatrix} \xrightarrow[\substack{-1\mathrm{r}_1+\mathrm{r}_3 \\ -1\mathrm{r}_1+\mathrm{r}_4}]{-1\mathrm{r}_1+\mathrm{r}_2} \begin{pmatrix} 1 & 1 & 1 & 0 \\ 0 & 1 & a-1 & 0 \\ 0 & 3 & a^2-1 & 0 \\ 0 & 1 & 0 & a-1 \end{pmatrix}$$

$$\xrightarrow[-1\mathrm{r}_2+\mathrm{r}_4]{-3\mathrm{r}_2+\mathrm{r}_3} \begin{pmatrix} 1 & 1 & 1 & 0 \\ 0 & 1 & a-1 & 0 \\ 0 & 0 & (a-1)(a-2) & 0 \\ 0 & 0 & -(a-1) & a-1 \end{pmatrix} \xrightarrow{\mathrm{r}_3 \leftrightarrow \mathrm{r}_4} \begin{pmatrix} 1 & 1 & 1 & 0 \\ 0 & 1 & a-1 & 0 \\ 0 & 0 & 1-a & a-1 \\ 0 & 0 & (a-1)(a-2) & 0 \end{pmatrix}$$

$$\xrightarrow[(a-2)\mathrm{r}_3+\mathrm{r}_4]{1\mathrm{r}_3+\mathrm{r}_2} \begin{pmatrix} 1 & 1 & 1 & 0 \\ 0 & 1 & 0 & a-1 \\ 0 & 0 & 1-a & a-1 \\ 0 & 0 & 0 & (a-1)(a-2) \end{pmatrix} \xrightarrow{-1\mathrm{r}_2+\mathrm{r}_1} \begin{pmatrix} 1 & 0 & 1 & 1-a \\ 0 & 1 & 0 & a-1 \\ 0 & 0 & 1-a & a-1 \\ 0 & 0 & 0 & (a-1)(a-2) \end{pmatrix},$$

所以由 $R(\boldsymbol{B})=R(\boldsymbol{A})$ 可得出 $a=1$ 或 $a=2$.

当 $a=1$ 时,$\boldsymbol{B}$ 已经化为 $\begin{pmatrix} 1 & 0 & 1 & 0 \\ 0 & 1 & 0 & 0 \\ 0 & 0 & 0 & 0 \\ 0 & 0 & 0 & 0 \end{pmatrix}$,对应的同解线性方程组为

$$\begin{cases} x_1 + x_3 = 0, \\ x_2 = 0. \end{cases}$$

令自由未知量 $x_3=k$,这时通解为 $\begin{pmatrix} x_1 \\ x_2 \\ x_3 \end{pmatrix} = \begin{pmatrix} -k \\ 0 \\ k \end{pmatrix}$,其中 k 为任意常数.

当 $a=2$ 时,$\boldsymbol{B}$ 可以进一步化为

$$\boldsymbol{B} \to \begin{pmatrix} 1 & 0 & 1 & -1 \\ 0 & 1 & 0 & 1 \\ 0 & 0 & -1 & 1 \\ 0 & 0 & 0 & 0 \end{pmatrix} \xrightarrow{1\mathrm{r}_3+\mathrm{r}_1} \begin{pmatrix} 1 & 0 & 0 & 0 \\ 0 & 1 & 0 & 1 \\ 0 & 0 & -1 & 1 \\ 0 & 0 & 0 & 0 \end{pmatrix} \xrightarrow{-1\mathrm{r}_3} \begin{pmatrix} 1 & 0 & 0 & 0 \\ 0 & 1 & 0 & 1 \\ 0 & 0 & 1 & -1 \\ 0 & 0 & 0 & 0 \end{pmatrix},$$

这时通解为 $\begin{pmatrix} x_1 \\ x_2 \\ x_3 \end{pmatrix} = \begin{pmatrix} 0 \\ 1 \\ -1 \end{pmatrix}$.

对于一般的线性方程组,已经解决了:

(1) 解的存在性问题.

(2) 求出其所有解的问题.

还需要研究的是线性方程组的解之间的关系问题,如例1.8中线性方程组(1.24)的两种解形式(1.25)和(1.26)本质上是相同的,在第3章将借助于向量空间理论讨论线性方程组的结构解问题.

对于有些线性方程组,如

$$\begin{cases} x_1 + 2x_2 = -2, \\ -x_1 + x_2 = 1, \\ 2x_1 - x_2 = 0. \end{cases} \tag{1.27}$$

因为 $R(\boldsymbol{A}) = 2 \neq 3 = R(\boldsymbol{B})$,所以它没有解.但有些实际问题,需要得出 x_1 和 x_2 的值,使得各个方程左右两边差的平方和

$$R = (x_1 + 2x_2 + 2)^2 + (-x_1 + 2x_2 - 1)^2 + (2x_1 - x_2)^2 \tag{1.28}$$

最小,这就是线性方程组(1.27)的最小二乘解问题.所得出的 x_1 和 x_2 的值是线性方程组(1.27)的**最小二乘解**(least-squares solution),它需要求多元函数(1.28)的最小值点,参见文献[5,6].

由于实际问题中出现的线性方程组往往含成百上千甚至更多的未知量,手工求解有一定的困难,借助于计算机进行数值求解是人们一致关心的问题,为此已开发出像MATLAB和Mathematica等数学软件.

习题1

1. 已知

$$\frac{1}{x(x-1)^2} = \frac{A}{x} + \frac{B}{(x-1)^2} + \frac{C}{x-1},$$

求待定常数 A,B,C.

2. 已知

$$\boldsymbol{A} = \begin{pmatrix} 2 & 3 & 1 & -3 \\ 1 & 2 & 0 & -3 \\ 3 & 8 & -2 & 3 \\ -5 & 7 & -2 & -1 \end{pmatrix},$$

求 $\boldsymbol{A}^{\mathrm{T}}$，并判断 $\boldsymbol{A}$ 是否是对称矩阵.

3. 写出下列线性方程组的系数矩阵和增广矩阵：

(1) $\begin{cases} x_1+x_2-x_3+2x_4=3, \\ 2x_1+x_2-3x_4=1, \\ -2x_1-2x_3+10x_4=4; \end{cases}$ (2) $\begin{cases} x_1+2x_2+x_3-x_4=0, \\ 3x_1+6x_2-x_3-3x_4=0, \\ 5x_1+10x_2+x_3-5x_4=0. \end{cases}$

4. 分别求出下列矩阵的行阶梯形矩阵和行最简形矩阵：

(1) $\begin{bmatrix} 1 & 2 & 2 & 1 \\ 2 & 1 & -2 & -2 \\ 1 & -1 & -4 & -3 \end{bmatrix}$； (2) $\begin{bmatrix} 0 & -2 & 1 & 1 & 0 & 0 \\ 3 & 0 & -2 & 0 & 1 & 0 \\ -2 & 3 & 0 & 0 & 0 & 1 \end{bmatrix}$.

5. 求下列矩阵的秩：

(1) $\begin{bmatrix} 3 & 2 & -1 & -3 & -1 \\ 2 & -1 & 3 & 1 & -3 \\ 7 & 0 & 5 & -1 & -8 \end{bmatrix}$； (2) $\begin{bmatrix} 1 & -2 & 3k \\ -1 & 2k & -3 \\ k & -2 & 3 \end{bmatrix}$，其中 k 为待定常数.

6. 用高斯消元法求下列非齐次线性方程组的通解：

(1) $\begin{cases} x_1+2x_2-x_4=-1, \\ -x_1-4x_2+x_3+2x_4=3, \\ x_1-4x_2+3x_3+x_4=1, \\ 2x_1-10x_2+7x_3+3x_4=4; \end{cases}$ (2) $\begin{cases} 2x_1-x_2+4x_3-3x_4=-4, \\ -x_1+x_3-x_4=-3, \\ 3x_1+x_2+x_3=1, \\ 7x_1+7x_3-3x_4=3. \end{cases}$

7. 用高斯消元法求下列齐次线性方程组的通解：

(1) $\begin{cases} x_1-x_2+5x_3-x_4=0, \\ x_1+x_2-2x_3+3x_4=0, \\ 3x_1-x_2+8x_3+x_4=0, \\ x_1+3x_2-9x_3+7x_4=0; \end{cases}$ (2) $\begin{cases} 3x_1+2x_2+x_3+3x_4+5x_5=0, \\ 6x_1+4x_2+3x_3+5x_4+7x_5=0, \\ 9x_1+6x_2+5x_3+7x_4+9x_5=0, \\ 3x_1+2x_2+4x_4+8x_5=0. \end{cases}$

8. 设非齐次线性方程组为

$$\begin{cases} x_1+x_3=2, \\ x_1+2x_2-x_3=0, \\ 2x_1+x_2-ax_3=b. \end{cases}$$

问参数 a,b 分别取何值时：(1)无解；(2)有唯一解；(3)有无限多个解？在有解的情况下，求出其所有解.

第2章　矩阵代数

在第1章已经看到，矩阵是重要的数学工具之一. 以矩阵为主要数据结构的MATLAB在各行各业的具体应用就是例子.

实际上，关于矩阵的内容很多，已经发展成为一套完整的理论体系——矩阵理论. 矩阵理论已广泛应用于自然科学、工程技术和社会科学等领域，如在观测、导航、机器人的位移、化学分子结构的稳定性分析、密码通信、模式识别和自动控制等方面已有广泛应用.

矩阵之所以重要，不仅仅在于它把一些元素按一定顺序排成一个表格，关键在于可以对它们进行一些运算，而这些运算都是有一定的工程背景的，这一点在第1章已经看到. 本章除讨论矩阵的线性运算外，还要学习矩阵的其他运算，如矩阵的乘法运算、矩阵的行列式运算以及矩阵的逆运算等，这些都是线性代数的内容. 我们将结合实际例子讨论这些运算.

2.1　矩阵的线性运算

所谓矩阵代数，简单讲就是在矩阵之间定义一些运算，特别是矩阵的线性运算. 当把矩阵作为工具讨论线性方程组、线性变换等问题时，还会遇到矩阵的其他运算，如矩阵的乘法运算、矩阵的行列式运算和矩阵的求逆运算等. 本节讨论矩阵的线性运算.

2.1.1　矩阵的加减运算

用矩阵 $\boldsymbol{A}$ 表示例1.4中三个商店进货四种产品的数量(单位：件)，矩阵 $\boldsymbol{B}$ 表示增加的进货数量，

$$\boldsymbol{A}=\begin{pmatrix}12 & 5 & 8 & 20\\ 15 & 11 & 15 & 8\\ 10 & 8 & 9 & 7\end{pmatrix},\quad \boldsymbol{B}=\begin{pmatrix}3 & 5 & 3 & 2\\ 2 & 1 & 4 & 5\\ 2 & 3 & 4 & 6\end{pmatrix},$$

则矩阵

$$\begin{pmatrix}12+3 & 5+5 & 8+3 & 20+2\\ 15+2 & 11+1 & 15+4 & 8+5\\ 10+2 & 8+3 & 9+4 & 7+6\end{pmatrix}=\begin{pmatrix}15 & 10 & 11 & 22\\ 17 & 12 & 19 & 13\\ 12 & 11 & 13 & 13\end{pmatrix}$$

就是增加进货数量后三个商店进货四种产品的数量.

定义 2.1　设 $\boldsymbol{A}=(a_{ij})_{m\times n}$ 和 $\boldsymbol{B}=(b_{ij})_{m\times n}$ 是同型矩阵，则矩阵 $\boldsymbol{C}=(c_{ij})_{m\times n}$，其中 $c_{ij}=$

$a_{ij}+b_{ij}(i=1,2,\cdots,m;\ j=1,2,\cdots,n)$，称为矩阵 $\boldsymbol{A}$ 与 $\boldsymbol{B}$ 的**和**(addition of $\boldsymbol{A}$ and $\boldsymbol{B}$)，记为 $\boldsymbol{A}+\boldsymbol{B}$，即

$$\boldsymbol{A}+\boldsymbol{B}=\begin{pmatrix} a_{11}+b_{11} & a_{12}+b_{12} & \cdots & a_{1n}+b_{1n} \\ a_{21}+b_{21} & a_{22}+b_{22} & \cdots & a_{2n}+b_{2n} \\ \vdots & \vdots & & \vdots \\ a_{m1}+b_{m1} & a_{m2}+b_{m2} & \cdots & a_{mn}+b_{mn} \end{pmatrix}.$$

实际上，**两个矩阵相加就是对应位置的元素分别相加**. 显然，只有同型矩阵才能相加.

设矩阵 $\boldsymbol{A}=(a_{ij})_{m\times n}$，称 $(-a_{ij})_{m\times n}$ 为矩阵 $\boldsymbol{A}$ 的**负矩阵**(negative matrix)，记为 $-\boldsymbol{A}$. 例如

$$\boldsymbol{A}=\begin{pmatrix} -3 & 5 & 3 & -2 \\ 2 & 1 & 0 & 5 \\ 2 & -3 & 4 & -2 \end{pmatrix},$$

则

$$-\boldsymbol{A}=\begin{pmatrix} 3 & -5 & -3 & 2 \\ -2 & -1 & 0 & -5 \\ -2 & 3 & -4 & 2 \end{pmatrix}.$$

显然，矩阵的加法运算满足下列运算性质. 对于任意 $\boldsymbol{A}_{m\times n},\boldsymbol{B}_{m\times n},\boldsymbol{C}_{m\times n}$，有

(1) $\boldsymbol{A}+\boldsymbol{B}=\boldsymbol{B}+\boldsymbol{A}$.(加法交换律)

(2) $(\boldsymbol{A}+\boldsymbol{B})+\boldsymbol{C}=\boldsymbol{A}+(\boldsymbol{B}+\boldsymbol{C})$.(加法结合律)

(3) $\boldsymbol{A}+\boldsymbol{0}=\boldsymbol{A}$.(加法单位元)

(4) $\boldsymbol{A}+(-\boldsymbol{A})=\boldsymbol{0}$.(加法逆元)

(5) $(\boldsymbol{A}+\boldsymbol{B})^{\mathrm{T}}=\boldsymbol{A}^{\mathrm{T}}+\boldsymbol{B}^{\mathrm{T}}$.

为了方便，将 $\boldsymbol{A}+(-\boldsymbol{B})$ 记为 $\boldsymbol{A}-\boldsymbol{B}$，称为矩阵 $\boldsymbol{A}$ 和 $\boldsymbol{B}$ 的**差**(subtraction of $\boldsymbol{A}$ and $\boldsymbol{B}$)，它是矩阵的减法运算. 显然，有

$$\boldsymbol{A}-\boldsymbol{B}=\begin{pmatrix} a_{11}-b_{11} & a_{12}-b_{12} & \cdots & a_{1n}-b_{1n} \\ a_{21}-b_{21} & a_{22}-b_{22} & \cdots & a_{2n}-b_{2n} \\ \vdots & \vdots & & \vdots \\ a_{m1}-b_{m1} & a_{m2}-b_{m2} & \cdots & a_{mn}-b_{mn} \end{pmatrix}.$$

换句话说，**两个矩阵相减就是对应位置的元素分别相减**. 显然，只有同型矩阵才能相减.

2.1.2 矩阵的数乘运算

用矩阵 $\boldsymbol{A}$ 表示例 1.4 中三个商店进货四种产品的数量(单位：件)，

$$\boldsymbol{A}=\begin{pmatrix} 12 & 5 & 8 & 20 \\ 15 & 11 & 15 & 8 \\ 10 & 8 & 9 & 7 \end{pmatrix}$$

则进货数量翻倍就是

$$\begin{pmatrix} 2\times 12 & 2\times 5 & 2\times 8 & 2\times 20 \\ 2\times 15 & 2\times 11 & 2\times 15 & 2\times 8 \\ 2\times 10 & 2\times 8 & 2\times 9 & 2\times 7 \end{pmatrix} = \begin{pmatrix} 24 & 10 & 16 & 40 \\ 30 & 22 & 30 & 16 \\ 20 & 16 & 18 & 14 \end{pmatrix}.$$

一般地，有下面的定义.

定义 2.2 设矩阵 $\boldsymbol{A}=(a_{ij})_{m\times n}$，对于数 λ，矩阵 $\boldsymbol{A}$ 和数 λ 的**数乘** $\lambda\boldsymbol{A}$(multiplication of a matrix $\boldsymbol{A}$ by a number λ)是用数 λ 分别乘矩阵 $\boldsymbol{A}$ 的每个位置元素得到的矩阵，即

$$\lambda\boldsymbol{A} = \begin{pmatrix} \lambda a_{11} & \lambda a_{12} & \cdots & \lambda a_{1n} \\ \lambda a_{21} & \lambda a_{22} & \cdots & \lambda a_{2n} \\ \vdots & \vdots & & \vdots \\ \lambda a_{m1} & \lambda a_{m2} & \cdots & \lambda a_{mn} \end{pmatrix}$$

又如 $-3\begin{pmatrix} 1 & 2 & 3 \\ -1 & -2 & 4 \\ 0 & 5 & 1 \end{pmatrix} = \begin{pmatrix} -3 & -6 & -9 \\ 3 & 6 & -12 \\ 0 & -15 & -3 \end{pmatrix}$.

显然，对于任意矩阵 $\boldsymbol{A}$，有 $-1\boldsymbol{A}=-\boldsymbol{A}$，$1\boldsymbol{A}=\boldsymbol{A}$，$0\boldsymbol{A}=\boldsymbol{0}$，且满足下列运算性质. 对于任意 $\boldsymbol{A}_{m\times n}$，$\boldsymbol{B}_{m\times n}$，$\lambda$，$\mu\in\mathbb{R}$，有

(6) $\lambda(\boldsymbol{A}+\boldsymbol{B})=\lambda\boldsymbol{A}+\lambda\boldsymbol{B}$.

(7) $(\lambda+\mu)\boldsymbol{A}=\lambda\boldsymbol{A}+\mu\boldsymbol{A}$.

(8) $(\lambda\mu)\boldsymbol{A}=\lambda(\mu\boldsymbol{A})$.

(9) $(\lambda\boldsymbol{A})^{\mathrm{T}}=\lambda\boldsymbol{A}^{\mathrm{T}}$.

借助于矩阵的线性运算，一个线性方程组的通解，如

$$\boldsymbol{x} = \begin{pmatrix} x_1 \\ x_2 \\ x_3 \\ x_4 \end{pmatrix} = \begin{pmatrix} 4k_1 + k_2 - 1 \\ -2k_1 - 2k_2 + 1 \\ k_1 \\ k_2 \end{pmatrix},$$

可以写成矩阵形式

$$\boldsymbol{x} = k_1\begin{pmatrix} 4 \\ -2 \\ 1 \\ 0 \end{pmatrix} + k_2\begin{pmatrix} 1 \\ -2 \\ 0 \\ 1 \end{pmatrix} + \begin{pmatrix} -1 \\ 1 \\ 0 \\ 0 \end{pmatrix}.$$

大家可以试着将第1章中所得出的线性方程组的通解写成矩阵形式，以便于与3.5节的结果比较.

例 2.1 设 $\boldsymbol{A}=\begin{pmatrix} 1 & -3 & 1 \\ 1 & 0 & -3 \\ 2 & -1 & 1 \end{pmatrix}$，计算 $3\boldsymbol{E}-5\boldsymbol{A}$.

解 $3\boldsymbol{E}-5\boldsymbol{A}=3\begin{pmatrix}1&0&0\\0&1&0\\0&0&1\end{pmatrix}-5\begin{pmatrix}1&-3&1\\1&0&-3\\2&-1&1\end{pmatrix}$

$$=\begin{pmatrix}3&0&0\\0&3&0\\0&0&3\end{pmatrix}-\begin{pmatrix}5&-15&5\\5&0&-15\\10&-5&5\end{pmatrix}=\begin{pmatrix}-2&15&-5\\-5&3&15\\-10&5&-2\end{pmatrix}.$$

由于 $\boldsymbol{A}+\boldsymbol{B}=\boldsymbol{B}+\boldsymbol{A}$ 及 $\boldsymbol{A}+(-\boldsymbol{A})=\boldsymbol{0}$,所以在进行矩阵的线性运算时可以移项.

例 2.2 设矩阵 $\boldsymbol{C}$ 满足 $\boldsymbol{C}-3\boldsymbol{A}^{\mathrm{T}}=2\boldsymbol{B}-3\boldsymbol{C}$,其中

$$\boldsymbol{A}=\begin{pmatrix}2&1\\-1&3\end{pmatrix},\quad \boldsymbol{B}=\begin{pmatrix}0&2\\-3&1\end{pmatrix},$$

求矩阵 $\boldsymbol{C}$.

解 由于 $\boldsymbol{C}-3\boldsymbol{A}^{\mathrm{T}}=2\boldsymbol{B}-3\boldsymbol{C}$,于是 $\boldsymbol{C}+3\boldsymbol{C}=3\boldsymbol{A}^{\mathrm{T}}+2\boldsymbol{B}$,即 $4\boldsymbol{C}=3\boldsymbol{A}^{\mathrm{T}}+2\boldsymbol{B}$,进而 $\boldsymbol{C}=\frac{1}{4}(3\boldsymbol{A}^{\mathrm{T}}+2\boldsymbol{B})$. 因此,有

$$\boldsymbol{C}=\frac{1}{4}\left[3\begin{pmatrix}2&1\\-1&3\end{pmatrix}^{\mathrm{T}}+2\begin{pmatrix}0&2\\-3&1\end{pmatrix}\right]=\frac{1}{4}\left[3\begin{pmatrix}2&-1\\1&3\end{pmatrix}+2\begin{pmatrix}0&2\\-3&1\end{pmatrix}\right]$$

$$=\frac{1}{4}\left[\begin{pmatrix}6&-3\\3&9\end{pmatrix}+\begin{pmatrix}0&4\\-6&2\end{pmatrix}\right]=\frac{1}{4}\begin{pmatrix}6&1\\-3&11\end{pmatrix}=\begin{pmatrix}\frac{3}{2}&\frac{1}{4}\\-\frac{3}{4}&\frac{11}{4}\end{pmatrix}.$$

对于方阵 $\boldsymbol{A}$,若 $\boldsymbol{A}$ 的转置矩阵 $\boldsymbol{A}^{\mathrm{T}}$ 与 $\boldsymbol{A}$ 相同,即 $\boldsymbol{A}^{\mathrm{T}}=\boldsymbol{A}$,则称 $\boldsymbol{A}$ 为**对称矩阵**(symmetric matrix). 一个矩阵 $\boldsymbol{A}=(a_{ij})_{n\times n}$ 是对称矩阵当且仅当 $a_{ij}=a_{ji}\ (i,j=1,2,\cdots,n)$,即 $\boldsymbol{A}$ 是关于主对角线对称的,例如

$$\boldsymbol{A}=\begin{pmatrix}-2&1&3\\1&4&-4\\3&-4&6\end{pmatrix}$$

是对称矩阵.

对于方阵 $\boldsymbol{A}$,若 $\boldsymbol{A}^{\mathrm{T}}=-\boldsymbol{A}$,则称 $\boldsymbol{A}$ 为**反对称矩阵**(antisymmetric matrix). 一个方阵 $\boldsymbol{A}=(a_{ij})_{n\times n}$ 是反对称矩阵当且仅当 $a_{ij}=-a_{ji}\ (i,j=1,2,\cdots,n)$,这时 $a_{ii}=0, i=1,2,\cdots,n$. 例如

$$\boldsymbol{A}=\begin{pmatrix}0&1&-3\\-1&0&4\\3&-4&0\end{pmatrix}.$$

例 2.3 证明:任意方阵都是对称矩阵与反对称矩阵之和.

证 设 $\boldsymbol{A}$ 是方阵,令 $\boldsymbol{B}=\frac{1}{2}(\boldsymbol{A}+\boldsymbol{A}^{\mathrm{T}})$,$\boldsymbol{C}=\frac{1}{2}(\boldsymbol{A}-\boldsymbol{A}^{\mathrm{T}})$,这时 $\boldsymbol{A}=\boldsymbol{B}+\boldsymbol{C}$. 因为

$$B^T=\left[\frac{1}{2}(A+A^T)\right]^T=\frac{1}{2}(A+A^T)^T=\frac{1}{2}(A^T+(A^T)^T)=\frac{1}{2}(A^T+A)=B,$$

所以 B 是对称矩阵. 又因为

$$\begin{aligned}C^T&=\left[\frac{1}{2}(A-A^T)\right]^T=\frac{1}{2}(A-A^T)^T=\frac{1}{2}(A^T-(A^T)^T)\\&=\frac{1}{2}(A^T-A)=-\frac{1}{2}(A-A^T)=-C,\end{aligned}$$

所以 C 是反对称矩阵. 结论得证.

2.2 矩阵的乘法运算

当把矩阵作为工具讨论线性方程组、线性变换等很多问题时,还会遇到矩阵的乘法运算. 矩阵的乘法运算是最重要的矩阵运算之一,其定义及性质在理解上都有一定的难度,因为它不同于数的乘法运算.

2.2.1 矩阵的乘法运算的定义和性质

定义 2.3 设 $A=(a_{ij})_{m\times s}$ 是 $m\times s$ 矩阵,$B=(b_{ij})_{s\times n}$ 是 $s\times n$ 矩阵,则 A 与 B 的乘积(multiplication of A and B)$C=(c_{ij})_{m\times n}$ 是 $m\times n$ 矩阵,其中

$$c_{ij}=a_{i1}b_{1j}+a_{i2}b_{2j}+\cdots+a_{is}b_{sj}=\sum_{k=1}^{s}a_{ik}b_{kj},\quad i=1,2,\cdots,m, j=1,2,\cdots,n.$$

记为 $A\cdot B$,简记为 AB.

例如,若矩阵

$$A=\begin{pmatrix}-1&2\\3&-1\\2&4\\6&-3\end{pmatrix},\quad B=\begin{pmatrix}-1&1&0\\2&3&4\end{pmatrix},$$

则

$$\begin{aligned}AB&=\begin{pmatrix}(-1)\times(-1)+2\times2&(-1)\times1+2\times3&(-1)\times0+2\times4\\3\times(-1)+(-1)\times2&3\times1+(-1)\times3&3\times0+(-1)\times4\\2\times(-1)+4\times2&2\times1+4\times3&2\times0+4\times4\\6\times(-1)+(-3)\times2&6\times1+(-3)\times3&6\times0+(-3)\times4\end{pmatrix}\\&=\begin{pmatrix}5&5&8\\-5&0&-4\\6&14&16\\-12&-3&-12\end{pmatrix}.\end{aligned}$$

在矩阵乘法运算 $\boldsymbol{AB}$ 中，用左边矩阵 $\boldsymbol{A}$ 中第 i 行各元素分别乘右边矩阵 $\boldsymbol{B}$ 中第 j 列各元素之和就是 $\boldsymbol{AB}$ 中 (i,j) 位置的元素，$i=1,2,\cdots,m,j=1,2,\cdots,n$. 可以简单地将两个矩阵乘积记为"**左行乘右列法则**"(rule of multiplication of a left row by a right column)，即

$$\begin{pmatrix} a_{11} & a_{12} & \cdots & a_{1s} \\ \vdots & \vdots & & \vdots \\ a_{i1} & a_{i2} & \cdots & a_{is} \\ \vdots & \vdots & & \vdots \\ a_{m1} & a_{m2} & \cdots & a_{ms} \end{pmatrix} \begin{pmatrix} b_{11} & \cdots & b_{1j} & \cdots & b_{1n} \\ b_{21} & \cdots & b_{2j} & \cdots & b_{2n} \\ \vdots & & \vdots & & \vdots \\ b_{s1} & \cdots & b_{sj} & \cdots & b_{sn} \end{pmatrix} = \begin{pmatrix} c_{11} & \cdots & c_{1j} & \cdots & c_{1n} \\ \vdots & & \vdots & & \vdots \\ c_{i1} & \cdots & \underline{c_{ij}} & \cdots & c_{in} \\ \vdots & & \vdots & & \vdots \\ c_{m1} & \cdots & c_{mj} & \cdots & c_{mn} \end{pmatrix}.$$

在 $\boldsymbol{AB}$ 中，能使用"左行乘右列法则"，必须要求左边矩阵 $\boldsymbol{A}$ 的列数等于右边矩阵 $\boldsymbol{B}$ 的行数，即 $\boldsymbol{A}_{m\times \underline{s}}\boldsymbol{B}_{\underline{s}\times n}$，这是两个矩阵能相乘必须满足的条件. 在前例中 $\boldsymbol{BA}$ 无意义.

现在的问题是，为何两个矩阵的乘法要这样计算，是否有实际意义？下面举一个例子以帮助大家理解矩阵乘法的定义.

在例 1.4 中，两个矩阵分别为

$$\boldsymbol{A}=\begin{pmatrix} a_{11} & a_{12} & a_{13} & a_{14} \\ a_{21} & a_{22} & a_{23} & a_{24} \\ a_{31} & a_{32} & a_{33} & a_{34} \end{pmatrix}, \quad \boldsymbol{B}=\begin{pmatrix} b_{11} & b_{12} \\ b_{21} & b_{22} \\ b_{31} & b_{32} \\ b_{41} & b_{42} \end{pmatrix}.$$

这时

$$\boldsymbol{AB}=\begin{pmatrix} a_{11}b_{11}+a_{12}b_{21}+a_{13}b_{31}+a_{14}b_{41} & a_{11}b_{12}+a_{12}b_{22}+a_{13}b_{32}+a_{14}b_{42} \\ a_{21}b_{11}+a_{22}b_{21}+a_{23}b_{31}+a_{24}b_{41} & a_{21}b_{12}+a_{22}b_{22}+a_{23}b_{32}+a_{24}b_{42} \\ a_{31}b_{11}+a_{32}b_{21}+a_{33}b_{31}+a_{34}b_{41} & a_{31}b_{12}+a_{32}b_{22}+a_{33}b_{32}+a_{14}b_{42} \end{pmatrix}.$$

该矩阵第 1 列和第 2 列分别表示三个商店所进货的总价格和总重量.

在第 4 章讨论线性变换时还可以看到更多类似的例子. 实际上，矩阵的乘法运算是在研究连续进行两次线性变换时由英国数学家 Arthur Cayley(1821—1895)在 1855 年引入的，参见 3.6 节.

在 MATLAB 中，两个矩阵 $\boldsymbol{A}$ 和 $\boldsymbol{B}$ 相乘，只需要输入矩阵 $\boldsymbol{A}$ 和 $\boldsymbol{B}$ 以后，再输入 A * B 即得计算结果. 在 MATLAB 中，两个矩阵 $\boldsymbol{A}$ 和 $\boldsymbol{B}$ 相乘的运算符号是"*"，而书中像两个数相乘一样省略了运算符号.

从定义 2.3 知，两个矩阵 $\boldsymbol{A}$ 和 $\boldsymbol{B}$ 相乘是有条件的. 即使 $\boldsymbol{AB}$ 有意义，也不能保证 $\boldsymbol{BA}$ 有意义. 下面的例子说明，在一定的条件下，$\boldsymbol{AB}$ 和 $\boldsymbol{BA}$ 均有意义，但一般来说 $\boldsymbol{AB}\neq\boldsymbol{BA}$，即矩阵的乘法运算不满足交换律，进而对于正整数 k，一般来说 $(\boldsymbol{AB})^k\neq\boldsymbol{A}^k\boldsymbol{B}^k$.

例 2.4 设矩阵

$$\boldsymbol{A}=\begin{pmatrix} -4 & 2 \\ 2 & -1 \end{pmatrix}, \quad \boldsymbol{B}=\begin{pmatrix} 1 & -2 \\ 2 & -4 \end{pmatrix},$$

求 $\boldsymbol{AB}$ 和 $\boldsymbol{BA}$.

解 按定义有

$$\boldsymbol{AB}=\begin{pmatrix}-4 & 2\\ 2 & -1\end{pmatrix}\begin{pmatrix}1 & -2\\ 2 & -4\end{pmatrix}=\begin{pmatrix}0 & 0\\ 0 & 0\end{pmatrix},$$

$$\boldsymbol{BA}=\begin{pmatrix}1 & -2\\ 2 & -4\end{pmatrix}\begin{pmatrix}-4 & 2\\ 2 & -1\end{pmatrix}=\begin{pmatrix}-8 & 4\\ -16 & 8\end{pmatrix}.$$

由上例可以看出，$\boldsymbol{AB}\neq\boldsymbol{BA}$. 还需要注意的是，虽然 $\boldsymbol{AB}=\boldsymbol{0}$，但 $\boldsymbol{A}\neq\boldsymbol{0},\boldsymbol{B}\neq\boldsymbol{0}$. 进一步，若 $\boldsymbol{AB}=\boldsymbol{AC}$ 且 $\boldsymbol{A}\neq\boldsymbol{0}$，不能推出 $\boldsymbol{B}=\boldsymbol{C}$，这说明矩阵的乘法运算不满足消去律.

对于一般的关于未知元 $x_1,x_2,\cdots,x_n$ 的 n 元线性方程组

$$\begin{cases}a_{11}x_1+a_{12}x_2+\cdots+a_{1n}x_n=b_1,\\ a_{21}x_1+a_{22}x_2+\cdots+a_{2n}x_n=b_2,\\ \qquad\vdots\\ a_{m1}x_1+a_{m2}x_2+\cdots+a_{mn}x_n=b_m,\end{cases}\tag{2.1}$$

令

$$\boldsymbol{A}=\begin{pmatrix}a_{11} & a_{12} & \cdots & a_{1n}\\ a_{21} & a_{22} & \cdots & a_{2n}\\ \vdots & \vdots & & \vdots\\ a_{m1} & a_{m2} & \cdots & a_{mn}\end{pmatrix},\quad \boldsymbol{x}=\begin{pmatrix}x_1\\ x_2\\ \vdots\\ x_n\end{pmatrix},\quad \boldsymbol{b}=\begin{pmatrix}b_1\\ b_2\\ \vdots\\ b_m\end{pmatrix},$$

则借助于矩阵乘法运算，n 元线性方程组(2.1)可以表示为矩阵形式

$$\boldsymbol{Ax}=\boldsymbol{b}.\tag{2.2}$$

已经知道，$\boldsymbol{A}$ 称为系数矩阵. 为了方便，可将 $\boldsymbol{x}$ 和 $\boldsymbol{b}$ 分别称为未知量矩阵和常数矩阵，它们都是列矩阵.

容易验证，矩阵乘法运算满足下列性质，只要其中的矩阵乘法运算都有意义.

(1) $(\boldsymbol{AB})\boldsymbol{C}=\boldsymbol{A}(\boldsymbol{BC})$.（矩阵乘法运算满足结合律）

(2) $\boldsymbol{E}_m\boldsymbol{A}_{m\times n}=\boldsymbol{A}_{m\times n}\boldsymbol{E}_n=\boldsymbol{A}_{m\times n}$.

（单位矩阵是矩阵乘法运算的单位元，简记为 $\boldsymbol{EA}=\boldsymbol{AE}=\boldsymbol{A}$）

(3) $\boldsymbol{0}_{k\times m}\boldsymbol{A}_{m\times n}=\boldsymbol{0}_{k\times n},\boldsymbol{A}_{m\times n}\boldsymbol{0}_{n\times k}=\boldsymbol{0}_{m\times k}$.

（零矩阵是矩阵乘法运算的零元，简记为 $\boldsymbol{0A}=\boldsymbol{A0}=\boldsymbol{0}$）

(4) $(\lambda\boldsymbol{A})\boldsymbol{B}=\boldsymbol{A}(\lambda\boldsymbol{B})=\lambda(\boldsymbol{AB})$.

(5) $\boldsymbol{A}(\boldsymbol{B}+\boldsymbol{C})=\boldsymbol{AB}+\boldsymbol{AC},(\boldsymbol{A}+\boldsymbol{B})\boldsymbol{C}=\boldsymbol{AC}+\boldsymbol{BC}$.

（矩阵乘法运算对加法运算可分配）

(6) $(\boldsymbol{AB})^{\mathrm{T}}=\boldsymbol{B}^{\mathrm{T}}\boldsymbol{A}^{\mathrm{T}}$.

由于矩阵乘法运算满足结合律，因而在若干个矩阵相乘时可以不加括号，如 $\boldsymbol{ABC}$，可以理解为 $(\boldsymbol{AB})\boldsymbol{C}$，也可以理解为 $\boldsymbol{A}(\boldsymbol{BC})$.

在例 2.4 中，$(\boldsymbol{AB})^{\mathrm{T}}=\begin{pmatrix}0&0\\0&0\end{pmatrix}$，$\boldsymbol{B}^{\mathrm{T}}\boldsymbol{A}^{\mathrm{T}}=\begin{pmatrix}1&2\\-2&-4\end{pmatrix}\begin{pmatrix}-4&2\\2&-1\end{pmatrix}=\begin{pmatrix}0&0\\0&0\end{pmatrix}$，这验证了 $(\boldsymbol{AB})^{\mathrm{T}}=\boldsymbol{B}^{\mathrm{T}}\boldsymbol{A}^{\mathrm{T}}$. 而

$$\boldsymbol{A}^{\mathrm{T}}\boldsymbol{B}^{\mathrm{T}}=\begin{pmatrix}-4&2\\2&-1\end{pmatrix}\begin{pmatrix}1&2\\-2&-4\end{pmatrix}=\begin{pmatrix}-8&-16\\4&8\end{pmatrix}.$$

因而，一般来说 $(\boldsymbol{AB})^{\mathrm{T}}\neq\boldsymbol{A}^{\mathrm{T}}\boldsymbol{B}^{\mathrm{T}}$. 请注意性质(6)中的顺序.

例 2.5 设矩阵 $\boldsymbol{A}=\left(\frac{1}{2},0,\frac{1}{2}\right)$，$\boldsymbol{B}=\boldsymbol{E}-\boldsymbol{A}^{\mathrm{T}}\boldsymbol{A}$，$\boldsymbol{C}=\boldsymbol{E}+2\boldsymbol{A}^{\mathrm{T}}\boldsymbol{A}$，其中 $\boldsymbol{E}$ 为三阶单位矩阵，求 $\boldsymbol{BC}$.

解 因为 $\boldsymbol{A}=\left(\frac{1}{2},0,\frac{1}{2}\right)$，所以

$$\boldsymbol{AA}^{\mathrm{T}}=\left(\frac{1}{2},0,\frac{1}{2}\right)\begin{pmatrix}\frac{1}{2}\\0\\\frac{1}{2}\end{pmatrix}=\frac{1}{2}.$$

根据矩阵乘法的运算律，有

$$\begin{aligned}\boldsymbol{BC}&=(\boldsymbol{E}-\boldsymbol{A}^{\mathrm{T}}\boldsymbol{A})(\boldsymbol{E}+2\boldsymbol{A}^{\mathrm{T}}\boldsymbol{A})\\&=\boldsymbol{E}(\boldsymbol{E}+2\boldsymbol{A}^{\mathrm{T}}\boldsymbol{A})-\boldsymbol{A}^{\mathrm{T}}\boldsymbol{A}(\boldsymbol{E}+2\boldsymbol{A}^{\mathrm{T}}\boldsymbol{A})\\&=(\boldsymbol{E}+2\boldsymbol{A}^{\mathrm{T}}\boldsymbol{A})-(\boldsymbol{A}^{\mathrm{T}}\boldsymbol{A}+2\boldsymbol{A}^{\mathrm{T}}\boldsymbol{AA}^{\mathrm{T}}\boldsymbol{A})\\&=\boldsymbol{E}+2\boldsymbol{A}^{\mathrm{T}}\boldsymbol{A}-\boldsymbol{A}^{\mathrm{T}}\boldsymbol{A}-2\boldsymbol{A}^{\mathrm{T}}\boldsymbol{AA}^{\mathrm{T}}\boldsymbol{A}\\&=\boldsymbol{E}+2\boldsymbol{A}^{\mathrm{T}}\boldsymbol{A}-\boldsymbol{A}^{\mathrm{T}}\boldsymbol{A}-2\boldsymbol{A}^{\mathrm{T}}(\boldsymbol{AA}^{\mathrm{T}})\boldsymbol{A}\\&=\boldsymbol{E}+2\boldsymbol{A}^{\mathrm{T}}\boldsymbol{A}-\boldsymbol{A}^{\mathrm{T}}\boldsymbol{A}-2\cdot\frac{1}{2}\boldsymbol{A}^{\mathrm{T}}\boldsymbol{A}\\&=\boldsymbol{E}+2\boldsymbol{A}^{\mathrm{T}}\boldsymbol{A}-\boldsymbol{A}^{\mathrm{T}}\boldsymbol{A}-\boldsymbol{A}^{\mathrm{T}}\boldsymbol{A}=\boldsymbol{E}.\end{aligned}$$

说明 若根据已知条件，分别算出 $\boldsymbol{B}$ 和 $\boldsymbol{C}$，再计算 $\boldsymbol{BC}$，则显繁琐.

2.2.2 方阵的幂运算

在实际问题中，会出现同一个矩阵与自己乘多次的情形，这就是矩阵的幂运算. 对于 $m\times n$ 型矩阵 $\boldsymbol{A}$，若 $\boldsymbol{AA}$ 有意义，则 $m=n$，即 $\boldsymbol{A}$ 必为方阵.

定义 2.4 设 $\boldsymbol{A}$ 是 n 阶方阵，规定 $\boldsymbol{A}$ 的 k **次幂**(k powers of $\boldsymbol{A}$)：

$$\boldsymbol{A}^0=\boldsymbol{E}_n,\boldsymbol{A}^1=\boldsymbol{A},\boldsymbol{A}^2=\boldsymbol{AA},\cdots,\boldsymbol{A}^k=\overbrace{\boldsymbol{AA}\cdots\boldsymbol{A}}^{k},\cdots$$

因为矩阵乘法运算满足结合律，所以对于任意自然数 k,l，有

(1) $\boldsymbol{A}^k\boldsymbol{A}^l=\boldsymbol{A}^{k+l}$.

(2) $(\boldsymbol{A}^k)^l=\boldsymbol{A}^{kl}$.

例 2.6 设矩阵 $\boldsymbol{A}$ 和 $\boldsymbol{B}$ 是 n 阶方阵,试举例说明 $(\boldsymbol{A}+\boldsymbol{B})(\boldsymbol{A}-\boldsymbol{B})=\boldsymbol{A}^2-\boldsymbol{B}^2$ 不成立,并给出 $(\boldsymbol{A}+\boldsymbol{B})(\boldsymbol{A}-\boldsymbol{B})$ 的正确展开式.

解 取

$$\boldsymbol{A}=\begin{pmatrix}1 & 2\\ -1 & 1\end{pmatrix},\quad \boldsymbol{B}=\begin{pmatrix}1 & -1\\ 1 & 2\end{pmatrix},$$

则

$$(\boldsymbol{A}+\boldsymbol{B})(\boldsymbol{A}-\boldsymbol{B})=\begin{pmatrix}2 & 1\\ 0 & 3\end{pmatrix}\begin{pmatrix}0 & 3\\ -2 & -1\end{pmatrix}=\begin{pmatrix}-2 & 5\\ -6 & -3\end{pmatrix},$$

$$\boldsymbol{A}^2-\boldsymbol{B}^2=\begin{pmatrix}1 & 2\\ -1 & 1\end{pmatrix}^2-\begin{pmatrix}1 & -1\\ 1 & 2\end{pmatrix}^2=\begin{pmatrix}-1 & 4\\ -2 & -1\end{pmatrix}-\begin{pmatrix}0 & -3\\ 3 & 3\end{pmatrix}=\begin{pmatrix}-1 & 7\\ -5 & -4\end{pmatrix},$$

所以,有 $(\boldsymbol{A}+\boldsymbol{B})(\boldsymbol{A}-\boldsymbol{B})\neq\boldsymbol{A}^2-\boldsymbol{B}^2$.

由于

$$\begin{aligned}(\boldsymbol{A}+\boldsymbol{B})(\boldsymbol{A}-\boldsymbol{B})&=\boldsymbol{A}(\boldsymbol{A}-\boldsymbol{B})+\boldsymbol{B}(\boldsymbol{A}-\boldsymbol{B})=(\boldsymbol{A}^2-\boldsymbol{AB})+(\boldsymbol{BA}-\boldsymbol{B}^2)\\&=\boldsymbol{A}^2-\boldsymbol{AB}+\boldsymbol{BA}-\boldsymbol{B}^2,\end{aligned}$$

所以

$$(\boldsymbol{A}+\boldsymbol{B})(\boldsymbol{A}-\boldsymbol{B})=\boldsymbol{A}^2-\boldsymbol{AB}+\boldsymbol{BA}-\boldsymbol{B}^2.$$

对于矩阵 $\boldsymbol{A}$ 和 $\boldsymbol{B}$,若 $\boldsymbol{AB}=\boldsymbol{BA}$,则称 $\boldsymbol{A}$ 和 $\boldsymbol{B}$ **可交换**. 显然,对于任意正整数 k,若 $\boldsymbol{A}$ 和 $\boldsymbol{B}$ 可交换,则 $(\boldsymbol{AB})^k=\boldsymbol{A}^k\boldsymbol{B}^k$. 由前面的讨论过程可知,若 $\boldsymbol{A}$ 和 $\boldsymbol{B}$ 可交换,则 $(\boldsymbol{A}+\boldsymbol{B})(\boldsymbol{A}-\boldsymbol{B})=\boldsymbol{A}^2-\boldsymbol{B}^2$.

对于任意正整数 k,若 $\boldsymbol{A}$ 和 $\boldsymbol{B}$ 可交换,则关于矩阵的二项式定理成立,即

$$(\boldsymbol{A}+\boldsymbol{B})^k=\boldsymbol{A}^k+\mathrm{C}_k^1\boldsymbol{A}^{k-1}\boldsymbol{B}+\mathrm{C}_k^2\boldsymbol{A}^{k-2}\boldsymbol{B}^2+\cdots+\boldsymbol{B}^k.$$

根据矩阵乘法运算的定义容易验证下列等式成立:

$$\begin{bmatrix}\lambda_1 & & & \\ & \lambda_2 & & \\ & & \ddots & \\ & & & \lambda_n\end{bmatrix}\begin{bmatrix}\mu_1 & & & \\ & \mu_2 & & \\ & & \ddots & \\ & & & \mu_n\end{bmatrix}=\begin{bmatrix}\lambda_1\mu_1 & & & \\ & \lambda_2\mu_2 & & \\ & & \ddots & \\ & & & \lambda_n\mu_n\end{bmatrix}.$$

例 2.7 证明:对于任意自然数 k,有

$$\begin{bmatrix}\lambda_1 & & & \\ & \lambda_2 & & \\ & & \ddots & \\ & & & \lambda_n\end{bmatrix}^k=\begin{bmatrix}\lambda_1^k & & & \\ & \lambda_2^k & & \\ & & \ddots & \\ & & & \lambda_n^k\end{bmatrix}.$$

证 使用数学归纳法. 当 $k=0$ 时,等式显然成立. 假设 k 时等式成立,当 $k+1$ 时,因为

$$\begin{pmatrix} \lambda_1 & & & \\ & \lambda_2 & & \\ & & \ddots & \\ & & & \lambda_n \end{pmatrix}^{k+1} = \begin{pmatrix} \lambda_1 & & & \\ & \lambda_2 & & \\ & & \ddots & \\ & & & \lambda_n \end{pmatrix}^{k} \begin{pmatrix} \lambda_1 & & & \\ & \lambda_2 & & \\ & & \ddots & \\ & & & \lambda_n \end{pmatrix}$$

$$= \begin{pmatrix} \lambda_1^k & & & \\ & \lambda_2^k & & \\ & & \ddots & \\ & & & \lambda_n^k \end{pmatrix} \begin{pmatrix} \lambda_1 & & & \\ & \lambda_2 & & \\ & & \ddots & \\ & & & \lambda_n \end{pmatrix}$$

$$= \begin{pmatrix} \lambda_1^{k+1} & & & \\ & \lambda_2^{k+1} & & \\ & & \ddots & \\ & & & \lambda_n^{k+1} \end{pmatrix}.$$

故对于任意自然数 k,等式成立.

说明 例 2.7 的结论虽然简单,但建议大家记住该结论,今后会多次用到.

例 2.8 设矩阵

$$\boldsymbol{A} = \begin{pmatrix} 1 & 1 & 1 & 1 \\ 1 & 1 & -1 & -1 \\ 1 & -1 & 1 & -1 \\ 1 & -1 & -1 & 1 \end{pmatrix},$$

求 $\boldsymbol{A}^3$ 和 $\boldsymbol{A}^{10}$.

解 由于

$$\boldsymbol{A}^2 = \begin{pmatrix} 1 & 1 & 1 & 1 \\ 1 & 1 & -1 & -1 \\ 1 & -1 & 1 & -1 \\ 1 & -1 & -1 & 1 \end{pmatrix} \begin{pmatrix} 1 & 1 & 1 & 1 \\ 1 & 1 & -1 & -1 \\ 1 & -1 & 1 & -1 \\ 1 & -1 & -1 & 1 \end{pmatrix} = \begin{pmatrix} 4 & & & \\ & 4 & & \\ & & 4 & \\ & & & 4 \end{pmatrix} = 4\boldsymbol{E},$$

所以

$$\boldsymbol{A}^3 = \boldsymbol{A}^2\boldsymbol{A} = (4\boldsymbol{E})\boldsymbol{A} = 4(\boldsymbol{E}\boldsymbol{A}) = 4\boldsymbol{A} = \begin{pmatrix} 4 & 4 & 4 & 4 \\ 4 & 4 & -4 & -4 \\ 4 & -4 & 4 & -4 \\ 4 & -4 & -4 & 4 \end{pmatrix},$$

$$\boldsymbol{A}^{10} = (\boldsymbol{A}^2)^5 = (4\boldsymbol{E})^5 = 4^5\boldsymbol{E}^5 = 4^5\boldsymbol{E} = \begin{pmatrix} 4^5 & & & \\ & 4^5 & & \\ & & 4^5 & \\ & & & 4^5 \end{pmatrix}.$$

2.3 方阵的行列式

求方阵的行列式也是矩阵的一种运算，它将一个方阵与一个数相对应，这个数可以给出该方阵的一些信息，因此行列式是与矩阵密切相关的内容，它已经成为研究矩阵性质的一种工具.

在历史上，行列式是日本数学家 S. Takakazu(1642—1708)在 1683 年提出并使用，而矩阵由 J. J. Sylvester 在 1850 年首次使用，而在逻辑上应是矩阵先于行列式.

虽然行列式是在求解特殊的线性方程组时提出来的，在 2.3.1 节会看到这一点，但实际上，行列式在解决其他问题，如多重积分的变量替换、二次曲线或二次曲面的主轴问题以及在第 4 章计算方阵的特征值时也起着重要的作用，它已经发展成为行列式理论.

本节内容较多，很多书是专列一章讨论[1].

2.3.1 *n* 阶行列式的定义

行列式的提出源于对线性方程组的研究. 例如对于未知量为 x_1 和 x_2 的二元线性方程组

$$\begin{cases} a_{11}x_1 + a_{12}x_2 = b_1, \\ a_{21}x_1 + a_{22}x_2 = b_2. \end{cases} \tag{2.3}$$

将第 1 个方程乘以 a_{22} 减去第 2 个方程乘以 a_{12}，得

$$(a_{11}a_{22} - a_{12}a_{21})x_1 = b_1a_{22} - b_2a_{12}.$$

将第 2 个方程乘以 a_{11} 减去第 2 个方程乘以 a_{21}，得

$$(a_{11}a_{22} - a_{12}a_{21})x_2 = b_2a_{11} - b_1a_{21}.$$

在 $a_{11}a_{22} - a_{12}a_{21} \neq 0$ 时，线性方程组的解为

$$x_1 = \frac{b_1a_{22} - b_2a_{12}}{a_{11}a_{22} - a_{12}a_{21}}, \quad x_2 = \frac{b_2a_{11} - b_1a_{21}}{a_{11}a_{22} - a_{12}a_{21}}. \tag{2.4}$$

如果对于任意的二阶方阵

$$\boldsymbol{A} = \begin{bmatrix} a_{11} & a_{12} \\ a_{21} & a_{22} \end{bmatrix}, \tag{2.5}$$

将其主对角线两个元素乘积与次对角线两个元素乘积之差称为二阶方阵 **A** 的行列式，记为 $|\boldsymbol{A}|$ 或 $\det(\boldsymbol{A})$，即**二阶行列式**(determinant of order 2)为

$$|\boldsymbol{A}| = \begin{vmatrix} a_{11} & a_{12} \\ a_{21} & a_{22} \end{vmatrix} = a_{11}a_{22} - a_{12}a_{21}. \tag{2.6}$$

（行列式下方标有对角线符号：− 和 +）

那么在$|\boldsymbol{A}|\neq 0$时，就可以将(2.4)式表示为

$$x_1=\frac{|\boldsymbol{A}_1|}{|\boldsymbol{A}|},\quad x_2=\frac{|\boldsymbol{A}_2|}{|\boldsymbol{A}|},\tag{2.7}$$

其中分母$|\boldsymbol{A}|=\begin{vmatrix}a_{11} & a_{12}\\ a_{21} & a_{22}\end{vmatrix}$是线性方程组(2.3)的系数矩阵$\boldsymbol{A}$的行列式，称为系数行列式，而$x_1$的分子$|\boldsymbol{A}_1|=\begin{vmatrix}b_1 & a_{12}\\ b_2 & a_{22}\end{vmatrix}=b_1a_{22}-b_2a_{12}$是将系数行列式中的第1列分别换成线性方程组(2.3)的常数项b_1和b_2而得到的二阶行列式，x_2的分子$|\boldsymbol{A}_2|=\begin{vmatrix}a_{11} & b_1\\ a_{21} & b_2\end{vmatrix}=b_2a_{11}-b_1a_{21}$是将系数行列式中的第2列分别换成线性方程组(2.3)的常数项b_1和b_2而得到的二阶行列式，其规律性很强，容易记住. 最初引入行列式就是为了此目的，后来独立发展成为一门行列式理论，在其他很多地方会用到.

需要大家注意的是，矩阵是一个数表，用( )表示，而行列式是由方阵得到的一个数，用| |表示，这种表示方法在1841年由Arthur Cayley引入.

同样，对于任意的三阶方阵

$$\begin{pmatrix}a_{11} & a_{12} & a_{13}\\ a_{21} & a_{22} & a_{23}\\ a_{31} & a_{32} & a_{33}\end{pmatrix},\tag{2.8}$$

所对应的三阶行列式定义为

$$\begin{vmatrix}a_{11} & a_{12} & a_{13}\\ a_{21} & a_{22} & a_{23}\\ a_{31} & a_{32} & a_{33}\end{vmatrix}=a_{11}a_{22}a_{33}+a_{12}a_{23}a_{31}+a_{13}a_{21}a_{32}$$
$$-a_{13}a_{22}a_{31}-a_{12}a_{21}a_{33}-a_{11}a_{23}a_{32},\tag{2.9}$$

可仿照(2.6)式，借助于图2.1来理解(2.9)式，实线上的3个数相乘取正，虚线上的3个数相乘取负.

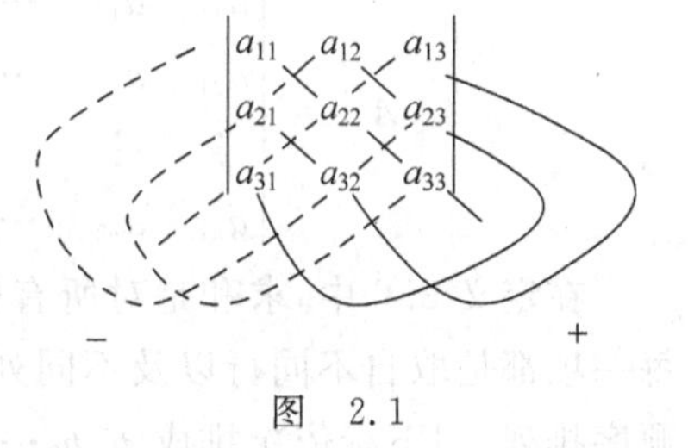

图 2.1

因此，对于未知量为x_1,x_2,x_3的三元线性方程组

$$\begin{cases}a_{11}x_1+a_{12}x_2+a_{13}x_3=b_1,\\ a_{21}x_1+a_{22}x_2+a_{23}x_3=b_2,\\ a_{31}x_1+a_{32}x_2+a_{33}x_3=b_3,\end{cases}\tag{2.10}$$

在其系数行列式$|\boldsymbol{A}|\neq 0$时，其解为

$$x_1=\frac{|\boldsymbol{A}_1|}{|\boldsymbol{A}|},\quad x_2=\frac{|\boldsymbol{A}_2|}{|\boldsymbol{A}|},\quad x_3=\frac{|\boldsymbol{A}_3|}{|\boldsymbol{A}|},\tag{2.11}$$

其中$|\boldsymbol{A}_i|(i=1,2,3)$是将系数行列式$|\boldsymbol{A}|$的第$i$列分别换成常数列$b_1,b_2$和$b_3$得到的三阶行列式.

只要用类似的推导就可以发现，只有按(2.9)式定义三阶行列式，才有(2.11)式. 三阶行

列式是6项的代数和,不太容易理解和记忆,虽然有一些特殊的"对角线法则"记忆方法.为了理解(2.9)式以及再推广到n阶行列式,先定义排列的逆序数.

定义2.5 设$p_1p_2\cdots p_n$是$\{1,2,\cdots,n\}$的一个全排列,对于任意i和j,若$i<j$时$p_i>p_j$,则称p_i与p_j构成该排列的一个**逆序**(inverted sequence),排列$p_1p_2\cdots p_n$中所有逆序的总数称为该排列的**逆序数**(number of inverted sequences),记为$\tau(p_1p_2\cdots p_n)$.

逆序与自然顺序相反,因为自然顺序是按从小到大的顺序排列的,如123和1234.根据定义知,$\tau(123)=0,\tau(231)=2,\tau(132)=1,\tau(2431)=4$.逆序数为奇(偶)数的排列称为奇(偶)排列.

将行列式中元素乘积项中的第1下标(行标)按自然顺序排列,考虑第2下标(列标)构成的排列逆序数.经过分析知道

$$\begin{vmatrix} a_{11} & a_{12} \\ a_{21} & a_{22} \end{vmatrix} = (-1)^{\tau(12)}a_{11}a_{22} + (-1)^{\tau(21)}a_{12}a_{21} = \sum_{p_1p_2}(-1)^{\tau(p_1p_2)}a_{1p_1}a_{2p_2},$$

其中求和是对所有$\{1,2\}$的所有全排列进行,共有2!项.而

$$\begin{aligned}\begin{vmatrix} a_{11} & a_{12} & a_{13} \\ a_{21} & a_{22} & a_{23} \\ a_{31} & a_{32} & a_{33} \end{vmatrix} &= (-1)^{\tau(123)}a_{11}a_{22}a_{33} + (-1)^{\tau(231)}a_{12}a_{23}a_{31} + (-1)^{\tau(312)}a_{13}a_{21}a_{32} \\ &\quad + (-1)^{\tau(321)}a_{13}a_{22}a_{31} + (-1)^{\tau(213)}a_{12}a_{21}a_{33} + (-1)^{\tau(132)}a_{11}a_{23}a_{32} \\ &= \sum_{p_1p_2p_3}(-1)^{\tau(p_1p_2p_3)}a_{1p_1}a_{2p_2}a_{3p_3}.\end{aligned}$$

其中求和是对所有$\{1,2,3\}$的所有全排列进行,共有3!项.

推而广之,n阶行列式的定义如下.

定义2.6 设$\boldsymbol{A}=(a_{ij})_{n\times n}$是$n$阶方阵,其行列式称为***n*阶行列式**(determinant of order n),记为$|\boldsymbol{A}|$或$\det(\boldsymbol{A})$,定义为

$$|\boldsymbol{A}| = \begin{vmatrix} a_{11} & a_{12} & \cdots & a_{1n} \\ a_{21} & a_{22} & \cdots & a_{2n} \\ \vdots & \vdots & & \vdots \\ a_{n1} & a_{n2} & \cdots & a_{nn} \end{vmatrix} = \sum_{p_1p_2\cdots p_n}(-1)^{\tau(p_1p_2\cdots p_n)}a_{1p_1}a_{2p_2}\cdots a_{np_n}. \tag{2.12}$$

在定义2.6中,求和是对所有$\{1,2,\cdots,n\}$的所有全排列进行的,共有$n!$项.除符号外,每一项都是取自不同行以及不同列的n个元素乘积$a_{1p_1}a_{2p_2}\cdots a_{np_n}$,$n$个元素行下标按$12\cdots n$顺序排列,列下标依次排成$p_1p_2\cdots p_n$.每一项的符号为$(-1)^{\tau(p_1p_2\cdots p_n)}$.

在MATLAB中只要给出方阵$\boldsymbol{A}$,使用det(A)命令就可以得出$\boldsymbol{A}$的行列式.

再次强调的是,矩阵是一个数表,用( )表示,而行列式是由方阵得到的一个数,用| |表示,使用的符号都完全不同.特别地,若$\boldsymbol{A}$是一阶方阵$\boldsymbol{A}=(a_{11})_{1\times 1}$,则一阶行列式为$\sum_{p_1}(-1)^{\tau(p_1)}a_{1p_1}=(-1)^{\tau(1)}a_{11}=a_{11}$,可以书写为$|a_{11}|=a_{11}$,注意不要与绝对值混淆.

根据定义，若一个行列式的某行元素全为0，则该行列式必为0.

类似于矩阵，主对角线以下(上)元素全为0的行列式称为上(下)**三角形行列式**(upper (lower) triangular determinant). 下述结论在计算行列式时经常用到.

定理 2.1　上三角形行列式

$$\begin{vmatrix} a_{11} & a_{12} & \cdots & a_{1n} \\ & a_{22} & \cdots & a_{2n} \\ & & \ddots & \vdots \\ & & & a_{nn} \end{vmatrix} = a_{11}a_{22}\cdots a_{nn}.$$

证　若 $p_n \neq n$，有 $(-1)^{\tau(p_1p_2\cdots p_n)}a_{1p_1}a_{2p_2}\cdots a_{n-1,p_{n-1}}a_{np_n}=0$. 若 $p_n=n$，考虑 p_{n-1}，由于 $p_1p_2\cdots p_n$ 是 $\{1,2,\cdots,n\}$ 的排列，于是 $p_{n-1}\neq n$，而当 $p_{n-1}<n-1$ 时

$$(-1)^{\tau(p_1p_2\cdots p_{n-1}n)}a_{1p_1}a_{2p_2}\cdots a_{n-1,p_{n-1}}a_{nn}=0,$$

因此可能不为0的项为 $(-1)^{\tau(p_1p_2\cdots n-1,n)}a_{1p_1}a_{2p_2}\cdots a_{n-1,n-1}a_{nn}$. 依此类推，可能不为0的项为 $(-1)^{\tau(12\cdots n-1,n)}a_{11}a_{22}\cdots a_{n-1,n-1}a_{nn}=a_{11}a_{22}\cdots a_{n-1,n-1}a_{nn}$. 因此，根据 n 阶行列式的定义知结论成立.

2.3.2　行列式的性质

对于高阶行列式，根据定义去计算是不现实的，因为当 n 较大时，例如 $n=18$，要计算的项有 $18!\approx 6.4\times 10^{15}$，即使计算机每秒进行1000万次乘法运算，也大约需要20年左右的时间，那是很不现实的.

利用行列式的性质进行计算是最常用的方法，要求大家能熟练运用这些性质. 另外，记住关于二阶行列式的(2.6)式和关于三阶行列式的图2.1，在计算行列式时是很方便的.

对于三阶行列式有

$$\begin{vmatrix} a_{11} & a_{12} & a_{13} \\ a_{21} & a_{22} & a_{23} \\ a_{31} & a_{32} & a_{33} \end{vmatrix} = (-1)^{\tau(123)}a_{11}a_{22}a_{33}+(-1)^{\tau(312)}a_{31}a_{12}a_{23}+(-1)^{\tau(231)}a_{21}a_{32}a_{13}$$
$$+(-1)^{\tau(321)}a_{31}a_{22}a_{13}+(-1)^{\tau(213)}a_{21}a_{12}a_{33}+(-1)^{\tau(132)}a_{11}a_{32}a_{23}$$
$$=\sum_{p_1p_2p_3}(-1)^{\tau(p_1p_2p_3)}a_{p_1,1}a_{p_2,2}a_{p_3,3}.$$

而根据三阶行列式的定义，有 $\begin{vmatrix} a_{11} & a_{21} & a_{31} \\ a_{12} & a_{22} & a_{32} \\ a_{13} & a_{23} & a_{33} \end{vmatrix} = \sum_{p_1p_2p_3}(-1)^{\tau(p_1p_2p_3)}a_{p_1,1}a_{p_2,2}a_{p_3,3}$，于是

$$\begin{vmatrix} a_{11} & a_{21} & a_{31} \\ a_{12} & a_{22} & a_{32} \\ a_{13} & a_{23} & a_{33} \end{vmatrix} = \begin{vmatrix} a_{11} & a_{12} & a_{13} \\ a_{21} & a_{22} & a_{23} \\ a_{31} & a_{32} & a_{33} \end{vmatrix}.$$

设$\boldsymbol{A}=(a_{ij})_{n\times n}$,则$\boldsymbol{A}$的转置矩阵$\boldsymbol{A}^{\mathrm{T}}$的行列式称为行列式$|\boldsymbol{A}|$的**转置行列式**(transpose of a determinant).一般地,有下面的结论.

性质1(转置性) 行列式与其转置行列式相等.

该性质主要用于说明,行列式的行和列具有相同的地位,即对行有的性质,对列也成立,反之亦然.

根据定理2.1和性质1知,下三角形行列式

$$\begin{vmatrix} a_{11} & & & \\ a_{21} & a_{22} & & \\ \vdots & \vdots & \ddots & \\ a_{n1} & a_{n2} & \cdots & a_{nn} \end{vmatrix} = a_{11}a_{22}\cdots a_{nn}.$$

下面的几条性质主要用于行列式的计算.性质2、性质3和性质5类似于矩阵的初等变换.

交换行列式的两行,如交换行列式$\begin{vmatrix} -1 & 2 & 3 \\ -4 & 5 & 6 \\ 7 & -8 & 9 \end{vmatrix}$的第2行和第3行,得到行列式$\begin{vmatrix} -1 & 2 & 3 \\ 7 & -8 & 9 \\ -4 & 5 & 6 \end{vmatrix}$,根据定义计算知

$$\begin{vmatrix} -1 & 2 & 3 \\ -4 & 5 & 6 \\ 7 & -8 & 9 \end{vmatrix} = -\begin{vmatrix} -1 & 2 & 3 \\ 7 & -8 & 9 \\ -4 & 5 & 6 \end{vmatrix}.$$

一般地,有下面的性质.

性质2(反号性) 交换行列式的两行(列),行列式反号.

交换行列式的第i行和第j行,记为$\mathrm{r}_i\leftrightarrow\mathrm{r}_j$;交换行列式的第$i$列和第$j$列,记为$\mathrm{c}_i\leftrightarrow\mathrm{c}_j$.

由性质2可知,有两行(列)元素相同的行列式为0.因为与交换这两行或两列时,得到相同的行列式,而根据性质2有$|\boldsymbol{A}|=-|\boldsymbol{A}|$,所以$|\boldsymbol{A}|=0$.

根据行列式的定义,还可以证明如下结论.

性质3(倍乘性) 行列式中某一行(列)的公因数可以提到行列式的外面相乘.

证

$$\begin{vmatrix} a_{11} & a_{12} & \cdots & a_{1n} \\ \vdots & \vdots & & \vdots \\ ka_{i1} & ka_{i2} & \cdots & ka_{in} \\ \vdots & \vdots & & \vdots \\ a_{n1} & a_{n2} & \cdots & a_{nn} \end{vmatrix} = \sum_{p_1\cdots p_i\cdots p_n}(-1)^{\tau(p_1\cdots p_i\cdots p_n)}a_{1p_1}\cdots(ka_{ip_i})\cdots a_{np_n}$$

$$= k\sum_{p_1\cdots p_i\cdots p_n}(-1)^{\tau(p_1\cdots p_i\cdots p_n)}a_{1p_1}\cdots a_{ip_i}\cdots a_{np_n} = k\begin{vmatrix} a_{11} & a_{12} & \cdots & a_{1n} \\ \vdots & \vdots & & \vdots \\ a_{i1} & a_{i2} & \cdots & a_{in} \\ \vdots & \vdots & & \vdots \\ a_{n1} & a_{n2} & \cdots & a_{nn} \end{vmatrix}.$$

为了方便,第 i 行(或列)提出公因数 k,记作 $\mathrm{r}_i \to k$(或 $\mathrm{c}_i \to k$).

可以将性质 3 叙述为"用一个数 k 乘行列式,等于用这个数 k 乘该行列式的某行(或列)",这就是行列式的"倍乘性". 根据性质 3 容易得出:若行列式有两行(列)元素对应成比例,则该行列式为 0.

性质 4(可加性) 若行列式的某行(列)元素均为两个数之和,则该行列式可以分解为两个行列式之和.

证

$$\begin{vmatrix} a_{11} & a_{12} & \cdots & a_{1n} \\ \vdots & \vdots & & \vdots \\ b_{i1}+c_{i1} & b_{i2}+c_{i2} & \cdots & b_{in}+c_{in} \\ \vdots & \vdots & & \vdots \\ a_{n1} & a_{n2} & \cdots & a_{nn} \end{vmatrix} = \sum_{p_1\cdots p_i\cdots p_n}(-1)^{\tau(p_1\cdots p_i\cdots p_n)}a_{1p_1}\cdots(b_{ip_i}+c_{ip_i})\cdots a_{np_n}$$

$$= \sum_{p_1\cdots p_i\cdots p_n}(-1)^{\tau(p_1\cdots p_i\cdots p_n)}a_{1p_1}\cdots b_{ip_i}\cdots a_{np_n} + \sum_{p_1\cdots p_i\cdots p_n}(-1)^{\tau(p_1\cdots p_i\cdots p_n)}a_{1p_1}\cdots c_{ip_i}\cdots a_{np_n}$$

$$= \begin{vmatrix} a_{11} & a_{12} & \cdots & a_{1n} \\ \vdots & \vdots & & \vdots \\ b_{i1} & b_{i2} & \cdots & b_{in} \\ \vdots & \vdots & & \vdots \\ a_{n1} & a_{n2} & \cdots & a_{nn} \end{vmatrix} + \begin{vmatrix} a_{11} & a_{12} & \cdots & a_{1n} \\ \vdots & \vdots & & \vdots \\ c_{i1} & c_{i2} & \cdots & c_{in} \\ \vdots & \vdots & & \vdots \\ a_{n1} & a_{n2} & \cdots & a_{nn} \end{vmatrix}.$$

利用性质 4 容易证明性质 5.

性质 5(倍加性) 行列式的某行(列)各元素乘以同一个数 k 后再加到另一行(列)对应的元素上去,行列式不变.

证 根据性质 4,有

$$\begin{vmatrix} a_{11} & a_{12} & \cdots & a_{1n} \\ \vdots & \vdots & & \vdots \\ a_{i1} & a_{i2} & \cdots & a_{in} \\ \vdots & \vdots & & \vdots \\ ka_{i1}+a_{j1} & ka_{i2}+a_{j2} & \cdots & ka_{in}+a_{jn} \\ \vdots & \vdots & & \vdots \\ a_{n1} & a_{n2} & \cdots & a_{nn} \end{vmatrix}$$

$$
=\begin{vmatrix} a_{11} & a_{12} & \cdots & a_{1n} \\ \vdots & \vdots & & \vdots \\ a_{i1} & a_{i2} & \cdots & a_{in} \\ \vdots & \vdots & & \vdots \\ ka_{i1} & ka_{i2} & \cdots & ka_{in} \\ \vdots & \vdots & & \vdots \\ a_{n1} & a_{n2} & \cdots & a_{nn} \end{vmatrix}+\begin{vmatrix} a_{11} & a_{12} & \cdots & a_{1n} \\ \vdots & \vdots & & \vdots \\ a_{i1} & a_{i2} & \cdots & a_{in} \\ \vdots & \vdots & & \vdots \\ a_{j1} & a_{j2} & \cdots & a_{jn} \\ \vdots & \vdots & & \vdots \\ a_{n1} & a_{n2} & \cdots & a_{nn} \end{vmatrix}=\begin{vmatrix} a_{11} & a_{12} & \cdots & a_{1n} \\ \vdots & \vdots & & \vdots \\ a_{i1} & a_{i2} & \cdots & a_{in} \\ \vdots & \vdots & & \vdots \\ a_{j1} & a_{j2} & \cdots & a_{jn} \\ \vdots & \vdots & & \vdots \\ a_{n1} & a_{n2} & \cdots & a_{nn} \end{vmatrix}.
$$

将第 i 行乘以一个数 k 加在第 j 行,记为 $k\mathrm{r}_i+\mathrm{r}_j$. 将第 i 列乘以一个数 k 加在第 j 列,记为 $k\mathrm{c}_i+\mathrm{c}_j$.

2.3.3 行列式的计算

1. 利用行列式的性质计算

利用行列式的性质,将所给行列式化成上三角形行列式,根据定理2.1即得结果.

例 2.9 计算行列式

$$
\begin{vmatrix} 2 & 1 & 4 \\ -4 & 3 & 8 \\ 7 & 0 & 9 \end{vmatrix}.
$$

解

$$
\begin{vmatrix} 2 & 1 & 4 \\ -4 & 3 & 8 \\ 7 & 0 & 9 \end{vmatrix} \xlongequal{2\mathrm{r}_1+\mathrm{r}_2} \begin{vmatrix} 2 & 1 & 4 \\ 0 & 5 & 16 \\ 7 & 0 & 9 \end{vmatrix} \xlongequal{-3\mathrm{r}_1+\mathrm{r}_3} \begin{vmatrix} 2 & 1 & 4 \\ 0 & 5 & 16 \\ 1 & -3 & -3 \end{vmatrix}
$$

$$
\xlongequal{\mathrm{r}_1\leftrightarrow \mathrm{r}_3} -\begin{vmatrix} 1 & -3 & -3 \\ 0 & 5 & 16 \\ 2 & 1 & 4 \end{vmatrix} \xlongequal{-2\mathrm{r}_1+\mathrm{r}_3} -\begin{vmatrix} 1 & -3 & -3 \\ 0 & 5 & 16 \\ 0 & 7 & 10 \end{vmatrix}
$$

$$
\xlongequal{-\frac{7}{5}\mathrm{r}_2+\mathrm{r}_3} -\begin{vmatrix} 1 & -3 & -3 \\ 0 & 5 & 16 \\ 0 & 0 & -\frac{62}{5} \end{vmatrix} = -1\times 5\times\left(-\frac{62}{5}\right)=62.
$$

在书写过程中,出现的都是等号"=",不要与矩阵的初等变换符号"→"混淆. 当交换行列式的两行(列),行列式要反号,当将某行(列)的公因数 k 提到行列式的外面后,在以后的书写过程中不要忘记.

利用行列式的性质去计算一个18阶的行列式,大约做 2×10^3 次乘法,用每秒进行1000万次乘法运算的计算机进行计算,约需 2×10^{-4} 秒钟时间. 建议大家自己编写一个计算 n 阶行列式的通用程序.

例 2.10 计算行列式 $\begin{vmatrix} -ab & ac & ae \\ bd & -cd & de \\ bf & cf & -ef \end{vmatrix}$.

解

$$\begin{vmatrix} -ab & ac & ae \\ bd & -cd & de \\ bf & cf & -ef \end{vmatrix} \xlongequal[r_3 \to f]{r_1 \to a \atop r_2 \to d} adf \begin{vmatrix} -b & c & e \\ b & -c & e \\ b & c & -e \end{vmatrix} \xlongequal[c_3 \to e]{c_1 \to b \atop c_2 \to c} adfbce \begin{vmatrix} -1 & 1 & 1 \\ 1 & -1 & 1 \\ 1 & 1 & -1 \end{vmatrix}$$

$$\xlongequal[1r_1+r_3]{1r_1+r_2} adfbce \begin{vmatrix} -1 & 1 & 1 \\ 0 & 0 & 2 \\ 0 & 2 & 0 \end{vmatrix} \xlongequal{r_2 \leftrightarrow r_3} -adfbce \begin{vmatrix} -1 & 1 & 1 \\ 0 & 2 & 0 \\ 0 & 0 & 2 \end{vmatrix}$$

$$= -abcdef \cdot (-1) \times 2 \times 2 = 4abcdef.$$

在计算行列式时,较困难的是 n 阶行列式的计算,一方面可以在 n 较小时进行一些计算,帮助理解 n 阶行列式,也可以发现与 n 有关的结果的规律性,另一方面要观察该行列式的排列规律,以确定采用的方法.

例 2.11 计算 n 阶行列式 $\begin{vmatrix} a & x & \cdots & x \\ x & a & \cdots & x \\ \vdots & \vdots & & \vdots \\ x & x & \cdots & a \end{vmatrix}$.

分析 此行列式的每行都由 1 个 a 和 $n-1$ 个 x 组成,即每行元素之和均为 $a+(n-1)x$. 因此,可将第 2 列及以后各列元素都加到第 1 列,提出公因子 $a+(n-1)x$ 后再想办法化成上三角形行列式.

解

$$\begin{vmatrix} a & x & \cdots & x \\ x & a & \cdots & x \\ \vdots & \vdots & & \vdots \\ x & x & \cdots & a \end{vmatrix} \xlongequal[1c_n+c_1]{1c_2+c_1 \atop {1c_3+c_1 \atop \cdots}} \begin{vmatrix} a+(n-1)x & x & \cdots & x \\ a+(n-1)x & a & \cdots & x \\ \vdots & \vdots & & \vdots \\ a+(n-1)x & x & \cdots & a \end{vmatrix}$$

$$\xlongequal{c_1 \to a+(n-1)x} [a+(n-1)x] \begin{vmatrix} 1 & x & \cdots & x \\ 1 & a & \cdots & x \\ \vdots & \vdots & & \vdots \\ 1 & x & \cdots & a \end{vmatrix}$$

$$\xlongequal[-1r_1+r_n]{-1r_1+r_2 \atop {-1r_1+r_3 \atop \cdots}} [a+(n-1)x] \begin{vmatrix} 1 & x & \cdots & x \\ 0 & a-x & \cdots & 0 \\ \vdots & \vdots & & \vdots \\ 0 & 0 & \cdots & a-x \end{vmatrix}$$

$$= [a+(n-1)x](a-x)^{n-1}.$$

例 2.12 计算 n 阶行列式

$$\begin{vmatrix} x & -1 & 0 & \cdots & 0 & 0 \\ 0 & x & -1 & \cdots & 0 & 0 \\ \vdots & \vdots & \vdots & & \vdots & \vdots \\ 0 & 0 & 0 & \cdots & x & -1 \\ a_n & a_{n-1} & a_{n-2} & \cdots & a_2 & x+a_1 \end{vmatrix}.$$

分析 若将第 n 列乘以 x 加到第 $n-1$ 列，则可将 $(n-1,n-1)$ 位置的元素变为 0，这时 $(n,n-1)$ 位置的元素变为 $x^2+a_1x+a_2$. 依此类推，可将前 $n-1$ 行出现的 x 均变为 0. 再交换行的位置变为上三角形行列式. 下面记 $a_0=1$.

解

$$\text{原式}\xlongequal{xc_n+c_{n-1}}\begin{vmatrix} x & -1 & 0 & \cdots & 0 & 0 \\ 0 & x & -1 & \cdots & 0 & 0 \\ \vdots & \vdots & \vdots & & \vdots & \vdots \\ 0 & 0 & 0 & \cdots & 0 & -1 \\ a_n & a_{n-1} & a_{n-2} & \cdots & x^2+a_1x+a_2 & x+a_1 \end{vmatrix}$$

$$\xlongequal[xc_2+c_1]{xc_{n-1}+c_{n-2}\ \cdots}\begin{vmatrix} 0 & -1 & 0 & \cdots & 0 & 0 \\ 0 & 0 & -1 & \cdots & 0 & 0 \\ \vdots & \vdots & \vdots & & \vdots & \vdots \\ 0 & 0 & 0 & \cdots & 0 & -1 \\ \sum_{k=0}^{n} a_kx^{n-k} & \sum_{k=0}^{n-1} a_kx^{n-k-1} & \sum_{k=0}^{n-2} a_kx^{n-k-2} & \cdots & x^2+a_1x+a_2 & x+a_1 \end{vmatrix}$$

$$\xlongequal[r_2\leftrightarrow r_1]{r_n\leftrightarrow r_{n-1},\ r_{n-1}\leftrightarrow r_{n-2},\ \cdots}(-1)^{n-1}\begin{vmatrix} \sum_{k=0}^{n} a_kx^{n-k} & \sum_{k=0}^{n-1} a_kx^{n-k-1} & \sum_{k=0}^{n-2} a_kx^{n-k-2} & \cdots & x^2+a_1x+a_2 & x+a_1 \\ 0 & -1 & 0 & \cdots & 0 & 0 \\ \vdots & \vdots & \vdots & & \vdots & \vdots \\ 0 & 0 & 0 & \cdots & -1 & 0 \\ 0 & 0 & 0 & \cdots & 0 & -1 \end{vmatrix}$$

$$=(-1)^{n-1}\cdot\sum_{k=0}^{n} a_kx^{n-k}(-1)^{n-1}=\sum_{k=0}^{n} a_kx^{n-k}=x^n+a_1x^{n-1}+\cdots+a_{n-1}x+a_n.$$

2. 将行列式按某行(列)展开

(1) 方阵某位置的余子式和代数余子式

在 $n(n\geqslant 2)$ 阶方阵 $\mathbf{A}=(a_{ij})_{n\times n}$ 中，将 (i,j) 位置所在的第 i 行和第 j 列划去，剩下的元素按原来的顺序得到的 $n-1$ 阶行列式称为**(i,j)位置的余子式**(minor of (i,j)-position)，记为 M_{ij}. 将 $(-1)^{i+j}M_{ij}$ 称为**(i,j)位置的代数余子式**(cofactor of (i,j)-position)，记为 A_{ij}，$i,j=1,2,\cdots,n$.

例如对于三阶方阵

$$\begin{pmatrix} a_{11} & a_{12} & a_{13} \\ a_{21} & a_{22} & a_{23} \\ a_{31} & a_{32} & a_{33} \end{pmatrix},$$

有，$M_{32}=\begin{vmatrix} a_{11} & a_{13} \\ a_{21} & a_{23} \end{vmatrix}$，$A_{32}=(-1)^{3+2}\begin{vmatrix} a_{11} & a_{13} \\ a_{21} & a_{23} \end{vmatrix}=-\begin{vmatrix} a_{11} & a_{13} \\ a_{21} & a_{23} \end{vmatrix}$.

当 $n=1$ 时，$A=(a_{11})$，规定 $A_{11}=1$.

对于 n 阶方阵 $\boldsymbol{A}=\begin{pmatrix} a_{11} & a_{12} & \cdots & a_{1n} \\ a_{21} & a_{22} & \cdots & a_{2n} \\ \vdots & \vdots & & \vdots \\ a_{n1} & a_{n2} & \cdots & a_{nn} \end{pmatrix}_{n\times n}$，其各位置的代数余子式按下列方式构成的矩阵称为是 $\boldsymbol{A}$ 的**伴随矩阵**(associated/adjoint matrix)，记为 $\boldsymbol{A}^*$：

$$\boldsymbol{A}^*=\begin{pmatrix} A_{11} & A_{21} & \cdots & A_{n1} \\ A_{12} & A_{22} & \cdots & A_{n2} \\ \vdots & \vdots & & \vdots \\ A_{1n} & A_{2n} & \cdots & A_{nn} \end{pmatrix} \tag{2.13}$$

注意 方阵 $\boldsymbol{A}$ 的第 i 行($i=1,2,\cdots,n$)各位置的代数余子式 $A_{i1},A_{i2},\cdots,A_{in}$ 分别写在 $\boldsymbol{A}^*$ 的第 i 列.

例如，由于三阶方阵 $\boldsymbol{A}=\begin{pmatrix} 1 & 2 & 2 \\ 3 & 4 & -1 \\ -2 & 3 & 1 \end{pmatrix}$ 各位置的代数余子式分别为

$A_{11}=(-1)^{1+1}\begin{vmatrix} 4 & -1 \\ 3 & 1 \end{vmatrix}=7$，$A_{12}=(-1)^{1+2}\begin{vmatrix} 3 & -1 \\ -2 & 1 \end{vmatrix}=-1$，$A_{13}=(-1)^{1+3}\begin{vmatrix} 3 & 4 \\ -2 & 3 \end{vmatrix}=17$，

$A_{21}=(-1)^{2+1}\begin{vmatrix} 2 & 2 \\ 3 & 1 \end{vmatrix}=4$，$A_{22}=(-1)^{2+2}\begin{vmatrix} 1 & 2 \\ -2 & 1 \end{vmatrix}=5$，$A_{23}=(-1)^{2+3}\begin{vmatrix} 1 & 2 \\ -2 & 3 \end{vmatrix}=-7$，

$A_{31}=(-1)^{3+1}\begin{vmatrix} 2 & 2 \\ 4 & -1 \end{vmatrix}=-10$，$A_{32}=(-1)^{3+2}\begin{vmatrix} 1 & 2 \\ 3 & -1 \end{vmatrix}=7$，$A_{33}=(-1)^{3+3}\begin{vmatrix} 1 & 2 \\ 3 & 4 \end{vmatrix}=-2$，

所以，

$$\boldsymbol{A}^*=\begin{pmatrix} 7 & 4 & -10 \\ -1 & 5 & 7 \\ 17 & -7 & -2 \end{pmatrix}.$$

(2) 行列式按某行(列)展开

容易验证，三阶行列式

$$\begin{vmatrix} a_{11} & a_{12} & a_{13} \\ a_{21} & a_{22} & a_{23} \\ a_{31} & a_{32} & a_{33} \end{vmatrix} = a_{i1}A_{i1} + a_{i2}A_{i2} + a_{i3}A_{i3}, \quad i = 1,2,3;$$

$$\begin{vmatrix} a_{11} & a_{12} & a_{13} \\ a_{21} & a_{22} & a_{23} \\ a_{31} & a_{32} & a_{33} \end{vmatrix} = a_{1j}A_{1j} + a_{2j}A_{2j} + a_{3j}A_{3j}, \quad j = 1,2,3.$$

进一步,可以证明如下的定理.

定理 2.2 任意行列式等于它的某一行(列)的各元素与其所在位置的代数余子式乘积之和,即

$$|\boldsymbol{A}| = a_{i1}A_{i1} + a_{i2}A_{i2} + \cdots + a_{in}A_{in}, \quad i = 1,2,\cdots,n;$$

$$|\boldsymbol{A}| = a_{1j}A_{1j} + a_{2j}A_{2j} + \cdots + a_{nj}A_{nj}, \quad j = 1,2,\cdots,n.$$

上述定理就是行列式的**行列展开法则**(rule of row-column expansion).

例 2.9 中的三阶行列式按第 3 行展开,得

$$\begin{vmatrix} 2 & 1 & 4 \\ -4 & 3 & 8 \\ 7 & 0 & 9 \end{vmatrix} = 7 \times (-1)^{3+1} \begin{vmatrix} 1 & 4 \\ 3 & 8 \end{vmatrix} + 0 \times (-1)^{3+2} \begin{vmatrix} 2 & 4 \\ -4 & 8 \end{vmatrix} + 9 \times (-1)^{3+3} \begin{vmatrix} 2 & 1 \\ -4 & 3 \end{vmatrix}$$

$$= 7 \times (-1)^{3+1}(-4) + 0 \times (-1)^{3+2} \times 32 + 9 \times (-1)^{3+3} \times 10$$

$$= -28 + 0 + 90 = 62.$$

在解析几何中,给定两个向量 $\boldsymbol{a} = a_x\boldsymbol{i} + a_y\boldsymbol{j} + a_z\boldsymbol{k} = (a_x, a_y, a_z)$ 和 $\boldsymbol{b} = b_x\boldsymbol{i} + b_y\boldsymbol{j} + b_z\boldsymbol{k} = (b_x, b_y, b_z)$,为了得到垂直于 $\boldsymbol{a}$ 和 $\boldsymbol{b}$ 的一个向量,将 $\boldsymbol{a}$ 和 $\boldsymbol{b}$ 作"向量积"

$$\boldsymbol{a} \times \boldsymbol{b} = (a_yb_z - a_zb_y)\boldsymbol{i} + (a_zb_x - a_xb_z)\boldsymbol{j} + (a_xb_y - a_yb_x)\boldsymbol{k}$$

即可,只有借助于三阶行列式

$$\boldsymbol{a} \times \boldsymbol{b} = \begin{vmatrix} \boldsymbol{i} & \boldsymbol{j} & \boldsymbol{k} \\ a_x & a_y & a_z \\ b_x & b_y & b_z \end{vmatrix}$$

才容易记住,将其按第 1 行展开就是上式.类似的例子在高等数学中出现过,这也可以看作是学习行列式的理由.

将行列式按行列展开,实际上是降阶方法,将 n 阶行列式的计算转换成若干个 $n-1$ 阶行列式的计算,当然又可以将 $n-1$ 阶行列式的计算转换为若干个 $n-2$ 阶行列式的计算.

例 2.13 计算四阶行列式

$$\begin{vmatrix} a & 1 & 0 & 0 \\ -1 & b & 1 & c \\ 0 & -1 & c & 1 \\ 0 & 0 & -1 & d \end{vmatrix}.$$

解 按第 1 列展开,得

$$\begin{vmatrix} a & 1 & 0 & 0 \\ -1 & b & 1 & c \\ 0 & -1 & c & 1 \\ 0 & 0 & -1 & d \end{vmatrix} = a\cdot(-1)^{1+1}\begin{vmatrix} b & 1 & c \\ -1 & c & 1 \\ 0 & -1 & d \end{vmatrix} + (-1)\cdot(-1)^{2+1}\begin{vmatrix} 1 & 0 & 0 \\ -1 & c & 1 \\ 0 & -1 & d \end{vmatrix}$$

$$= a\cdot(-1)^{1+1}\left[b\cdot(-1)^{1+1}\begin{vmatrix} c & 1 \\ -1 & d \end{vmatrix} + (-1)\cdot(-1)^{2+1}\begin{vmatrix} 1 & c \\ -1 & d \end{vmatrix}\right]$$

$$+(-1)\cdot(-1)^{2+1}\cdot 1\cdot(-1)^{1+1}\begin{vmatrix} c & 1 \\ -1 & d \end{vmatrix}$$

$$= a[b(cd+1)+(d+c)]+(cd+1) = a(bcd+b+c+d)+(cd+1)$$

$$= abcd+ab+ac+ad+cd+1.$$

上例也可以先进行 ar_2+r_1 将(1,1)位置化为 0,再按第 1 列展开. 注意,由于 a 可能为 0,不能进行 $\frac{1}{a}r_1+r_2$,因为若 $a=0$,则 $\frac{1}{a}$ 不存在. 这是初学者容易犯的错误.

例 2.14 计算 $2n$ 阶行列式 D_{2n},其中未写出的元素为 0.

$$D_{2n} = \begin{vmatrix} a_n & & & & & b_n \\ & \ddots & & & ⋰ & \\ & & a_1 & b_1 & & \\ & & c_1 & d_1 & & \\ & ⋰ & & & \ddots & \\ c_n & & & & & d_n \end{vmatrix}.$$

解 显然 $D_2 = \begin{vmatrix} a_1 & b_1 \\ c_1 & d_1 \end{vmatrix} = a_1d_1 - b_1c_1$.

将 D_{2n} 按第 1 列展开,再分别按第 $2n-1$ 列展开,得

$$\text{原式} = a_n(-1)^{1+1}\begin{vmatrix} a_{n-1} & & & & & b_{n-1} & 0 \\ & \ddots & & & ⋰ & & \\ & & a_1 & b_1 & & & \\ & & c_1 & d_1 & & & \\ & ⋰ & & & \ddots & & \\ c_{n-1} & & & & & d_{n-1} & \\ 0 & & & & & & d_n \end{vmatrix}$$

$$+c_n(-1)^{2n+1}\begin{vmatrix} 0 & & & & & & b_n \\ a_{n-1} & & & & & b_{n-1} & \\ & \ddots & & & ⋰ & & \\ & & a_1 & b_1 & & & \\ & & c_1 & d_1 & & & \\ & ⋰ & & & \ddots & & \\ c_{n-1} & & & & & d_{n-1} & 0 \end{vmatrix}$$

$$
\begin{aligned}
&= a_n \cdot d_n(-1)^{(2n-1)+(2n-1)} D_{2(n-1)} + c_n(-1)^{2n+1} \cdot b_n(-1)^{1+(2n-1)} D_{2(n-1)} \\
&= a_n d_n D_{2(n-1)} - b_n c_n D_{2(n-1)} = (a_n d_n - b_n c_n) D_{2(n-1)} \\
&= (a_n d_n - b_n c_n)(a_{n-1} d_{n-1} - b_{n-1} c_{n-1}) D_{2(n-2)} \\
&= (a_n d_n - b_n c_n)(a_{n-1} d_{n-1} - b_{n-1} c_{n-1}) \cdots (a_2 d_2 - b_2 c_2) D_2 \\
&= (a_n d_n - b_n c_n)(a_{n-1} d_{n-1} - b_{n-1} c_{n-1}) \cdots (a_2 d_2 - b_2 c_2)(a_1 d_1 - b_1 c_1) \\
&= \prod_{k=1}^{n} (a_k d_k - b_k c_k).
\end{aligned}
$$

可以用类似的方法计算例 2.12,只需要将其按第一列展开即可.

在前面的几个例子中已经看出,在一个行列式中,若某行或某列含较多的 0,则就按该行或列展开,就可以减少很多的计算量.在实际计算中,往往先利用行列式的性质将某行或某列产生较多的 0,再使用行列式的行列展开法则,这样计算就灵活多了.

例 2.15 计算

$$
\begin{vmatrix} 1 & -1 & 0 & 2 \\ 3 & 3 & 4 & 6 \\ 2 & 0 & 3 & 3 \\ -1 & 2 & 4 & 7 \end{vmatrix}.
$$

解 由于第1行已经有一个 0,再利用行列式的性质将第1行产生更多的 0,然后按第1行展开,得

$$
\text{原式} \xlongequal[-2c_1+c_4]{1c_1+c_2} \begin{vmatrix} 1 & 0 & 0 & 0 \\ 3 & 6 & 4 & 0 \\ 2 & 2 & 3 & -1 \\ -1 & 1 & 4 & 9 \end{vmatrix} = 1 \cdot (-1)^{1+1} \begin{vmatrix} 6 & 4 & 0 \\ 2 & 3 & -1 \\ 1 & 4 & 9 \end{vmatrix}
$$

$$
\xlongequal{9r_2+r_3} \begin{vmatrix} 6 & 4 & 0 \\ 2 & 3 & -1 \\ 19 & 31 & 0 \end{vmatrix} = (-1) \cdot (-1)^{2+3} \begin{vmatrix} 6 & 4 \\ 19 & 31 \end{vmatrix} = 2 \begin{vmatrix} 3 & 2 \\ 19 & 31 \end{vmatrix}
$$

$$
= 2(3 \times 31 - 2 \times 19) = 110.
$$

范德蒙德(A. T. Vandermonde,1735—1796,法国数学家,将行列式与线性方程组分开讨论,被认为是行列式理论的创始人)行列式是很重要的一类行列式,在一些应用问题中会出现.

定理 2.3 $n(n \geqslant 2)$阶范德蒙德行列式

$$
D_n = \begin{vmatrix} 1 & 1 & \cdots & 1 \\ x_1 & x_2 & \cdots & x_n \\ x_1^2 & x_2^2 & \cdots & x_n^2 \\ \vdots & \vdots & & \vdots \\ x_1^{n-1} & x_2^{n-1} & \cdots & x_n^{n-1} \end{vmatrix} = \prod_{1 \leqslant j < i \leqslant n} (x_i - x_j).
$$

证 对 n 进行归纳. 当 $n=2$ 时,

$$D_2=\begin{vmatrix}1 & 1\\ x_1 & x_2\end{vmatrix}=x_2-x_1=\prod_{1\leqslant j<i\leqslant 2}(x_i-x_j),$$

结论成立. 假设 $n-1$ 时结论成立,对于 n,从第 n 行开始,前行乘 $-x_n$ 加到后行,有

$$D_n\xlongequal[-x_n r_1+r_2]{\substack{-x_n r_{n-1}+r_n\\ -x_n r_{n-2}+r_{n-1}\\ \cdots}}\begin{vmatrix}1 & 1 & 1 & \cdots & 1\\ x_1-x_n & x_2-x_n & x_3-x_n & \cdots & 0\\ x_1(x_1-x_n) & x_2(x_2-x_n) & x_3(x_3-x_n) & \cdots & 0\\ \vdots & \vdots & \vdots & & \vdots\\ x_1^{n-2}(x_1-x_n) & x_2^{n-2}(x_2-x_n) & x_3^{n-2}(x_3-x_n) & \cdots & 0\end{vmatrix}.$$

再按第 1 列展开,并提出各列的公因式,有

$$D_n=(-1)^{n+1}(x_1-x_n)(x_2-x_n)\cdots(x_{n-1}-x_n)\begin{vmatrix}1 & 1 & \cdots & 1\\ x_1 & x_2 & \cdots & x_{n-1}\\ \vdots & \vdots & & \vdots\\ x_1^{n-2} & x_2^{n-2} & \cdots & x_{n-1}^{n-2}\end{vmatrix}.$$

根据归纳假设,有

$$D_n=(-1)^{n+1}(x_1-x_n)(x_2-x_n)\cdots(x_{n-1}-x_n)\prod_{1\leqslant j<i\leqslant n-1}(x_i-x_j)=\prod_{1\leqslant j<i\leqslant n}(x_i-x_j).$$

根据行列式的性质和行列展开法则,还可以证明如下的定理.

定理 2.4 对于任意 n 阶方阵 $\boldsymbol{A}_{n\times n}$,$\boldsymbol{B}_{n\times n}$ 和数 λ,有

(1) $|\lambda\boldsymbol{A}|=\lambda^n|\boldsymbol{A}|$;

(2) $|\boldsymbol{AB}|=|\boldsymbol{A}|\cdot|\boldsymbol{B}|$.

例如,若 $|\boldsymbol{A}|=3$,对于三阶方阵 $\boldsymbol{A}$,有 $|-2\boldsymbol{A}|=(-2)^3|\boldsymbol{A}|=-24$. 对于四阶方阵 $\boldsymbol{A}$,有 $|-2\boldsymbol{A}|=(-2)^4|\boldsymbol{A}|=48$. 特别注意,$\lambda\boldsymbol{A}$ 与 $\lambda|\boldsymbol{A}|$ 的区别.

对于同阶方阵 $\boldsymbol{A}=\begin{pmatrix}1 & -2\\ 3 & 4\end{pmatrix}$,$\boldsymbol{B}=\begin{pmatrix}3 & 4\\ 1 & 2\end{pmatrix}$,这时

$$\boldsymbol{AB}=\begin{pmatrix}1 & -2\\ 3 & 4\end{pmatrix}\begin{pmatrix}3 & 4\\ 1 & 2\end{pmatrix}=\begin{pmatrix}1 & 0\\ 13 & 20\end{pmatrix},$$

由于 $|\boldsymbol{A}|=10$,$|\boldsymbol{B}|=2$,$|\boldsymbol{AB}|=20$,显然有 $|\boldsymbol{AB}|=|\boldsymbol{A}|\cdot|\boldsymbol{B}|$.

由于 $|\boldsymbol{BA}|=|\boldsymbol{B}|\cdot|\boldsymbol{A}|=|\boldsymbol{A}|\cdot|\boldsymbol{B}|$,所以对于任意 n 阶方阵 $\boldsymbol{A}_{n\times n}$ 和 $\boldsymbol{B}_{n\times n}$,均有 $|\boldsymbol{AB}|=|\boldsymbol{BA}|$,虽然一般来说 $\boldsymbol{AB}\neq\boldsymbol{BA}$.

可以将定理 2.4(2)推广到 k 个 n 阶方阵乘积取行列式的情形,即

$$|\boldsymbol{A}_1\boldsymbol{A}_2\cdots\boldsymbol{A}_k|=|\boldsymbol{A}_1|\cdot|\boldsymbol{A}_2|\cdots|\boldsymbol{A}_k|,$$

上式称为**行列式的乘法规则**.

对于伴随矩阵,有如下的定理.

定理 2.5　对于任意 n 阶方阵 $\boldsymbol{A}=(a_{ij})_{n\times n}$，有

$$\boldsymbol{A}\boldsymbol{A}^{*}=\boldsymbol{A}^{*}\boldsymbol{A}=|\boldsymbol{A}|\boldsymbol{E}_n. \tag{2.14}$$

证　先证明，对于不同的 i 和 j，有

$$a_{i1}A_{j1}+a_{i2}A_{j2}+\cdots+a_{in}A_{jn}=0,\quad i\neq j.$$

$$a_{1i}A_{1j}+a_{2i}A_{2j}+\cdots+a_{ni}A_{nj}=0,\quad i\neq j.$$

考虑将 $\boldsymbol{A}=(a_{ij})_{n\times n}$ 的第 j 行换成第 i 行得到的 n 阶行列式

$$\begin{vmatrix} a_{11} & a_{12} & \cdots & a_{1n} \\ \vdots & \vdots & & \vdots \\ a_{i1} & a_{i2} & \cdots & a_{in} \\ \vdots & \vdots & & \vdots \\ a_{i1} & a_{i2} & \cdots & a_{in} \\ \vdots & \vdots & & \vdots \\ a_{n1} & a_{n2} & \cdots & a_{nn} \end{vmatrix}.$$

将其按第 j 行展开得，并注意该行列式为 0，得

$$a_{i1}A_{j1}+a_{i2}A_{j2}+\cdots+a_{in}A_{jn}=0,\quad i\neq j.$$

类似可证 $a_{1i}A_{1j}+a_{2i}A_{2j}+\cdots+a_{ni}A_{nj}=0, i\neq j$.

再根据行列式的行列展开法则得结论.

(3) 任意矩阵的 k 阶子式与矩阵的秩

前面已经提到，行列式已经成为研究矩阵性质的工具. 现将 n 阶方阵中余子式的概念推广到 $m\times n$ 矩阵，就得到 $m\times n$ 矩阵的 k 阶子式.

定义 2.7　设 $\boldsymbol{A}$ 是 $m\times n$ 矩阵，在 $\boldsymbol{A}$ 中任取 k 行和 k 列（$1\leqslant k\leqslant \min\{m,n\}$），位于这些行列交叉处的 k^2 个元素按原来的顺序得到的 k 阶行列式，称为矩阵 $\boldsymbol{A}$ 的 **k 阶子式**(subdeterminant with order k).

显然，$m\times n$ 矩阵的 k 阶子式共有 $C_m^k C_n^k$ 个.

任意零矩阵的最高阶非零子式的阶为 0. 根据行列式的性质知，若 $\boldsymbol{A}$ 存在 k 阶非零子式且 $\boldsymbol{A}$ 与 $\boldsymbol{B}$ 等价，则 $\boldsymbol{B}$ 也存在 k 阶非零子式. 于是有下面的定理.

定理 2.6　(1) 矩阵的秩等于最高阶非零子式的阶数.

(2) 等价矩阵有相同的秩，即矩阵的初等变换不改变矩阵的秩.

(3) 行列式不为 0 的方阵的行最简形是单位矩阵.

例 2.16　根据 t 的取值，讨论下列矩阵的秩

$$\boldsymbol{A}=\begin{pmatrix} 1 & t & -1 & 2 \\ 2 & -1 & t & 5 \\ 1 & 10 & -6 & 1 \end{pmatrix}.$$

解 由于

$$\begin{pmatrix}1 & t & -1 & 2\\2 & -1 & t & 5\\1 & 10 & -6 & 1\end{pmatrix}\xrightarrow[-1r_1+r_3]{-2r_1+r_2}\begin{pmatrix}1 & t & -1 & 2\\0 & -2t-1 & t+2 & 1\\0 & -t+10 & -5 & -1\end{pmatrix}$$

$$\xrightarrow{c_2\leftrightarrow c_4}\begin{pmatrix}1 & 2 & -1 & t\\0 & 1 & t+2 & -2t-1\\0 & -1 & -5 & -t+10\end{pmatrix}\xrightarrow{1r_2+r_3}\begin{pmatrix}1 & 2 & -1 & t\\0 & 1 & t+2 & -2t-1\\0 & 0 & t-3 & -3t+9\end{pmatrix},$$

显然,当 $t\neq 3$ 时,$R(\mathbf{A})=3$. 当 $t=3$ 时,

$$\mathbf{A}\longrightarrow\begin{pmatrix}1 & 2 & -1 & 3\\0 & 1 & 5 & -7\\0 & 0 & 0 & 0\end{pmatrix},$$

于是,$R(\mathbf{A})=2$.

在上例中,由于有一个二阶子式不为 0,只需要判断是否有非零的三阶子式即可.

根据定理 2.6(1)知,第 1 章定义的矩阵的秩是唯一的. 根据定理 2.6(2)知,对于任意非零常数 k,有 $R(k\mathbf{A})=R(\mathbf{A})$. 同时,对于矩阵 $\mathbf{A}_{m\times n}$,有

$$R(\mathbf{A}) = R(\mathbf{A}^{\mathrm{T}}).$$

需要说明的是,若最高阶非零子式的阶数为 r,必存在不为 0 的 r 阶子式,但也可能存在等于 0 的 r 阶子式. 根据行列式的行列展开法则,所有的高于 r 的 k 阶子式全为 0.

根据定理 2.6(3)知,行列式不为 0 的 n 阶方阵 $\mathbf{A}$ 的秩就是该行列式的阶 n,达到最大,即 $R(\mathbf{A})=n$,这时称 $\mathbf{A}$ 为**满秩方阵**或**非奇异方阵**(full rank/non-singular matrix),否则称 $\mathbf{A}$ 为**降秩方阵**或**奇异方阵**(singular matrix).

显然,对于 n 阶方阵 $\mathbf{A}$,$R(\mathbf{A})=n$ 当且仅当 $|\mathbf{A}|\neq 0$.

2.4 求解线性方程组的 Cramer 法则

在第 1 章已经看到,求解线性方程组是线性代数要讨论的第一个问题,在其讨论过程中出现了行列式. 对于一些较特殊的线性方程组,利用行列式求解就是瑞士数学家 G. Cramer (1704—1752)在 1750 年提出的**克拉默法则**(Cramer rule). 虽然在 2.6 节利用逆矩阵可以更方便地讨论这种特殊的线性方程组,基于历史的原因,本节专门讨论 Cramer 法则,可以将其看作是行列式的一个应用,它与本章内容矩阵代数关系不太紧密.

通过 2.3 节对二元和三元线性方程组的分析,一般地可证明下面的定理.

定理 2.7(Cramer 法则) 对于关于未知元 $x_1, x_2, \cdots, x_n$ 的 n 元线性方程组

$$\begin{cases}a_{11}x_1 + a_{12}x_2 + \cdots + a_{1n}x_n = b_1,\\a_{21}x_1 + a_{22}x_2 + \cdots + a_{2n}x_n = b_2,\\\qquad\vdots\\a_{n1}x_1 + a_{n2}x_2 + \cdots + a_{nn}x_n = b_n.\end{cases}\tag{2.15}$$

若系数行列式

$$|\boldsymbol{A}|=\begin{vmatrix} a_{11} & a_{12} & \cdots & a_{1n} \\ a_{21} & a_{22} & \cdots & a_{2n} \\ \vdots & \vdots & & \vdots \\ a_{n1} & a_{n2} & \cdots & a_{nn} \end{vmatrix} \neq 0,$$

则线性方程组(2.15)有唯一解

$$x_1=\frac{|\boldsymbol{A}_1|}{|\boldsymbol{A}|},\quad x_2=\frac{|\boldsymbol{A}_2|}{|\boldsymbol{A}|},\cdots,\quad x_n=\frac{|\boldsymbol{A}_n|}{|\boldsymbol{A}|},\tag{2.16}$$

其中行列式$|\boldsymbol{A}_j|$是将系数行列式$|\boldsymbol{A}|$的第j列换成线性方程组(2.15)右边的常数列得到的,即

$$\boldsymbol{A}_j=\begin{bmatrix} a_{11} & \cdots & a_{1,j-1} & b_1 & a_{1,j+1} & \cdots & a_{1n} \\ \vdots & & \vdots & \vdots & \vdots & & \vdots \\ a_{n1} & \cdots & a_{n,j-1} & b_n & a_{n,j+1} & \cdots & a_{nn} \end{bmatrix},\quad j=1,2,\cdots,n.$$

证 假设线性方程组(2.15)有解,即存在$x_1,x_2,\cdots,x_n$使得(2.15)的每个方程成立,则

$$x_j|\boldsymbol{A}|=\begin{vmatrix} a_{11} & \cdots & a_{1j}x_j & \cdots & a_{1n} \\ a_{21} & \cdots & a_{2j}x_j & \cdots & a_{2n} \\ \vdots & & \vdots & & \vdots \\ a_{n1} & \cdots & a_{nj}x_j & \cdots & a_{nn} \end{vmatrix}$$

$$\xlongequal{x_i c_i+c_j\,(i\neq j)}\begin{vmatrix} a_{11} & \cdots & \sum\limits_{j=1}^{n}a_{1j}x_j & \cdots & a_{1n} \\ a_{21} & \cdots & \sum\limits_{j=1}^{n}a_{2j}x_j & \cdots & a_{2n} \\ \vdots & & \vdots & & \vdots \\ a_{n1} & \cdots & \sum\limits_{j=1}^{n}a_{nj}x_j & \cdots & a_{nn} \end{vmatrix}$$

$$=\begin{vmatrix} a_{11} & \cdots & b_1 & \cdots & a_{1n} \\ a_{21} & \cdots & b_2 & \cdots & a_{2n} \\ \vdots & & \vdots & & \vdots \\ a_{n1} & \cdots & b_n & \cdots & a_{nn} \end{vmatrix}=|\boldsymbol{A}_j|,\quad j=1,2,\cdots,n.$$

因为$|\boldsymbol{A}|\neq 0$,所以$x_j=\dfrac{|\boldsymbol{A}_j|}{|\boldsymbol{A}|}(j=1,2,\cdots,n)$.这意味着,若线性方程组(2.15)有解,则只能是(2.16)式的形式.

下面验证(2.16)式是线性方程组(2.15)的解.将(2.16)式代入线性方程组(2.15)的第i个方程,利用定理2.5,得

$$
\begin{aligned}
a_{i1}x_1 + a_{i2}x_2 + \cdots + a_{in}x_n &= \frac{1}{|\boldsymbol{A}|}(a_{i1}\,|\boldsymbol{A}_1| + a_{i2}\,|\boldsymbol{A}_2| + \cdots + a_{in}\,|\boldsymbol{A}_n|) \\
&= \frac{1}{|\boldsymbol{A}|}\sum_{j=1}^{n} a_{ij}\,|\boldsymbol{A}_j| = \frac{1}{|\boldsymbol{A}|}\sum_{j=1}^{n} a_{ij}\left(\sum_{k=1}^{n} b_k A_{kj}\right) \\
&= \frac{1}{|\boldsymbol{A}|}\sum_{k=1}^{n} b_k\left(\sum_{j=1}^{n} a_{ij} A_{kj}\right) \\
&= \frac{b_i}{|\boldsymbol{A}|}\sum_{j=1}^{n} a_{ij} A_{ij} = \frac{b_i}{|\boldsymbol{A}|}\,|\boldsymbol{A}| = b_i, \quad i = 1,2,\cdots,n.
\end{aligned}
$$

即(2.16)式是线性方程组(2.15)的解.

使用 Cramer 法则,只能求解满足下列两个条件的线性方程组.

(1) 方程个数等于未知量个数;

(2) 系数行列式不为 0.

事实上,由系数行列式$|\boldsymbol{A}|$不为 0 可知,根据定理 2.6 系数矩阵的秩为 n,这时 $R(\boldsymbol{A})=R(\boldsymbol{B})=n$. 再由定理 1.2 知,线性方程组有唯一解.

在 MATLAB 命令窗口只要给出系数矩阵 $\boldsymbol{A}$ 和常数列 $\boldsymbol{b}=(b_1,b_2,\cdots,b_b)^{\mathrm{T}}$,使用 A\b 命令就可以得出线性方程组(2.15)的解.

对于齐次线性方程组

$$
\begin{cases}
a_{11}x_1 + a_{12}x_2 + \cdots + a_{1n}x_n = 0, \\
a_{21}x_1 + a_{22}x_2 + \cdots + a_{2n}x_n = 0, \\
\qquad\qquad \vdots \\
a_{n1}x_1 + a_{n2}x_2 + \cdots + a_{nn}x_n = 0,
\end{cases}
\tag{2.17}
$$

有下面的结论.

定理 2.8 n 元齐次线性方程组(2.17)有非零解的充要条件是系数行列式为 0.

证 (⇒) 反证法. 在$|\boldsymbol{A}|\neq 0$ 时,根据 Cramer 法则,齐次线性方程组(2.17)有唯一零解.

(⇐) 当$|\boldsymbol{A}|=0$ 时,有 $R(\boldsymbol{A})<n$. 由定理 1.2 知,齐次线性方程组(2.17)有无限多个解,当然有非零解.

该定理是第 4 章讨论方阵的特征值等问题时的理论基础.

例 2.17 利用 Cramer 法则求解线性方程组

$$
\begin{cases}
2x_1 - x_2 + x_3 = 2, \\
3x_1 + 2x_2 - 5x_3 = 1, \\
x_1 + 3x_2 - 2x_3 = 3.
\end{cases}
$$

解 该线性方程组的系数行列式为

$$
|\boldsymbol{A}| = \begin{vmatrix} 2 & -1 & 1 \\ 3 & 2 & -5 \\ 1 & 3 & -2 \end{vmatrix} = 28 \neq 0.
$$

而

$$|\boldsymbol{A}_1|=\begin{vmatrix}2&-1&1\\1&2&-5\\3&3&-2\end{vmatrix}=32,\quad |\boldsymbol{A}_2|=\begin{vmatrix}2&2&1\\3&1&-5\\1&3&-2\end{vmatrix}=36,\quad |\boldsymbol{A}_3|=\begin{vmatrix}2&-1&2\\3&2&1\\1&3&3\end{vmatrix}=28,$$

由 Cramer 法则,得线性方程组的解为

$$x_1=\frac{|\boldsymbol{A}_1|}{|\boldsymbol{A}|}=\frac{32}{28}=\frac{8}{7},\quad x_2=\frac{|\boldsymbol{A}_2|}{|\boldsymbol{A}|}=\frac{36}{28}=\frac{9}{7},\quad x_3=\frac{|\boldsymbol{A}_3|}{|\boldsymbol{A}|}=\frac{28}{28}=1.$$

由这个例子可以看出,利用 Cramer 法则求解线性方程组需要计算很多的行列式,是很不方便的.实际上,现在很少用该方法求解线性方程组.

例 2.18 问 λ 取何值时,齐次线性方程组

$$\begin{cases}(1-\lambda)x_1-2x_2+4x_3=0,\\2x_1+(3-\lambda)x_2+x_3=0,\\x_1+x_2+(1-\lambda)x_3=0\end{cases}$$

有非零解?

解 因为系数行列式

$$|\boldsymbol{A}|=\begin{vmatrix}1-\lambda&-2&4\\2&3-\lambda&1\\1&1&1-\lambda\end{vmatrix}\xlongequal[(\lambda-1)c_1+c_3]{-1c_1+c_2}\begin{vmatrix}1-\lambda&-3+\lambda&3+2\lambda-\lambda^2\\2&1-\lambda&-1+2\lambda\\1&0&0\end{vmatrix}$$

$$=\begin{vmatrix}-3+\lambda&3+2\lambda-\lambda^2\\1-\lambda&-1+2\lambda\end{vmatrix}=\begin{vmatrix}-3+\lambda&-(-3+\lambda)(1+\lambda)\\1-\lambda&-1+2\lambda\end{vmatrix}$$

$$=(-3+\lambda)\begin{vmatrix}1&-(1+\lambda)\\1-\lambda&-1+2\lambda\end{vmatrix}=(-3+\lambda)(2-\lambda)\lambda.$$

根据定理 2.8 知,当 $|\boldsymbol{A}|=0$,即 $\lambda=0,2,3$ 时,所给齐次线性方程组有非零解.

2.5 矩阵的分块技巧

在讨论矩阵的各种运算时,遇到行数、列数较大的矩阵,可以考虑使用矩阵的分块技巧.通过分块,将大矩阵转换为小矩阵进行处理.同时,灵活运用矩阵的分块技巧,可使得对某些问题的讨论变得简单,在后面的章节中会清楚这一点.

在计算机算法研究中,采用分治法的 Strassen 矩阵乘法就要用到矩阵分块的技巧.

2.5.1 分块矩阵的定义

给定矩阵 $\boldsymbol{A}=(a_{ij})_{m\times n}$,用若干条横线和竖线将 $\boldsymbol{A}$ 分成一些小矩阵,称为是 $\boldsymbol{A}$ 的**块**(block),就是对矩阵 $\boldsymbol{A}$ 进行了分块,以块为“元素”构成的矩阵称为**分块矩阵**(block matrix).

对于 3×4 型矩阵

$$A=\begin{pmatrix}-1&0&2&3\\0&-1&4&5\\-2&-3&1&0\end{pmatrix}$$

分块的方法很多. 例如,

(1) $A=\left(\begin{array}{cc:cc}-1&0&2&3\\0&-1&4&5\\ \hdashline -2&-3&1&0\end{array}\right), A=\begin{pmatrix}A_{11}&A_{12}\\A_{21}&A_{22}\end{pmatrix}$,

其中 $A_{11}=\begin{pmatrix}-1&0\\0&-1\end{pmatrix}, A_{12}=\begin{pmatrix}2&3\\4&5\end{pmatrix}, A_{21}=(-2,-3), A_{22}=(1,0)$.

(2) $A=\left(\begin{array}{cc:c:c}-1&0&2&3\\0&-1&4&5\\ \hdashline -2&-3&1&0\end{array}\right), A=\begin{pmatrix}A_{11}&A_{12}&A_{13}\\A_{21}&A_{22}&A_{23}\end{pmatrix}$,

其中 $A_{11}=\begin{pmatrix}-1&0\\0&-1\end{pmatrix}, A_{12}=\begin{pmatrix}2\\4\end{pmatrix}, A_{13}=\begin{pmatrix}3\\5\end{pmatrix}, A_{21}=(-2,-3), A_{22}=1, A_{23}=0$.

(3) $A=\left(\begin{array}{c:c:c:c}-1&0&2&3\\0&-1&4&5\\-2&-3&1&0\end{array}\right), A=(p_1,p_2,p_3,p_4)$,

其中 $p_1=\begin{pmatrix}-1\\0\\-2\end{pmatrix}, p_2=\begin{pmatrix}0\\-1\\3\end{pmatrix}, p_3=\begin{pmatrix}2\\4\\1\end{pmatrix}, p_4=\begin{pmatrix}3\\5\\0\end{pmatrix}$.

我们知道,两个矩阵相等当且仅当对应位置的元素分别相等. 对于两个 $m\times n$ 型分块矩阵 A 和 B,

$$A=\begin{pmatrix}A_{11}&A_{12}&\cdots&A_{1s}\\A_{21}&A_{22}&\cdots&A_{2s}\\\vdots&\vdots&&\vdots\\A_{r1}&A_{r2}&\cdots&A_{rs}\end{pmatrix},\quad B=\begin{pmatrix}B_{11}&B_{12}&\cdots&B_{1s}\\B_{21}&B_{22}&\cdots&B_{2s}\\\vdots&\vdots&&\vdots\\B_{r1}&B_{r2}&\cdots&B_{rs}\end{pmatrix},$$

其中 A_{ij} 和 B_{ij} 同型, $i=1,2,\cdots,r, j=1,2,\cdots,s$, 则

$$A=B\Leftrightarrow A_{ij}=B_{ij},\quad i=1,2,\cdots,r,\quad j=1,2,\cdots,s,$$

即两个分块矩阵相等当且仅当对应位置的块分别相等.

对于一般的线性方程组,其增广矩阵 B 由系数矩阵 A 和常数列 b 构成,即

$$B=(A,b)=\left(\begin{array}{cccc:c}a_{11}&a_{12}&\cdots&a_{1n}&b_1\\a_{21}&a_{22}&\cdots&a_{2n}&b_2\\\vdots&\vdots&&\vdots&\vdots\\a_{n1}&a_{n2}&\cdots&a_{nn}&b_n\end{array}\right).$$

给定两个 $m\times n$ 型矩阵 $\boldsymbol{A}$ 和 $\boldsymbol{B}$,可按下列方式构成一个 $m\times(2n)$ 型的分块矩阵

$$(\boldsymbol{A},\boldsymbol{B}).$$

在对矩阵分块时,要充分考虑矩阵的特点,例如

$$\boldsymbol{A}=\left(\begin{array}{cc:cc}1&0&1&2\\0&1&3&4\\ \hdashline 0&0&3&0\\0&0&0&3\end{array}\right)=\begin{pmatrix}\boldsymbol{E}&\boldsymbol{A}_{12}\\ \boldsymbol{0}&3\boldsymbol{E}\end{pmatrix}.$$

对于分块矩阵

$$\boldsymbol{A}=\begin{pmatrix}\boldsymbol{A}_{11}&\boldsymbol{A}_{12}&\cdots&\boldsymbol{A}_{1s}\\ \boldsymbol{A}_{21}&\boldsymbol{A}_{22}&\cdots&\boldsymbol{A}_{2s}\\ \vdots&\vdots&&\vdots\\ \boldsymbol{A}_{r1}&\boldsymbol{A}_{r2}&\cdots&\boldsymbol{A}_{rs}\end{pmatrix},$$

根据转置矩阵的定义知

$$\boldsymbol{A}^{\mathrm{T}}=\begin{pmatrix}\boldsymbol{A}_{11}^{\mathrm{T}}&\boldsymbol{A}_{21}^{\mathrm{T}}&\cdots&\boldsymbol{A}_{1r}^{\mathrm{T}}\\ \boldsymbol{A}_{12}^{\mathrm{T}}&\boldsymbol{A}_{22}^{\mathrm{T}}&\cdots&\boldsymbol{A}_{2r}^{\mathrm{T}}\\ \vdots&\vdots&&\vdots\\ \boldsymbol{A}_{1s}^{\mathrm{T}}&\boldsymbol{A}_{2s}^{\mathrm{T}}&\cdots&\boldsymbol{A}_{rs}^{\mathrm{T}}\end{pmatrix}.$$

对于矩阵的如下分块

$$\left(\begin{array}{c:cc:cc}1&0&0&0&0\\ \hdashline 0&3&-1&0&0\\0&2&-4&0&0\\ \hdashline 0&0&0&-2&-3\\0&0&0&1&5\end{array}\right)$$

所得到的分块矩阵(未写出部分为零元素)

$$\begin{pmatrix}\boldsymbol{A}_1&&\\&\boldsymbol{A}_2&\\&&\boldsymbol{A}_3\end{pmatrix}$$

称为**分块对角阵**(block diagonal matrix).

2.5.2 分块矩阵的运算

分块矩阵的运算法则与通常矩阵的运算法则完全类似.

1. 线性运算

(1) 设两个 $m\times n$ 型矩阵 $\boldsymbol{A}$ 和 $\boldsymbol{B}$,其分块方法相同,即

$$A=\begin{pmatrix}A_{11} & A_{12} & \cdots & A_{1s}\\ A_{21} & A_{22} & \cdots & A_{2s}\\ \vdots & \vdots & & \vdots\\ A_{r1} & A_{r2} & \cdots & A_{rs}\end{pmatrix},\quad B=\begin{pmatrix}B_{11} & B_{12} & \cdots & B_{1s}\\ B_{21} & B_{22} & \cdots & B_{2s}\\ \vdots & \vdots & & \vdots\\ B_{r1} & B_{r2} & \cdots & B_{rs}\end{pmatrix},$$

其中 A_{ij} 和 B_{ij} 同型，$i=1,2,\cdots,r,j=1,2,\cdots,s$，则

$$A+B=\begin{pmatrix}A_{11}+B_{11} & A_{12}+B_{12} & \cdots & A_{1s}+B_{1s}\\ A_{21}+B_{21} & A_{22}+B_{22} & \cdots & A_{2s}+B_{2s}\\ \vdots & \vdots & & \vdots\\ A_{r1}+B_{r1} & A_{r2}+B_{r2} & \cdots & A_{rs}+B_{rs}\end{pmatrix}.$$

实际上，两个分块矩阵相加仍为对应位置的元素分别相加.

(2) 对于数 λ，有

$$\lambda A=\begin{pmatrix}\lambda A_{11} & \lambda A_{12} & \cdots & \lambda A_{1s}\\ \lambda A_{21} & \lambda A_{22} & \cdots & \lambda A_{2s}\\ \vdots & \vdots & & \vdots\\ \lambda A_{r1} & \lambda A_{r2} & \cdots & \lambda A_{rs}\end{pmatrix},$$

这与用 λ 分别乘矩阵中的每个元素相同.

2. 乘法运算

设 $A=(a_{ij})_{m\times s}$ 和 $B=(b_{ij})_{s\times n}$，若 A 的列的分法与 B 的行的分法一致，即

$$A=\begin{pmatrix}A_{11} & A_{12} & \cdots & A_{1t}\\ A_{21} & A_{22} & \cdots & A_{2t}\\ \vdots & \vdots & & \vdots\\ A_{k1} & A_{k2} & \cdots & A_{kt}\end{pmatrix},\quad B=\begin{pmatrix}B_{11} & B_{12} & \cdots & B_{1l}\\ B_{21} & B_{22} & \cdots & B_{2l}\\ \vdots & \vdots & & \vdots\\ B_{t1} & B_{t2} & \cdots & B_{tl}\end{pmatrix},$$

其中 $A_{i1},A_{i2},\cdots,A_{it}$ 的列数分别等于 $B_{1j},B_{2j},\cdots,B_{tj}$ 的行数，$i=1,2,\cdots,k,j=1,2,\cdots,l$，则

$$AB=\begin{pmatrix}C_{11} & C_{12} & \cdots & C_{1l}\\ C_{21} & C_{22} & \cdots & C_{2l}\\ \vdots & \vdots & & \vdots\\ C_{k1} & C_{k2} & \cdots & C_{kl}\end{pmatrix},$$

其中 $C_{ij}=\sum_{p=1}^{t}A_{ip}B_{pj}$，$i=1,2,\cdots,k,j=1,2,\cdots,l$. 两个分块矩阵相乘，只需要将每个块看作元素，按“左行乘右列法则”相乘即可.

例 2.19 设矩阵

$$A=\begin{pmatrix}1 & 0 & -3 & 0\\ 0 & 1 & 0 & -3\\ 0 & 0 & 4 & 2\end{pmatrix},\quad B=\begin{pmatrix}3 & 0 & -1\\ 1 & 1 & 0\\ 0 & 1 & 0\\ 0 & 0 & 1\end{pmatrix},$$

计算 $\boldsymbol{AB}$.

解 方法1 直接计算.

$$\boldsymbol{AB}=\begin{pmatrix}1&0&-3&0\\0&1&0&-3\\0&0&4&2\end{pmatrix}\begin{pmatrix}3&0&-1\\1&1&0\\0&1&0\\0&0&1\end{pmatrix}=\begin{pmatrix}3&-3&-1\\1&1&-3\\0&4&2\end{pmatrix}.$$

方法2 采用分块技巧进行计算.按 $\boldsymbol{A}$ 的列的分法与 $\boldsymbol{B}$ 的行的分法一致的原则进行下列方式分块

$$\boldsymbol{A}=\left(\begin{array}{cc:cc}1&0&-3&0\\0&1&0&-3\\\hdashline 0&0&4&2\end{array}\right)=\begin{pmatrix}\boldsymbol{E}&-3\boldsymbol{E}\\\boldsymbol{0}&\boldsymbol{A}_{22}\end{pmatrix},$$

$$\boldsymbol{B}=\left(\begin{array}{c:cc}3&0&-1\\1&1&0\\\hdashline 0&1&0\\0&0&1\end{array}\right)=\begin{pmatrix}\boldsymbol{B}_{11}&\boldsymbol{B}_{12}\\\boldsymbol{0}&\boldsymbol{E}\end{pmatrix},$$

则

$$\begin{aligned}\boldsymbol{AB}&=\begin{pmatrix}\boldsymbol{E}&-3\boldsymbol{E}\\\boldsymbol{0}&\boldsymbol{A}_{22}\end{pmatrix}\begin{pmatrix}\boldsymbol{B}_{11}&\boldsymbol{B}_{12}\\\boldsymbol{0}&\boldsymbol{E}\end{pmatrix}=\begin{pmatrix}\boldsymbol{E}\cdot\boldsymbol{B}_{11}-3\boldsymbol{E}\cdot\boldsymbol{0}&\boldsymbol{E}\cdot\boldsymbol{B}_{12}-3\boldsymbol{E}\cdot\boldsymbol{E}\\\boldsymbol{0}\cdot\boldsymbol{B}_{11}+\boldsymbol{A}_{22}\cdot\boldsymbol{0}&\boldsymbol{0}\cdot\boldsymbol{B}_{12}+\boldsymbol{A}_{22}\cdot\boldsymbol{E}\end{pmatrix}\\&=\begin{pmatrix}\boldsymbol{B}_{11}&\boldsymbol{B}_{12}-3\boldsymbol{E}\\\boldsymbol{0}&\boldsymbol{A}_{22}\end{pmatrix}\end{aligned}$$

由于

$$\boldsymbol{B}_{12}-3\boldsymbol{E}=\begin{pmatrix}0&-1\\1&0\end{pmatrix}-3\begin{pmatrix}1&0\\0&1\end{pmatrix}=\begin{pmatrix}-3&-1\\1&-3\end{pmatrix},$$

所以

$$\boldsymbol{AB}=\left(\begin{array}{c:cc}3&-3&-1\\1&1&-3\\\hdashline 0&4&2\end{array}\right).$$

计算结果当然相同.看起来采用分块技巧进行计算还要麻烦些,但对于大矩阵这种方法的优势会凸显出来,现在的任务是掌握分块计算的方法.

今后常会遇到的分块计算的例子如下:

(1) 设 $\boldsymbol{P},\boldsymbol{A}$ 和 $\boldsymbol{B}$ 是 n 阶方阵,则

$$\boldsymbol{P}(\boldsymbol{A},\boldsymbol{B})=(\boldsymbol{PA},\boldsymbol{PB}).$$

(2) 设 $\boldsymbol{A}$ 和 $\boldsymbol{P}$ 是 n 阶方阵,将 $\boldsymbol{P}$ 按列分成 n 个块

$$\boldsymbol{P}=(\boldsymbol{p}_1,\boldsymbol{p}_2,\cdots,\boldsymbol{p}_n),$$

则

$$\boldsymbol{AP}=\boldsymbol{A}(\boldsymbol{p}_1,\boldsymbol{p}_2,\cdots,\boldsymbol{p}_n)=(\boldsymbol{Ap}_1,\boldsymbol{Ap}_2,\cdots,\boldsymbol{Ap}_n).$$

且

$$\boldsymbol{P}\mathrm{diag}(\lambda_1,\lambda_2,\cdots,\lambda_n)=(\boldsymbol{p}_1,\boldsymbol{p}_2,\cdots,\boldsymbol{p}_n)\begin{pmatrix}\lambda_1 & & & \\ & \lambda_2 & & \\ & & \ddots & \\ & & & \lambda_n\end{pmatrix}$$

$$=(\lambda_1\boldsymbol{p}_1,\lambda_2\boldsymbol{p}_2,\cdots,\lambda_n\boldsymbol{p}_n).$$

于是，若 $\boldsymbol{AP}=\boldsymbol{P}\mathrm{diag}(\lambda_1,\lambda_2,\cdots,\lambda_n)$，则

$$\boldsymbol{Ap}_i=\lambda_i\boldsymbol{p}_i,\quad i=1,2,\cdots,n.$$

下面利用分块矩阵证明3个关于矩阵秩的几个结论，大家了解其证明过程即可.

定理 2.9 (1) $\max\{R(\boldsymbol{A}),R(\boldsymbol{B})\}\leqslant R(\boldsymbol{A},\boldsymbol{B})\leqslant R(\boldsymbol{A})+R(\boldsymbol{B})$.

(2) $R(\boldsymbol{A}+\boldsymbol{B})\leqslant R(\boldsymbol{A})+R(\boldsymbol{B})$.

(3) $R(\boldsymbol{AB})\leqslant\min\{R(\boldsymbol{A}),R(\boldsymbol{B})\}$.

证 (1) 因为 $\boldsymbol{A}$ 的最高阶非零子式是 $(\boldsymbol{A},\boldsymbol{B})$ 的非零子式，所以 $R(\boldsymbol{A})\leqslant R(\boldsymbol{A},\boldsymbol{B})$. 同理有 $R(\boldsymbol{B})\leqslant R(\boldsymbol{A},\boldsymbol{B})$. 因此，有 $\max\{R(\boldsymbol{A}),R(\boldsymbol{B})\}\leqslant R(\boldsymbol{A},\boldsymbol{B})$.

设 $R(\boldsymbol{A})=r,R(\boldsymbol{B})=s$，将 $\boldsymbol{A}$ 和 $\boldsymbol{B}$ 分别做初等列变换化成列阶梯形矩阵 $\widetilde{\boldsymbol{A}}$ 和 $\widetilde{\boldsymbol{B}}$，则 $\widetilde{\boldsymbol{A}}$ 和 $\widetilde{\boldsymbol{B}}$ 中分别含 r 个和 s 个非零列. 于是，有

$$(\boldsymbol{A},\boldsymbol{B})\xrightarrow{\mathrm{c}}(\widetilde{\boldsymbol{A}},\widetilde{\boldsymbol{B}}),$$

由于 $(\widetilde{\boldsymbol{A}},\widetilde{\boldsymbol{B}})$ 只有 $r+s$ 个非零列向量，因此 $R(\widetilde{\boldsymbol{A}},\widetilde{\boldsymbol{B}})\leqslant r+s$，进而

$$R(\boldsymbol{A},\boldsymbol{B})=R(\widetilde{\boldsymbol{A}},\widetilde{\boldsymbol{B}})\leqslant r+s=R(\boldsymbol{A})+R(\boldsymbol{B}).$$

(2) 设 $\boldsymbol{A}$ 和 $\boldsymbol{B}$ 是 $m\times n$ 型矩阵，对 $(\boldsymbol{A}+\boldsymbol{B},\boldsymbol{B})$ 进行初等列变换 $-1\mathrm{c}_{n+i}+\mathrm{c}_i,i=1,2,\cdots,n$，得

$$(\boldsymbol{A}+\boldsymbol{B},\boldsymbol{B})\xrightarrow{\mathrm{c}}(\boldsymbol{A},\boldsymbol{B}).$$

于是

$$R(\boldsymbol{A}+\boldsymbol{B})\leqslant R(\boldsymbol{A}+\boldsymbol{B},\boldsymbol{B})=R(\boldsymbol{A},\boldsymbol{B})\leqslant R(\boldsymbol{A})+R(\boldsymbol{B}).$$

(3) 设 $\boldsymbol{A}$ 和 $\boldsymbol{B}$ 分别是 $m\times s,s\times n$ 型矩阵，将 $\boldsymbol{A}$ 按列分块，得

$$\boldsymbol{A}=(\boldsymbol{a}_1,\boldsymbol{a}_2,\cdots,\boldsymbol{a}_s).$$

令 $\boldsymbol{B}=(\lambda_{ij})_{s\times n}$，根据分块矩阵乘法知，$\boldsymbol{AB}$ 中第 i 列均可写成

$$\lambda_{1i}\boldsymbol{a}_1+\lambda_{2i}\boldsymbol{a}_2+\cdots+\lambda_{si}\boldsymbol{a}_s,\quad i=1,2,\cdots,n.$$

将分块矩阵 $(\boldsymbol{A},\boldsymbol{AB})$ 中进行如下初等列变换

$$-\lambda_{1i}\mathrm{c}_1-\lambda_{2i}\mathrm{c}_2-\cdots-\lambda_{si}\mathrm{c}_s+\mathrm{c}_{n+i},\quad i=1,2,\cdots,n,$$

得

$$(\boldsymbol{A},\boldsymbol{AB})\xrightarrow{\mathrm{c}}(\boldsymbol{A},\boldsymbol{0}),$$

于是 $R(\boldsymbol{A},\boldsymbol{AB})=R(\boldsymbol{A})$. 又由(1)知 $R(\boldsymbol{AB})\leqslant R(\boldsymbol{A},\boldsymbol{AB})$,所以

$$R(\boldsymbol{AB})\leqslant R(\boldsymbol{A}).$$

同理可得 $R(\boldsymbol{B}^{\mathrm{T}}\boldsymbol{A}^{\mathrm{T}})\leqslant R(\boldsymbol{B}^{\mathrm{T}})$,于是 $R(\boldsymbol{AB})\leqslant R(\boldsymbol{B})$.

综上所述,有 $R(\boldsymbol{AB})\leqslant\min\{R(\boldsymbol{A}),R(\boldsymbol{B})\}$.

例 2.20 设 $\boldsymbol{A}$ 为 n 阶方阵,则 $R(\boldsymbol{A}+\boldsymbol{E})+R(\boldsymbol{A}-\boldsymbol{E})\geqslant n$.

证 因为$(\boldsymbol{A}+\boldsymbol{E})+(\boldsymbol{E}-\boldsymbol{A})=2\boldsymbol{E}$,根据定理2.9(2)知

$$n=R(2\boldsymbol{E})=R[(\boldsymbol{A}+\boldsymbol{E})+(\boldsymbol{E}-\boldsymbol{A})]\leqslant R(\boldsymbol{A}+\boldsymbol{E})+R(\boldsymbol{E}-\boldsymbol{A}),$$

而 $R(\boldsymbol{E}-\boldsymbol{A})=R[-(\boldsymbol{E}-\boldsymbol{A})]=R(\boldsymbol{A}-\boldsymbol{E})$,因此有

$$R(\boldsymbol{A}+\boldsymbol{E})+R(\boldsymbol{A}-\boldsymbol{E})\geqslant n.$$

例 2.21 设 $\begin{pmatrix}a_1\\a_2\\\vdots\\a_n\end{pmatrix}$ 与 $\begin{pmatrix}b_1\\b_2\\\vdots\\b_n\end{pmatrix}$ 为非零矩阵,求矩阵

$$\boldsymbol{A}=\begin{pmatrix}a_1b_1 & a_1b_2 & \cdots & a_1b_n\\ a_2b_1 & a_2b_2 & \cdots & a_2b_n\\ \vdots & \vdots & & \vdots\\ a_nb_1 & a_nb_2 & \cdots & a_nb_n\end{pmatrix}$$

的秩.

解 根据已知条件知,$\boldsymbol{A}$ 为非零矩阵,于是 $R(\boldsymbol{A})\geqslant1$. 又因为

$$\boldsymbol{A}=\begin{pmatrix}a_1\\a_2\\\vdots\\a_n\end{pmatrix}(b_1,b_2,\cdots,b_n),$$

根据定理2.9(3)知,$R(\boldsymbol{A})\leqslant R(b_1,b_2,\cdots,b_n)=1$,所以 $R(\boldsymbol{A})=1$.

2.6 逆矩阵

在2.1节矩阵的减法运算是矩阵加法运算的逆运算. 在2.2节讨论了矩阵的乘法运算,能否定义其逆运算? 由于矩阵的乘法运算不满足交换律,讨论矩阵乘法运算的逆运算就略显复杂.

有些问题的讨论,如第3章中线性变换的逆变换以及计算机中图像信息的恢复[8,9]等,在 $\boldsymbol{y}=\boldsymbol{Ax}$ 中由 $\boldsymbol{y}$ 得出 $\boldsymbol{x}$ 就需要考虑矩阵乘法运算的逆运算.

本节是本章最重要的内容之一,内容丰富,解题技巧较强.

2.6.1 逆矩阵的定义及性质

我们知道,1 是关于数的乘法运算中的单位元,对于数 a,若存在数 b 使 $ab=ba=1$,则称 b 为 a 的"逆元".更一般的逆元的讨论参见文献[10].

显然,$\boldsymbol{E}$ 是矩阵乘法运算的单位矩阵,相当于关于数的乘法运算中的 1.

定义 2.8 对于矩阵 $\boldsymbol{A}$,若存在矩阵 $\boldsymbol{B}$,使得

$$\boldsymbol{AB}=\boldsymbol{BA}=\boldsymbol{E},\tag{2.18}$$

则称 $\boldsymbol{B}$ 为 $\boldsymbol{A}$ 的**逆矩阵**(inverse of the matrix $\boldsymbol{A}$),记为 $\boldsymbol{A}^{-1}$.

矩阵 $\boldsymbol{A}$ 的逆矩阵 $\boldsymbol{A}^{-1}$ 读作"$\boldsymbol{A}$ 逆"或"$\boldsymbol{A}$ 的 -1 方".

注意 由于矩阵的乘法运算不满足交换律,不清楚 $\dfrac{\boldsymbol{B}}{\boldsymbol{A}}$ 表示 $\boldsymbol{A}^{-1}\boldsymbol{B}$ 还是 $\boldsymbol{BA}^{-1}$,因而 $\boldsymbol{A}$ 的逆矩阵 $\boldsymbol{A}^{-1}$ 不能记为 $\dfrac{1}{\boldsymbol{A}}$,这是与数 a 关于乘法运算的逆元 a^{-1} 不同的地方.

当 $\boldsymbol{A}$ 的逆矩阵存在时,就说矩阵 $\boldsymbol{A}$ 可逆或称 $\boldsymbol{A}$ 存在逆矩阵.在 MATLAB 命令窗口只要给出方阵 $\boldsymbol{A}$,使用 inv(A) 命令就可以得出 $\boldsymbol{A}$ 的逆矩阵.

由定义可得如下的一些结论.

(1) 满足(2.18)式的矩阵 $\boldsymbol{A}$ 是方阵,换句话说,只有方阵才可能有逆矩阵.同时,$\boldsymbol{A}$ 的逆矩阵 $\boldsymbol{B}$ 与 $\boldsymbol{A}$ 是同阶方阵.

(2) 若 $\boldsymbol{A}$ 可逆,则 $\boldsymbol{A}$ 的逆矩阵是唯一的.若 $\boldsymbol{B}$ 和 $\boldsymbol{C}$ 是 $\boldsymbol{A}$ 的逆矩阵,即均满足

$$\boldsymbol{AB}=\boldsymbol{BA}=\boldsymbol{E},\quad \boldsymbol{AC}=\boldsymbol{CA}=\boldsymbol{E},$$

则 $\boldsymbol{B}=\boldsymbol{BE}=\boldsymbol{B}(\boldsymbol{AC})=(\boldsymbol{BA})\boldsymbol{C}=\boldsymbol{EC}=\boldsymbol{C}$.正因为这样,才可将 $\boldsymbol{A}$ 的逆矩阵记为 $\boldsymbol{A}^{-1}$.这时,$\boldsymbol{A}^{-1}$ 是对方阵 $\boldsymbol{A}$ 进行逆运算.

(3) 若 $\boldsymbol{B}$ 是 $\boldsymbol{A}$ 的逆矩阵,即 $\boldsymbol{B}=\boldsymbol{A}^{-1}$,则

$$\boldsymbol{AA}^{-1}=\boldsymbol{A}^{-1}\boldsymbol{A}=\boldsymbol{E},\tag{2.19}$$

且 $\boldsymbol{A}$ 是 $\boldsymbol{A}^{-1}$ 的逆矩阵,即

$$(\boldsymbol{A}^{-1})^{-1}=\boldsymbol{A}.\tag{2.20}$$

还需要注意的是,不是每个方阵都存在逆矩阵的.例如二阶方阵

$$\boldsymbol{A}=\begin{pmatrix}0&0\\1&1\end{pmatrix},$$

对于任意二阶方阵

$$\boldsymbol{B}=\begin{bmatrix}b_{11}&b_{12}\\b_{21}&b_{22}\end{bmatrix},$$

有

$$\boldsymbol{AB}=\begin{pmatrix}0&0\\1&1\end{pmatrix}\begin{bmatrix}b_{11}&b_{12}\\b_{21}&b_{22}\end{bmatrix}=\begin{pmatrix}0&0\\b_{11}+b_{21}&b_{12}+b_{22}\end{pmatrix}\neq\boldsymbol{E},$$

即不可能存在二阶方阵 $\boldsymbol{B}$,使得 $\boldsymbol{AB}=\boldsymbol{BA}=\boldsymbol{E}$ 成立.因此,所给的二阶方阵不存在逆矩阵.

怎样的方阵一定存在逆矩阵?下面的定理回答了这个问题.

定理 2.10　设 $\boldsymbol{A}$ 是 n 阶方阵,则 $\boldsymbol{A}$ 存在逆矩阵的充要条件是 $|\boldsymbol{A}|\neq 0$.这时

$$\boldsymbol{A}^{-1}=\frac{1}{|\boldsymbol{A}|}\boldsymbol{A}^{*}. \tag{2.21}$$

证　($\Rightarrow$)若 $\boldsymbol{A}$ 存在逆矩阵 $\boldsymbol{B}$,则 $\boldsymbol{AB}=\boldsymbol{E}$.两边分别取行列式,并注意 $|\boldsymbol{E}|=1$,得 $|\boldsymbol{AB}|=1$,进而 $|\boldsymbol{A}||\boldsymbol{B}|=1$,因此 $|\boldsymbol{A}|\neq 0$.

($\Leftarrow$)当 $|\boldsymbol{A}|\neq 0$ 时,根据定理 2.5 有 $\boldsymbol{AA}^{*}=\boldsymbol{A}^{*}\boldsymbol{A}=|\boldsymbol{A}|\boldsymbol{E}$,取 $\boldsymbol{B}=\frac{1}{|\boldsymbol{A}|}\boldsymbol{A}^{*}$,于是 $\boldsymbol{AB}=\boldsymbol{BA}=\boldsymbol{E}$,所以 $\boldsymbol{A}$ 存在逆矩阵.进而,$\boldsymbol{A}^{-1}=\frac{1}{|\boldsymbol{A}|}\boldsymbol{A}^{*}$.

由定理 2.10,容易推出如下的结论.

推论 1　n 阶方阵 $\boldsymbol{A}$ 可逆的充要条件是 $R(\boldsymbol{A})=n$.

推论 2　对于方阵 $\boldsymbol{A}$,若 $\boldsymbol{AB}=\boldsymbol{E}$(或 $\boldsymbol{BA}=\boldsymbol{E}$),则 $\boldsymbol{B}=\boldsymbol{A}^{-1}$.

证　若 $\boldsymbol{AB}=\boldsymbol{E}$,则 $|\boldsymbol{A}||\boldsymbol{B}|=|\boldsymbol{E}|=1$,于是 $|\boldsymbol{A}|\neq 0$,因此 $\boldsymbol{A}$ 存在逆矩阵 $\boldsymbol{A}^{-1}$.由于 $\boldsymbol{AB}=\boldsymbol{E}$,因而 $\boldsymbol{A}^{-1}(\boldsymbol{AB})=\boldsymbol{A}^{-1}\boldsymbol{E}$,即 $(\boldsymbol{A}^{-1}\boldsymbol{A})\boldsymbol{B}=\boldsymbol{A}^{-1}$,$\boldsymbol{EB}=\boldsymbol{A}^{-1}$,所以 $\boldsymbol{B}=\boldsymbol{A}^{-1}$.

类似可证,若 $\boldsymbol{BA}=\boldsymbol{E}$,则 $\boldsymbol{B}=\boldsymbol{A}^{-1}$.

利用推论去讨论逆矩阵,比较方便,例如证明逆矩阵的存在性以及验证逆矩阵的正确性等.

例 2.22　设 $\boldsymbol{A}$ 满足 $\boldsymbol{A}^2-5\boldsymbol{A}+4\boldsymbol{E}=\boldsymbol{0}$,证明 $\boldsymbol{A}$ 和 $\boldsymbol{A}-3\boldsymbol{E}$ 均可逆,并求出它们的逆.

证　因为 $\boldsymbol{A}^2-5\boldsymbol{A}+4\boldsymbol{E}=\boldsymbol{0}$,于是 $\boldsymbol{A}(\boldsymbol{A}-5\boldsymbol{E})=-4\boldsymbol{E}$,进而

$$\boldsymbol{A}\cdot\frac{1}{4}(5\boldsymbol{E}-\boldsymbol{A})=\boldsymbol{E},$$

根据推论 2 知,$\boldsymbol{A}$ 可逆且 $\boldsymbol{A}^{-1}=\frac{1}{4}(5\boldsymbol{E}-\boldsymbol{A})$.

因为 $\boldsymbol{A}^2-5\boldsymbol{A}+4\boldsymbol{E}=\boldsymbol{0}$,于是 $(\boldsymbol{A}^2-3\boldsymbol{A})-2(\boldsymbol{A}-3\boldsymbol{E})=2\boldsymbol{E}$,即 $\boldsymbol{A}(\boldsymbol{A}-3\boldsymbol{E})-2(\boldsymbol{A}-3\boldsymbol{E})=2\boldsymbol{E}$,进而 $(\boldsymbol{A}-3\boldsymbol{E})(\boldsymbol{A}-2\boldsymbol{E})=2\boldsymbol{E}$,所以

$$(\boldsymbol{A}-3\boldsymbol{E})\cdot\frac{1}{2}(\boldsymbol{A}-2\boldsymbol{E})=\boldsymbol{E},$$

故 $\boldsymbol{A}-3\boldsymbol{E}$ 可逆且 $(\boldsymbol{A}-3\boldsymbol{E})^{-1}=\frac{1}{2}(\boldsymbol{A}-2\boldsymbol{E})$.

注意　$\boldsymbol{A}^2-5\boldsymbol{A}=\boldsymbol{A}(\boldsymbol{A}-5\boldsymbol{E})$,不要写成 $\boldsymbol{A}^2-5\boldsymbol{A}=\boldsymbol{A}(\boldsymbol{A}-5)$,因为左边 $\boldsymbol{A}-5$ 尚未定义.

例 2.23　设 $\boldsymbol{A}$ 是非零矩阵且满足 $\boldsymbol{A}^3=\boldsymbol{0}$,证明 $\boldsymbol{E}-\boldsymbol{A}$ 和 $\boldsymbol{E}+\boldsymbol{A}$ 均可逆,并求出它们的逆.

证　因为

$$\begin{aligned}(\boldsymbol{E}-\boldsymbol{A})(\boldsymbol{E}+\boldsymbol{A}+\boldsymbol{A}^2)&=\boldsymbol{E}(\boldsymbol{E}+\boldsymbol{A}+\boldsymbol{A}^2)-\boldsymbol{A}(\boldsymbol{E}+\boldsymbol{A}+\boldsymbol{A}^2)\\&=(\boldsymbol{E}+\boldsymbol{A}+\boldsymbol{A}^2)-(\boldsymbol{A}+\boldsymbol{A}^2+\boldsymbol{A}^3)\end{aligned}$$

$$=(E+A+A^2)-(A+A^2+0)=E,$$

且

$$\begin{aligned}(E+A)(E-A+A^2)&=E(E-A+A^2)+A(E-A+A^2)\\&=(E-A+A^2)+(A-A^2+A^3)\\&=(E-A+A^2)+(A-A^2+0)=E,\end{aligned}$$

所以 $E-A$ 和 $E+A$ 均可逆，且

$$(E-A)^{-1}=E+A+A^2,\quad (E+A)^{-1}=E-A+A^2.$$

在计算逆矩阵之前，先给出逆矩阵的以下性质.

(1) 若 A 可逆，则 $|A^{-1}|=\dfrac{1}{|A|}$.

(2) 若 A 可逆，$\lambda\neq 0$，则 $(\lambda A)^{-1}=\dfrac{1}{\lambda}A^{-1}$.

(3) 若 A 和 B 均为同阶可逆矩阵，则 $(AB)^{-1}=B^{-1}A^{-1}$.

(4) 若 A 可逆，则 $(A^{\mathrm{T}})^{-1}=(A^{-1})^{\mathrm{T}}$.

(5) 若 A_i 可逆，$i=1,2,\cdots,t$，则分块对角阵

$$\begin{pmatrix}A_1&&&\\&A_2&&\\&&\ddots&\\&&&A_t\end{pmatrix}^{-1}=\begin{pmatrix}A_1^{-1}&&&\\&A_2^{-1}&&\\&&\ddots&\\&&&A_t^{-1}\end{pmatrix}.$$

特别地，若 $\lambda_i\neq 0(i=1,2,\cdots,n)$，则

$$[\mathrm{diag}(\lambda_1,\lambda_2,\cdots,\lambda_n)]^{-1}=\mathrm{diag}(\lambda_1^{-1},\lambda_2^{-1},\cdots,\lambda_n^{-1}).$$

证 只证(3)，其余留作练习. 由于

$$(AB)\cdot(B^{-1}A^{-1})=A(BB^{-1})A^{-1}=AEA^{-1}=AA^{-1}=E,$$

根据推论知，$(AB)^{-1}=B^{-1}A^{-1}$.

性质(3)可以推广到 k 个可逆同阶方阵乘积的情况，即

$$(A_1A_2\cdots A_{k-1}A_k)^{-1}=A_k^{-1}A_{k-1}^{-1}\cdots A_2^{-1}A_1^{-1}.$$

2.6.2 求逆矩阵的伴随矩阵法

例 2.24 设三阶方阵 $A=\begin{pmatrix}1&2&2\\3&4&-1\\-2&3&1\end{pmatrix}$，求 A^{-1}.

解 因为

$$|A|=\begin{vmatrix}1&2&2\\3&4&-1\\-2&3&1\end{vmatrix}=39\neq 0,$$

而由2.3节知

$$A^* = \begin{pmatrix} 7 & 4 & -10 \\ -1 & 5 & 7 \\ 17 & -7 & -2 \end{pmatrix}.$$

所以

$$A^{-1} = \frac{1}{|A|}A^* = \frac{1}{39}\begin{pmatrix} 7 & 4 & -10 \\ -1 & 5 & 7 \\ 17 & -7 & -2 \end{pmatrix}.$$

即

$$A^{-1} = \begin{pmatrix} \frac{7}{39} & \frac{4}{39} & -\frac{10}{39} \\ -\frac{1}{39} & \frac{5}{39} & \frac{7}{39} \\ \frac{17}{39} & -\frac{7}{39} & -\frac{2}{39} \end{pmatrix}.$$

例2.25 设矩阵 A 和 B 满足 $A^*BA=2BA-8E$，其中 $A=\mathrm{diag}(1,-2,1)$，求 B.

解 因为 $A=\mathrm{diag}(1,-2,1)$，所以 $|A|=1\times(-2)\times1=-2$，由性质5有 $A^{-1}=\mathrm{diag}\left(1,-\frac{1}{2},1\right)$，由定理2.9知 $A^*=|A|A^{-1}=\mathrm{diag}(-2,1,-2)$.

由于 $A^*BA=2BA-8E$，于是 $(A^*-2E)BA=-8E$，进而

$$BA=(A^*-2E)^{-1}(-8E),$$

因而

$$B=(A^*-2E)^{-1}(-8E)A^{-1}=-8(A^*-2E)^{-1}A^{-1}.$$

而

$$(A^*-2E)^{-1}=\begin{pmatrix} -4 & & \\ & -1 & \\ & & -4 \end{pmatrix}^{-1}=\begin{pmatrix} -\frac{1}{4} & & \\ & -1 & \\ & & -\frac{1}{4} \end{pmatrix},$$

故

$$B=-8(A^*-2E)^{-1}A^{-1}=-8\mathrm{diag}\left(-\frac{1}{4},-1,-\frac{1}{4}\right)\cdot\mathrm{diag}\left(1,-\frac{1}{2},1\right)$$

$$=\mathrm{diag}(2,8,2)\cdot\mathrm{diag}\left(1,-\frac{1}{2},1\right)=\mathrm{diag}(2,-4,2).$$

例2.26 设 $n(n\geqslant2)$ 阶方阵 A 的伴随矩阵为 A^*，证明：

(1) 若 $|A|=0$，则 $|A^*|=0$；

(2) $|A^*|=|A|^{n-1}$.

证 (1) 分两种情况讨论.若 $\boldsymbol{A}=\boldsymbol{0}$,显然 $\boldsymbol{A}^*=\boldsymbol{0}$,这时有 $|\boldsymbol{A}^*|=0$.若 $\boldsymbol{A}\neq\boldsymbol{0}$,假设 $|\boldsymbol{A}^*|\neq 0$,由定理 2.9 知 $\boldsymbol{A}^*$ 可逆.由于 $\boldsymbol{A}\boldsymbol{A}^*=|\boldsymbol{A}|\boldsymbol{E}=\boldsymbol{0}$,因此 $\boldsymbol{A}=\boldsymbol{0}(\boldsymbol{A}^*)^{-1}=\boldsymbol{0}$,不可能.在这种情况下也有 $|\boldsymbol{A}^*|=0$.

(2) 当 $|\boldsymbol{A}|=0$ 时,由(1)知结论成立.当 $|\boldsymbol{A}|\neq 0$ 时,因为 $\boldsymbol{A}\boldsymbol{A}^*=|\boldsymbol{A}|\boldsymbol{E}$,进而 $|\boldsymbol{A}\boldsymbol{A}^*|=||\boldsymbol{A}|\boldsymbol{E}|$,即 $|\boldsymbol{A}||\boldsymbol{A}^*|=|\boldsymbol{A}|^n|\boldsymbol{E}|$,所以 $|\boldsymbol{A}^*|=|\boldsymbol{A}|^{n-1}$.

2.6.3 求逆矩阵的初等行变换法

利用伴随矩阵计算 n 阶方阵的逆矩阵,在 n 较大时计算量偏大.在本小节将介绍利用矩阵的初等行变换求逆矩阵的初等行变换法,它是一种较简便的方法.为了说明该方法的正确性,需要做一些准备工作.

先介绍与矩阵的初等变换密切相关的初等矩阵.

定义 2.9 单位矩阵经过一次初等变换得到的矩阵称为**初等矩阵**(elementary matrix).由于有 3 种不同的初等变换,于是初等矩阵有 3 种.

1. $\boldsymbol{E}(i,j)$

交换单位矩阵 $\boldsymbol{E}$ 的第 i 行与第 j 行(或第 i 列与第 j 列)得到的初等矩阵用 $\boldsymbol{E}(i,j)$ 表示.容易验证,在 $\boldsymbol{A}=(a_{ij})_{m\times n}$ 的左边乘以 $\boldsymbol{E}_m(i,j)$ 就是交换 $\boldsymbol{A}$ 的第 i 行与第 j 行,即

$$\boldsymbol{E}(i,j)\boldsymbol{A}_{m\times n}=\begin{pmatrix} a_{11} & a_{12} & \cdots & a_{1n} \\ \vdots & \vdots & & \vdots \\ a_{ji} & a_{j2} & \cdots & a_{jn} \\ \vdots & \vdots & & \vdots \\ a_{i1} & a_{i2} & \cdots & a_{in} \\ \vdots & \vdots & & \vdots \\ a_{m1} & a_{m2} & \cdots & a_{mn} \end{pmatrix}\begin{matrix} \\ \\ i \\ \\ j \\ \\ \\ \end{matrix}.$$

类似地,在 $\boldsymbol{A}=(a_{ij})_{m\times n}$ 的右边乘以 $\boldsymbol{E}_n(i,j)$ 就是交换 $\boldsymbol{A}$ 的第 i 列与第 j 列.

2. $\boldsymbol{E}(i(k))$

用 $k\neq 0$ 乘单位矩阵 $\boldsymbol{E}$ 的第 i 行(或第 i 列)得到的初等矩阵用 $\boldsymbol{E}(i(k))$ 表示,即

$$\boldsymbol{E}(i(k))=\begin{pmatrix} 1 & & & & & \\ & \ddots & & & & \\ & & 1 & & & \\ & & & k & & \\ & & & & 1 & \\ & & & & & \ddots & \\ & & & & & & 1 \end{pmatrix} i.$$

容易验证，在$A=(a_{ij})_{m\times n}$的左边乘以$E_m(i(k))$就是将A的第i行乘以k，右边乘以$E_n(i(k))$就是将A的第i列乘以k.

3. $E(ij(k))$

将单位矩阵E的第j行乘以k加在第i行（或第i列乘以k加在第j列）得到的初等矩阵用$E(ij(k))$表示，即

$$E(ij(k))=\begin{pmatrix}1 & & & & & & \\ & \ddots & & & & & \\ & & 1 & \cdots & k & & \\ & & & \ddots & \vdots & & \\ & & & & 1 & & \\ & & & & & \ddots & \\ & & & & & & 1\end{pmatrix}\begin{matrix} \\ \\ i \\ \\ j \\ \\ \\ \end{matrix}$$

容易验证，在$A=(a_{ij})_{m\times n}$的左边乘以$E(ij(k))$就是将A的第j行乘以k加在第i行，右边乘以$E(ij(k))$就是将A的第i列乘以k加在第j列.

换句话说，有下面的定理.

定理 2.11　设$A=(a_{ij})_{m\times n}$是$m\times n$型矩阵，则对A施行一次初等行变换，相当于在A的左边乘以一个相应的m阶初等方阵. 对A施行一次初等列变换，相当于在A的右边乘以一个相应的n阶初等方阵.

显然，$E(i,j)^{-1}=E(i,j)$，$E(i(k))^{-1}=E\left(i\left(\frac{1}{k}\right)\right)$和$E(ij(k))^{-1}=E(ij(-k))$.

由于行列式不为0的方阵，即可逆方阵，其行最简形矩阵是单位矩阵，根据定理2.11有下面的定理.

定理 2.12　设A是n阶方阵，则A可逆的充要条件是A可表示为若干个初等方阵的乘积.

下面推导求逆矩阵的初等行变换法.

设A可逆，则A^{-1}可逆. 根据定理2.12知，A^{-1}可表示为若干个初等方阵的乘积，即$A^{-1}=P_1P_2\cdots P_k$，其中$P_1,P_2,\cdots,P_k$是初等矩阵. 于是

$$A^{-1}=P_1P_2\cdots P_kE,$$

且

$$E=P_1P_2\cdots P_kA.$$

根据分块矩阵的乘法，有

$$P_1P_2\cdots P_k(A,E)=(P_1P_2\cdots P_kA,P_1P_2\cdots P_kE)=(E,A^{-1}).$$

根据定理2.11知，左乘一个初等矩阵相当于对矩阵进行相应的初等行变换，因此得到求A的逆矩阵的初等行变换法如下：

首先，在 $\boldsymbol{A}$ 的右边接一个与其同阶的单位矩阵 $\boldsymbol{E}$ 构成一个矩阵 $(\boldsymbol{A},\boldsymbol{E})$，这时 $\boldsymbol{A}$ 和 $\boldsymbol{E}$ 是其中的两个块.

其次，对矩阵 $(\boldsymbol{A},\boldsymbol{E})$ 实施矩阵的初等行变换，将 $\boldsymbol{A}$ 所在的块化为单位矩阵 $\boldsymbol{E}$，则单位矩阵 $\boldsymbol{E}$ 所在的块就是 $\boldsymbol{A}^{-1}$.

例 2.27 求下列矩阵的逆矩阵：

$$\boldsymbol{A}=\begin{pmatrix}2&2&3\\1&1&1\\3&1&1\end{pmatrix}.$$

解 因为

$$(\boldsymbol{A},\boldsymbol{E})=\left(\begin{array}{ccc:ccc}2&2&3&1&0&0\\1&1&1&0&1&0\\3&1&1&0&0&1\end{array}\right)\xrightarrow{r_1\leftrightarrow r_2}\left(\begin{array}{ccc:ccc}1&1&1&0&1&0\\2&2&3&1&0&0\\3&1&1&0&0&1\end{array}\right)$$

$$\xrightarrow[-3r_1+r_3]{-2r_1+r_2}\left(\begin{array}{ccc:ccc}1&1&1&0&1&0\\0&0&1&1&-2&0\\0&-2&-2&0&-3&1\end{array}\right)\xrightarrow{r_2\leftrightarrow r_3}\left(\begin{array}{ccc:ccc}1&1&1&0&1&0\\0&-2&-2&0&-3&1\\0&0&1&1&-2&0\end{array}\right)$$

$$\xrightarrow[-1r_3+r_1]{2r_3+r_2}\left(\begin{array}{ccc:ccc}1&1&0&-1&3&0\\0&-2&0&2&-7&1\\0&0&1&1&-2&0\end{array}\right)\xrightarrow{-\frac{1}{2}r_2}\left(\begin{array}{ccc:ccc}1&1&0&-1&3&0\\0&1&0&-1&\frac{7}{2}&-\frac{1}{2}\\0&0&1&1&-2&0\end{array}\right)$$

$$\xrightarrow{-1r_2+r_1}\left(\begin{array}{ccc:ccc}1&0&0&0&-\frac{1}{2}&\frac{1}{2}\\0&1&0&-1&\frac{7}{2}&-\frac{1}{2}\\0&0&1&1&-2&0\end{array}\right),$$

所以

$$\boldsymbol{A}^{-1}=\begin{pmatrix}0&-\frac{1}{2}&\frac{1}{2}\\-1&\frac{7}{2}&-\frac{1}{2}\\1&-2&0\end{pmatrix}.$$

需要注意的是，只能对矩阵 $(\boldsymbol{A},\boldsymbol{E})$ 实施初等行变换，且在进行初等行变换时，要将右边单位矩阵 $\boldsymbol{E}$ 所在的块同时进行.

例 2.28 已知 $\boldsymbol{AP}=\boldsymbol{PB}$，其中

$$\boldsymbol{B}=\begin{pmatrix}1&0&0\\0&2&0\\0&0&-1\end{pmatrix},\quad \boldsymbol{P}=\begin{pmatrix}1&0&0\\2&-1&0\\2&1&1\end{pmatrix},$$

求 $\boldsymbol{A}$ 及 $\boldsymbol{A}^5$.

解 显然 $|\boldsymbol{P}|=-1\neq0$，$\boldsymbol{P}$ 可逆. 先求出 $\boldsymbol{P}^{-1}$. 因为

$$(\boldsymbol{P},\boldsymbol{E})=\begin{pmatrix}1&0&0&1&0&0\\2&-1&0&0&1&0\\2&1&1&0&0&1\end{pmatrix}\xrightarrow[-2r_1+r_3]{-2r_1+r_2}\begin{pmatrix}1&0&0&1&0&0\\0&-1&0&-2&1&0\\0&1&1&-2&0&1\end{pmatrix}$$

$$\xrightarrow[-1r_2]{1r_2+r_3}\begin{pmatrix}1&0&0&1&0&0\\0&1&0&2&-1&0\\0&0&1&-4&1&1\end{pmatrix},$$

因此

$$\boldsymbol{P}^{-1}=\begin{pmatrix}1&0&0\\2&-1&0\\-4&1&1\end{pmatrix}.$$

由于 $\boldsymbol{AP}=\boldsymbol{PB}$，所以

$$\boldsymbol{A}=\boldsymbol{PBP}^{-1}=\begin{pmatrix}1&0&0\\2&-1&0\\2&1&1\end{pmatrix}\begin{pmatrix}1&0&0\\0&2&0\\0&0&-1\end{pmatrix}\begin{pmatrix}1&0&0\\2&-1&0\\-4&1&1\end{pmatrix}=\begin{pmatrix}1&0&0\\-2&2&0\\10&-3&-1\end{pmatrix}.$$

因为 $\boldsymbol{A}=\boldsymbol{PBP}^{-1}$，所以

$$\boldsymbol{A}^5=\boldsymbol{PBP}^{-1}\cdot\boldsymbol{PBP}^{-1}\cdot\boldsymbol{PBP}^{-1}\cdot\boldsymbol{PBP}^{-1}\cdot\boldsymbol{PBP}^{-1}=\boldsymbol{PB}^5\boldsymbol{P}^{-1}$$

$$=\begin{pmatrix}1&0&0\\2&-1&0\\2&1&1\end{pmatrix}\begin{pmatrix}1^5&0&0\\0&2^5&0\\0&0&(-1)^5\end{pmatrix}\begin{pmatrix}1&0&0\\2&-1&0\\-4&1&1\end{pmatrix}=\begin{pmatrix}1&0&0\\-62&32&0\\70&-33&-1\end{pmatrix}.$$

一般地，若 $\boldsymbol{A}=\boldsymbol{PBP}^{-1}$，则

$$\boldsymbol{A}^k=\boldsymbol{PB}^k\boldsymbol{P}^{-1}.$$

例 2.29 已知 $\boldsymbol{A}$ 满足 $\boldsymbol{A}(\boldsymbol{E}-\boldsymbol{C}^{-1}\boldsymbol{B})^{\mathrm{T}}\boldsymbol{C}^{\mathrm{T}}=\boldsymbol{E}$，其中

$$\boldsymbol{B}=\begin{pmatrix}1&-1&0&0\\0&1&-1&0\\0&0&1&-1\\0&0&0&1\end{pmatrix},\quad \boldsymbol{C}=\begin{pmatrix}2&1&3&4\\0&2&1&3\\0&0&2&1\\0&0&0&2\end{pmatrix},$$

求 $\boldsymbol{A}$.

解 因为

$$\begin{aligned}\boldsymbol{E}&=\boldsymbol{A}(\boldsymbol{E}-\boldsymbol{C}^{-1}\boldsymbol{B})^{\mathrm{T}}\boldsymbol{C}^{\mathrm{T}}=\boldsymbol{A}[\boldsymbol{C}(\boldsymbol{E}-\boldsymbol{C}^{-1}\boldsymbol{B})]^{\mathrm{T}}\\&=\boldsymbol{A}(\boldsymbol{CE}-\boldsymbol{CC}^{-1}\boldsymbol{B})^{\mathrm{T}}=\boldsymbol{A}(\boldsymbol{C}-\boldsymbol{B})^{\mathrm{T}},\end{aligned}$$

所以 $\boldsymbol{A}=[(\boldsymbol{C}-\boldsymbol{B})^{\mathrm{T}}]^{-1}=[(\boldsymbol{C}-\boldsymbol{B})^{-1}]^{\mathrm{T}}$. 由于

$$(\boldsymbol{C}-\boldsymbol{B})^{-1}=\begin{pmatrix}1&2&3&4\\0&1&2&3\\0&0&1&2\\0&0&0&1\end{pmatrix}^{-1}=\begin{pmatrix}1&-2&1&0\\0&1&-2&1\\0&0&1&-2\\0&0&0&1\end{pmatrix},$$

故

$$\boldsymbol{A}=[(\boldsymbol{C}-\boldsymbol{B})^{-1}]^{\mathrm{T}}=\begin{pmatrix}1&0&0&0\\-2&1&0&0\\1&-2&1&0\\0&1&-2&1\end{pmatrix}.$$

可用两种不同方法求出逆矩阵,一种是伴随矩阵法,另一种是初等行变换法,当然最简便的方法是初等行变换法.

根据定理2.1,将行列式化成上三角形行列式即可得出行列式的值.大家感兴趣的话,利用初等行变换法,可以编写一个计算行列式以及逆矩阵的通用程序.

例2.30 设$\boldsymbol{AX}=\boldsymbol{A}+2\boldsymbol{X}$且

$$\boldsymbol{A}=\begin{pmatrix}3&0&1\\1&1&0\\0&1&4\end{pmatrix},$$

求$\boldsymbol{X}$.

解 由于$\boldsymbol{AX}=\boldsymbol{A}+2\boldsymbol{X}$,于是$\boldsymbol{AX}-2\boldsymbol{X}=\boldsymbol{A}$,进而$(\boldsymbol{A}-2\boldsymbol{E})\boldsymbol{X}=\boldsymbol{A}$,因此在$\boldsymbol{A}-2\boldsymbol{E}$可逆时,有

$$\boldsymbol{X}=(\boldsymbol{A}-2\boldsymbol{E})^{-1}\boldsymbol{A}.$$

因为

$$\boldsymbol{A}-2\boldsymbol{E}=\begin{pmatrix}1&0&1\\1&-1&0\\0&1&2\end{pmatrix},$$

所以

$$(\boldsymbol{A}-2\boldsymbol{E})^{-1}=\begin{pmatrix}1&0&1\\1&-1&0\\0&1&2\end{pmatrix}^{-1}=\begin{pmatrix}2&-1&-1\\2&-2&-1\\-1&1&1\end{pmatrix},$$

故

$$\boldsymbol{X}=(\boldsymbol{A}-2\boldsymbol{E})^{-1}\boldsymbol{A}=\begin{pmatrix}2&-1&-1\\2&-2&-1\\-1&1&1\end{pmatrix}\begin{pmatrix}3&0&1\\1&1&0\\0&1&4\end{pmatrix}=\begin{pmatrix}5&-2&-2\\4&-3&-2\\-2&2&3\end{pmatrix}.$$

上例实际上是一个矩阵方程$\boldsymbol{AX}=\boldsymbol{A}+2\boldsymbol{X}$,当得到$(\boldsymbol{A}-2\boldsymbol{E})\boldsymbol{X}=\boldsymbol{A}$以后,在$\boldsymbol{A}-2\boldsymbol{E}$可逆

时,只需要在等号的左右都左乘$(\boldsymbol{A}-2\boldsymbol{E})^{-1}$,即

$$(\boldsymbol{A}-2\boldsymbol{E})^{-1}\cdot(\boldsymbol{A}-2\boldsymbol{E})\boldsymbol{X}=(\boldsymbol{A}-2\boldsymbol{E})^{-1}\cdot\boldsymbol{A}$$

就得到$\boldsymbol{X}=(\boldsymbol{A}-2\boldsymbol{E})^{-1}\boldsymbol{A}$.这种处理技巧在前面的几个例子中都有应用.一般地,在$\boldsymbol{A}$可逆的条件下,

若$\boldsymbol{AX}=\boldsymbol{B}$,于是$\boldsymbol{A}^{-1}\cdot\boldsymbol{AX}=\boldsymbol{A}^{-1}\cdot\boldsymbol{B}$,因此$\boldsymbol{X}=\boldsymbol{A}^{-1}\cdot\boldsymbol{B}$.

若$\boldsymbol{XA}=\boldsymbol{B}$,于是$\boldsymbol{XA}\cdot\boldsymbol{A}^{-1}=\boldsymbol{B}\cdot\boldsymbol{A}^{-1}$,因此$\boldsymbol{X}=\boldsymbol{B}\cdot\boldsymbol{A}^{-1}$.

由于对任意矩阵$\boldsymbol{A}$实施矩阵的初等行变换以及初等列变换可以得到其标准形,根据定理2.11和定理2.12知,存在可逆矩阵$\boldsymbol{P}$和$\boldsymbol{Q}$,使得

$$\boldsymbol{PAQ}=\begin{pmatrix}\boldsymbol{E}_r & \boldsymbol{0}\\ \boldsymbol{0} & \boldsymbol{0}\end{pmatrix}$$

成立,其中$R(\boldsymbol{A})=r$.

显然,由定理2.11和定理2.12有下述的定理.

定理2.13 对于可逆矩阵$\boldsymbol{P}$和$\boldsymbol{Q}$,有$R(\boldsymbol{PAQ})=R(\boldsymbol{A})$.

推论 对于可逆矩阵$\boldsymbol{P}$和$\boldsymbol{Q}$,有$R(\boldsymbol{PA})=R(\boldsymbol{AQ})=R(\boldsymbol{A})$.

例2.31 设$\boldsymbol{A}$是$m\times s$矩阵,$\boldsymbol{B}$是$s\times k$矩阵,则

$$R(\boldsymbol{AB})\geqslant R(\boldsymbol{A})+R(\boldsymbol{B})-s.$$

证 令$R(\boldsymbol{A})=r$,则由$\boldsymbol{A}$的标准形知,必存在可逆矩阵$\boldsymbol{P}$和$\boldsymbol{Q}$使得

$$\boldsymbol{PAQ}=\begin{pmatrix}\boldsymbol{E}_r & \boldsymbol{0}\\ \boldsymbol{0} & \boldsymbol{0}\end{pmatrix},$$

从而$\boldsymbol{PAB}=\boldsymbol{PAQ}\cdot\boldsymbol{Q}^{-1}\boldsymbol{B}=\begin{pmatrix}\boldsymbol{E}_r & \boldsymbol{0}\\ \boldsymbol{0} & \boldsymbol{0}\end{pmatrix}\cdot\boldsymbol{Q}^{-1}\boldsymbol{B}$.将$\boldsymbol{Q}^{-1}\boldsymbol{B}$分块,得$\boldsymbol{Q}^{-1}\boldsymbol{B}=\begin{bmatrix}\boldsymbol{C}_1\\ \boldsymbol{C}_2\end{bmatrix}$,其中$\boldsymbol{C}_1$是$r\times k$矩阵,$\boldsymbol{C}_2$是$(s-r)\times k$矩阵,显然$R(\boldsymbol{C}_2)\leqslant s-r$.

由于$\boldsymbol{PAB}=\begin{pmatrix}\boldsymbol{C}_1\\ \boldsymbol{0}\end{pmatrix}$,于是$R(\boldsymbol{AB})=R(\boldsymbol{PAB})=R(\boldsymbol{C}_1)$.根据定理2.13和定理2.9(1),有

$$R(\boldsymbol{B})=R(\boldsymbol{Q}^{-1}\boldsymbol{B})=R\begin{bmatrix}\boldsymbol{C}_1\\ \boldsymbol{C}_2\end{bmatrix}\leqslant R(\boldsymbol{C}_1)+R(\boldsymbol{C}_2),$$

所以$R(\boldsymbol{C}_1)\geqslant R(\boldsymbol{B})-R(\boldsymbol{C}_2)$,于是

$$R(\boldsymbol{AB})\geqslant R(\boldsymbol{B})-(s-R(\boldsymbol{A}))=R(\boldsymbol{A})+R(\boldsymbol{B})-s.$$

例2.32 设n阶方阵$\boldsymbol{A}_1$和m阶方阵$\boldsymbol{A}_2$均可逆,求$\begin{bmatrix}\boldsymbol{0} & \boldsymbol{A}_1\\ \boldsymbol{A}_2 & \boldsymbol{0}\end{bmatrix}^{-1}$.

解 设$\begin{bmatrix}\boldsymbol{0} & \boldsymbol{A}_1\\ \boldsymbol{A}_2 & \boldsymbol{0}\end{bmatrix}^{-1}=\begin{bmatrix}\boldsymbol{B}_{11} & \boldsymbol{B}_{12}\\ \boldsymbol{B}_{21} & \boldsymbol{B}_{22}\end{bmatrix}$,于是

$$\begin{bmatrix}\boldsymbol{0} & \boldsymbol{A}_1\\ \boldsymbol{A}_2 & \boldsymbol{0}\end{bmatrix}\begin{bmatrix}\boldsymbol{B}_{11} & \boldsymbol{B}_{12}\\ \boldsymbol{B}_{21} & \boldsymbol{B}_{22}\end{bmatrix}=\begin{pmatrix}\boldsymbol{E} & \\ & \boldsymbol{E}\end{pmatrix}.$$

根据分块矩阵的乘法，有

$$\begin{cases} A_1B_{21}=E, \\ A_1B_{22}=0, \\ A_2B_{11}=0, \\ A_2B_{12}=E. \end{cases}$$

由 A_1 和 A_2 均可逆，知

$$B_{11}=0,\quad B_{12}=A_2^{-1},\quad B_{21}=A_1^{-1},\quad B_{22}=0.$$

故

$$\begin{pmatrix} 0 & A_1 \\ A_2 & 0 \end{pmatrix}^{-1}=\begin{pmatrix} 0 & A_2^{-1} \\ A_1^{-1} & 0 \end{pmatrix}.$$

习题 2

1. 设矩阵

$$A=\begin{pmatrix} 1 & 2 & 0 \\ 1 & -3 & 2 \end{pmatrix},\quad B=\begin{pmatrix} -1 & 1 & 2 \\ -2 & -5 & 5 \end{pmatrix}.$$

求 $A+B, A-B, 2A^{\mathrm{T}}-3B^{\mathrm{T}}$.

2. 设矩阵 C 满足 $2C-3A=2(B^{\mathrm{T}}-3C)$，其中

$$A=\begin{pmatrix} 2 & -1 & 0 \\ 1 & 4 & 7 \\ -3 & 2 & 1 \end{pmatrix},\quad B=\begin{pmatrix} 0 & 1 & 2 \\ 3 & 4 & -1 \\ -2 & -1 & 1 \end{pmatrix}.$$

求矩阵 C.

3. 下列矩阵 A 和 B 分别表示三个商店在第一个月和第二个月四种产品进货的数量(单位：件).

$$A=\begin{pmatrix} 58 & 27 & 15 & 4 \\ 72 & 30 & 18 & 5 \\ 65 & 25 & 14 & 3 \end{pmatrix},\quad B=\begin{pmatrix} 63 & 25 & 13 & 5 \\ 90 & 30 & 20 & 7 \\ 80 & 28 & 18 & 5 \end{pmatrix}.$$

(1) 计算 $A+B$ 和 $A-B$，并说明其代表的意义.

(2) 计算 $\frac{1}{2}(A+B)$，并说明其代表的意义.

4. 设矩阵

$$A=(a_1,a_2,\cdots,a_n),\quad B=\begin{pmatrix} b_1 \\ b_2 \\ \vdots \\ b_n \end{pmatrix},$$

求 $\boldsymbol{AB}$ 和 $\boldsymbol{BA}$,并得出 $\boldsymbol{AB}=\boldsymbol{BA}$ 的条件.

5. 计算下列矩阵的乘积：

(1) $\begin{pmatrix}2&-3&1\\1&-1&3\end{pmatrix}\begin{pmatrix}-1&4\\3&2\\-2&0\end{pmatrix}$.　　(2) $\begin{pmatrix}1&-2\\0&3\end{pmatrix}\begin{pmatrix}0&-1\\1&2\end{pmatrix}$.

(3) $\begin{pmatrix}3&2&-1&6\\-1&-2&0&3\\3&7&1&2\end{pmatrix}\begin{pmatrix}4&-3\\2&1\\0&5\\-3&-2\end{pmatrix}$.　　(4) $(1,-2,4)\begin{pmatrix}2&-1&3\\4&5&2\\3&-1&2\end{pmatrix}\begin{pmatrix}4\\-2\\3\end{pmatrix}$.

(5) $\begin{pmatrix}-1&2&1\\-2&1&3\\1&1&4\end{pmatrix}^2$.

6. 已知 $\boldsymbol{\alpha}=(1,2,3)$,$\boldsymbol{\beta}=\left(1,\frac{1}{2},\frac{1}{3}\right)$,若 $\boldsymbol{A}=\boldsymbol{\alpha}^{\mathrm{T}}\boldsymbol{\beta}$,求 $\boldsymbol{A}^k$,其中 k 为正整数.

7. 设矩阵

$$\boldsymbol{A}=\begin{pmatrix}a_{11}&a_{12}&\cdots&a_{1n}\\a_{21}&a_{22}&\cdots&a_{2n}\\\vdots&\vdots&&\vdots\\a_{n1}&a_{n2}&\cdots&a_{nn}\end{pmatrix},\quad \boldsymbol{x}=\begin{pmatrix}x_1\\x_2\\\vdots\\x_n\end{pmatrix},$$

计算 $\boldsymbol{x}^{\mathrm{T}}\boldsymbol{A}\boldsymbol{x}$.

8. 对于矩阵 $\boldsymbol{A},\boldsymbol{B}$ 和 $\boldsymbol{C}$,举例说明下列命题是错误的：

(1) 若 $\boldsymbol{A}^2=\boldsymbol{0}$,则 $\boldsymbol{A}=\boldsymbol{0}$;

(2) 若 $\boldsymbol{A}^2=\boldsymbol{A}$,则 $\boldsymbol{A}=\boldsymbol{0}$ 或 $\boldsymbol{A}=\boldsymbol{E}$;

(3) 若 $\boldsymbol{A}^2=\boldsymbol{E}$,则 $\boldsymbol{A}=\boldsymbol{E}$ 或 $\boldsymbol{A}=-\boldsymbol{E}$;

(4) 若 $\boldsymbol{AB}=\boldsymbol{AC}$,则 $\boldsymbol{B}=\boldsymbol{C}$.

9. 用数学归纳法分别证明,对于任意正整数 k,有

(1) $\begin{pmatrix}1&0\\\lambda&1\end{pmatrix}^k=\begin{pmatrix}1&0\\k\lambda&1\end{pmatrix}$;　　(2) $\begin{pmatrix}\lambda&1&0\\0&\lambda&1\\0&0&\lambda\end{pmatrix}^k=\begin{pmatrix}\lambda^k&k\lambda^{k-1}&\frac{k(k-1)}{2}\lambda^{k-2}\\0&\lambda^k&k\lambda^{k-1}\\0&0&\lambda^k\end{pmatrix}$.

10. 设 $\boldsymbol{A}$ 和 $\boldsymbol{B}$ 是 n 阶方阵,若 $\boldsymbol{AB}=\boldsymbol{BA}$,则称 $\boldsymbol{A}$ 和 $\boldsymbol{B}$ 是可交换的. 设 $\boldsymbol{A}=\begin{pmatrix}1&1&0\\0&1&0\\0&0&1\end{pmatrix}$,求所有与 $\boldsymbol{A}$ 可交换的矩阵 $\boldsymbol{B}$.

11. 根据行列式的定义求出函数

$$f(x)=\begin{vmatrix} 2x & 1 & -1 \\ -x & -x & x \\ 1 & 2 & x \end{vmatrix}$$

中 x^3 的系数.

12. 计算下列行列式：

(1) $\begin{vmatrix} a & b & c \\ b & c & a \\ c & a & b \end{vmatrix}$；　(2) $\begin{vmatrix} 1 & -1 & 0 & 2 \\ 3 & 3 & 4 & 6 \\ 2 & 0 & 3 & 3 \\ -1 & 2 & 4 & 7 \end{vmatrix}$；　(3) $\begin{vmatrix} x & -1 & 0 & 0 \\ 0 & x & -1 & 0 \\ 0 & 0 & x & -1 \\ a_4 & a_3 & a_2 & x+a_1 \end{vmatrix}$；

(4) $\begin{vmatrix} a & b & b & b \\ a & b & a & a \\ a & a & b & a \\ a & a & a & a \end{vmatrix}$；　(5) $\begin{vmatrix} 1-a & a & 0 & 0 & 0 \\ -1 & 1-a & a & 0 & 0 \\ 0 & -1 & 1-a & a & 0 \\ 0 & 0 & -1 & 1-a & a \\ 0 & 0 & 0 & -1 & 1-a \end{vmatrix}$.

13. 计算 n 阶行列式：

(1) $\begin{vmatrix} 0 & 1 & 0 & \cdots & 0 & 0 \\ 0 & 0 & 2 & \cdots & 0 & 0 \\ \vdots & \vdots & \vdots & & \vdots & \vdots \\ 0 & 0 & 0 & \cdots & n-2 & 0 \\ 0 & 0 & 0 & \cdots & 0 & n-1 \\ n & 0 & 0 & \cdots & 0 & 0 \end{vmatrix}$；　(2) $\begin{vmatrix} a & b & \cdots & 0 & 0 \\ 0 & a & \cdots & 0 & 0 \\ \vdots & \vdots & & \vdots & \vdots \\ 0 & 0 & \cdots & a & b \\ b & 0 & \cdots & 0 & a \end{vmatrix}$；

(3) $\begin{vmatrix} a_1-x & a_2 & \cdots & a_n \\ a_1 & a_2-x & \cdots & a_n \\ \vdots & \vdots & & \vdots \\ a_1 & a_2 & \cdots & a_n-x \end{vmatrix}$；

(4) $D_n=\det(a_{ij})$，其中 $a_{ij}=|i-j|$，$i,j=1,2,\cdots,n$，即

$$D_n=\begin{vmatrix} 0 & 1 & 2 & \cdots & n-2 & n-1 \\ 1 & 0 & 1 & \cdots & n-3 & n-2 \\ 2 & 1 & 0 & \cdots & n-4 & n-3 \\ \vdots & \vdots & \vdots & & \vdots & \vdots \\ n-2 & n-3 & n-4 & \cdots & 0 & 1 \\ n-1 & n-2 & n-3 & \cdots & 1 & 0 \end{vmatrix}.$$

14. 计算 n 阶行列式：

(1) $D_n=\begin{vmatrix} a+b & ab & \cdots & 0 & 0 \\ 1 & a+b & \cdots & 0 & 0 \\ 0 & 1 & \cdots & 0 & 0 \\ \vdots & \vdots & & \vdots & \vdots \\ 0 & 0 & \cdots & a+b & ab \\ 0 & 0 & \cdots & 1 & a+b \end{vmatrix}$；

(2) $D_n=\begin{vmatrix} \cos\alpha & 1 & 0 & \cdots & 0 & 0 \\ 1 & 2\cos\alpha & 1 & \cdots & 0 & 0 \\ \vdots & \vdots & \vdots & & \vdots & \vdots \\ 0 & 0 & 0 & \cdots & 2\cos\alpha & 1 \\ 0 & 0 & 0 & \cdots & 1 & 2\cos\alpha \end{vmatrix}$；

(3) $D_n=\begin{vmatrix} 1+a_1 & 1 & \cdots & 1 \\ 1 & 1+a_2 & \cdots & 1 \\ \vdots & \vdots & \ddots & \vdots \\ 1 & 1 & \cdots & 1+a_n \end{vmatrix}$， 其中 $a_1a_2\cdots a_n\neq 0$；

(4) $D_n=\begin{vmatrix} x_1+a_1 & x_2+a_1 & \cdots & x_{n-1}+a_1 & x_n+a_1 \\ x_1+a_2 & x_2+a_2 & \cdots & x_{n-1}+a_2 & x_n+a_2 \\ \vdots & \vdots & & \vdots & \vdots \\ x_1+a_{n-1} & x_2+a_{n-1} & \vdots & x_{n-1}+a_{n-1} & x_n+a_{n-1} \\ x_1+a_n & x_2+a_n & \cdots & x_{n-1}+a_n & x_n+a_n \end{vmatrix}$， $n\geqslant 2$.

15. 计算 n 阶行列式：

(1) $D_{n+1}=\begin{vmatrix} a^n & (a-1)^n & \cdots & (a-n)^n \\ a^{n-1} & (a-1)^{n-1} & \cdots & (a-n)^{n-1} \\ \vdots & \vdots & & \vdots \\ a & a-1 & \cdots & a-n \\ 1 & 1 & \cdots & 1 \end{vmatrix}$；

(2) $D_n=\begin{vmatrix} 1 & 1 & \cdots & 1 \\ x_1 & x_2 & \cdots & x_n \\ \vdots & \vdots & & \vdots \\ x_1^{n-2} & x_2^{n-2} & \cdots & x_n^{n-2} \\ x_1^n & x_2^n & \cdots & x_n^n \end{vmatrix}$.

16. 已知 $\boldsymbol{A}=(a_{ij})_{3\times 3}$ 满足 $a_{11}\neq 0$ 且 $a_{ij}=A_{ij}$，$i,j=1,2,3$，求 $|\boldsymbol{A}|$.

17. 设

$$\begin{vmatrix} 3 & -5 & 2 & 1 \\ 1 & 1 & 0 & -5 \\ -1 & 3 & 1 & 3 \\ 2 & -4 & -1 & -3 \end{vmatrix},$$

求 $A_{11}+A_{12}+A_{13}+A_{14}$ 和 $M_{11}+M_{21}+M_{31}+M_{41}$.

18. 设

$$\boldsymbol{A}=\begin{pmatrix} 1 & -2 & 3t \\ -1 & 2t & -3 \\ t & -2 & 3 \end{pmatrix},$$

当 t 分别取何值时，有：(1)$R(\boldsymbol{A})=1$；(2)$R(\boldsymbol{A})=2$；(3)$R(\boldsymbol{A})=3$.

19. 利用 Cramer 法则求解线性方程组

$$\begin{cases} x_1+x_2+x_3+x_4=5, \\ x_1+2x_2-x_3+4x_4=-2, \\ 2x_1-3x_2-x_3-5x_4=-2, \\ 3x_1+x_2+2x_3+11x_4=0. \end{cases}$$

20. 已知线性方程组 $\begin{pmatrix} 1 & 2 & 1 \\ 2 & 3 & a+2 \\ 1 & a & -2 \end{pmatrix}\begin{pmatrix} x_1 \\ x_2 \\ x_3 \end{pmatrix}=\begin{pmatrix} 1 \\ 3 \\ 0 \end{pmatrix}$ 无解，求 a 的值.

21. 问 λ 和 μ 取何值时，齐次线性方程组

$$\begin{cases} \lambda x_1+x_2+x_3=0, \\ x_1+\mu x_2+x_3=0, \\ x_1+2\mu x_2+x_3=0 \end{cases}$$

有非零解?

22. 设平面上三条不同的直线方程为

$$l_1: ax+2by+3c=0,$$
$$l_2: bx+2cy+3a=0,$$
$$l_3: cx+2ay+3b=0.$$

试证这三条直线相交于一个点的充要条件为 $a+b+c=0$.

23. 已知

$$\boldsymbol{A}=\begin{pmatrix} -1 & 0 & 0 & 0 \\ 0 & -1 & 0 & 0 \\ -2 & 1 & 1 & 0 \\ 1 & -1 & 0 & 1 \end{pmatrix}, \quad \boldsymbol{B}=\begin{pmatrix} -1 & 0 & 1 & 0 \\ 1 & 3 & 0 & 1 \\ 1 & 0 & 3 & 1 \\ -1 & -1 & 2 & 1 \end{pmatrix}.$$

采用分块矩阵的方法计算 $\boldsymbol{AB}$.

24. 设矩阵 $\boldsymbol{A}$ 满足 $\boldsymbol{A}^2+\boldsymbol{A}-4\boldsymbol{E}=\boldsymbol{0}$,证明 $\boldsymbol{A}-\boldsymbol{E}$ 可逆,并求出其逆.

25. 设矩阵 $\boldsymbol{A}$ 和 $\boldsymbol{B}$ 满足 $\boldsymbol{A}^2\boldsymbol{B}-\boldsymbol{A}-\boldsymbol{B}=\boldsymbol{E}$,其中 $\boldsymbol{A}=\begin{pmatrix}1&0&1\\0&2&0\\-2&0&1\end{pmatrix}$,求 $|\boldsymbol{B}|$.

26. 设 $\boldsymbol{A}$ 是 n 阶非零实方阵,且 $\boldsymbol{A}^*=\boldsymbol{A}^{\mathrm{T}}$,则 $|\boldsymbol{A}|\neq 0$.

27. 设矩阵 $\boldsymbol{A}=\begin{pmatrix}2&1&0\\1&2&0\\0&0&1\end{pmatrix}$,矩阵 $\boldsymbol{B}$ 满足 $\boldsymbol{ABA}^*=2\boldsymbol{BA}^*+\boldsymbol{E}$,求 $|\boldsymbol{B}|$.

28. 设 $\boldsymbol{A}$ 为三阶方阵且 $|\boldsymbol{A}|=\frac{1}{2}$,求 $|(3\boldsymbol{A})^{-1}-2\boldsymbol{A}^*|$.

29. 设 $\boldsymbol{A}$ 是 n 阶可逆方阵,$n\geqslant 2$,将 $\boldsymbol{A}$ 的第 i 行与第 j 行交换后得到矩阵 $\boldsymbol{B}$.

(1) 证明 $\boldsymbol{B}$ 可逆; (2) 求 $\boldsymbol{AB}^{-1}$.

30. 设 $\boldsymbol{\xi}$ 是非零 $n\times 1$ 矩阵且 $\boldsymbol{A}=\boldsymbol{E}-\boldsymbol{\xi\xi}^{\mathrm{T}}$,证明:

(1) $\boldsymbol{A}^2=\boldsymbol{A}$ 的充要条件是 $\boldsymbol{\xi}^{\mathrm{T}}\boldsymbol{\xi}=1$;

(2) 当 $\boldsymbol{\xi}^{\mathrm{T}}\boldsymbol{\xi}=1$ 时,$\boldsymbol{A}$ 是不可逆矩阵.

31. 计算下列方阵的逆矩阵:

(1) $\begin{pmatrix}2&-5\\-1&3\end{pmatrix}$; (2) $\begin{pmatrix}2&1&-1\\2&1&0\\1&-1&1\end{pmatrix}$; (3) $\begin{pmatrix}1&-1&-2&-3\\0&1&-1&-2\\0&0&1&-1\\1&0&0&1\end{pmatrix}$.

32. 已知 $\boldsymbol{A}$ 满足 $\boldsymbol{ABA}^{-1}=\boldsymbol{BA}^{-1}+3\boldsymbol{E}$,且 $\boldsymbol{A}$ 的伴随矩阵为

$$\boldsymbol{A}^*=\begin{pmatrix}1&0&0&0\\0&1&0&0\\1&0&1&0\\0&-3&0&8\end{pmatrix},$$

求 $\boldsymbol{B}$.

33. 设 $\boldsymbol{A}$ 是 n 阶可逆方阵,证明 $(\boldsymbol{A}^*)^*=|\boldsymbol{A}|^{n-2}\boldsymbol{A}$,并求 $|(\boldsymbol{A}^*)^*|$.

34. 设 $\boldsymbol{AP}=\boldsymbol{P\Lambda}$,其中

$$\boldsymbol{P}=\begin{pmatrix}1&1&1\\1&0&-2\\1&-1&1\end{pmatrix},\quad \boldsymbol{\Lambda}=\begin{pmatrix}-1&&\\&2&\\&&3\end{pmatrix},$$

求 $\boldsymbol{A}^{15}$.

35. 求解下列矩阵方程：

(1) $\begin{pmatrix}-1&0&1\\1&1&-1\\2&2&1\end{pmatrix}\boldsymbol{X}=\begin{pmatrix}1&2\\0&1\\2&-1\end{pmatrix}$；　(2) $\boldsymbol{X}\begin{pmatrix}-1&0&1\\1&1&-1\\2&2&1\end{pmatrix}=\begin{pmatrix}1&0&2\\2&1&-1\end{pmatrix}$；

(3) $\begin{pmatrix}1&0&0\\0&0&1\\0&1&0\end{pmatrix}\boldsymbol{X}\begin{pmatrix}0&1&0\\1&0&0\\0&0&1\end{pmatrix}=\begin{pmatrix}2&-1&1\\0&1&-3\\-1&1&2\end{pmatrix}$.

36. 已知矩阵 $\boldsymbol{X}$ 满足 $\boldsymbol{AXA}+\boldsymbol{BXB}=\boldsymbol{AXB}+\boldsymbol{BXA}+\boldsymbol{E}$，其中

$$\boldsymbol{A}=\begin{pmatrix}1&0&0\\1&1&0\\1&1&1\end{pmatrix},\quad \boldsymbol{B}=\begin{pmatrix}0&1&1\\1&0&1\\1&1&0\end{pmatrix},$$

求 $\boldsymbol{X}$.

37. 设 $\boldsymbol{A}$ 和 $\boldsymbol{B}$ 是 n 阶方阵且满足 $\boldsymbol{A}+\boldsymbol{B}=\boldsymbol{AB}$.

(1) 证明 $\boldsymbol{A}-\boldsymbol{E}$ 可逆；

(2) 等式 $\boldsymbol{AB}=\boldsymbol{BA}$ 是否成立，为什么？

(3) 若 $\boldsymbol{B}=\begin{pmatrix}1&-3&0\\2&1&0\\0&0&2\end{pmatrix}$，试计算矩阵 $\boldsymbol{A}$.

38. 设 $\boldsymbol{A}=\begin{pmatrix}1&2&-2\\4&t&3\\3&-1&1\end{pmatrix}$，$\boldsymbol{B}$ 为三阶非零矩阵，且 $\boldsymbol{AB}=\boldsymbol{0}$，求 t 的值.

39. 设 $\boldsymbol{A}$ 是 4×3 矩阵，且 $R(\boldsymbol{A})=2$，而 $\boldsymbol{B}=\begin{pmatrix}1&0&2\\0&2&0\\-1&0&3\end{pmatrix}$，求 $R(\boldsymbol{AB})$.

40. 设 n 阶方阵 $\boldsymbol{A}_1$ 和 m 阶方阵 $\boldsymbol{A}_2$ 均可逆，对任意的 $m\times n$ 型矩阵 $\boldsymbol{C}$，求

$$\begin{pmatrix}\boldsymbol{A}_1&\boldsymbol{0}\\\boldsymbol{C}&\boldsymbol{A}_2\end{pmatrix}^{-1}.$$

41. 设 $\boldsymbol{A}_1$ 是 n 阶方阵且 $\boldsymbol{A}_2$ 是 m 阶方阵，对任意的 $m\times n$ 型矩阵 $\boldsymbol{C}$，证明

$$\begin{vmatrix}\boldsymbol{A}_1&\boldsymbol{0}\\\boldsymbol{C}&\boldsymbol{A}_2\end{vmatrix}=|\boldsymbol{A}_1|\cdot|\boldsymbol{A}_2|.$$

第3章 向量空间

与矩阵一样,向量也是重要的数学工具之一.

借助于线性方程组可以讨论向量的有关内容,而有了向量知识后又可以更深入地讨论线性方程组的解与解之间的关系.实际上,向量空间的理论起源于对线性方程组解的研究.同时,向量与矩阵之间有联系也有区别.

本章在向量的线性运算基础之上,讨论了向量组的线性相关性,得出向量空间,并利用向量空间得出线性方程组的结构解.向量空间是一种特殊的线性空间,而线性空间是线性代数研究的主要对象.最后简单讨论线性空间和线性变换的概念.

3.1 向量及其线性运算

所谓向量空间,简单讲就是在向量之间定义了向量的线性运算所构成的一种代数,又称为向量代数.

3.1.1 向量的概念

在中学,将既有大小又有方向的量称为向量,如力、速度、加速度等.通常用一条有向线段表示向量,有向线段的长度表示向量的大小,有向线段的方向表示向量的方向.表示向量时,用黑斜体的英文字母 $\boldsymbol{a},\boldsymbol{b},\boldsymbol{c},\boldsymbol{v}$ 或希腊字母 $\boldsymbol{\alpha},\boldsymbol{\beta},\boldsymbol{\xi},\boldsymbol{\eta}$ 等表示(或带下标),若不用黑体,可以在英文或希腊字母上加一个箭头表示,如 $\vec{a},\vec{b},\vec{\alpha},\vec{\beta}$ 等.

虽然在实际问题中,有些向量如一个拉动物体的力,与该力的作用点即向量的起点有关,有些向量与其起点无关.我们只讨论与起点无关的向量.

当建立了平面坐标系以后,该平面内的向量的起点可以认为均在平面坐标原点,于是可以用该向量的终点坐标表示该向量,见图 3.1.在空间坐标系中也类似处理,见图 3.2.

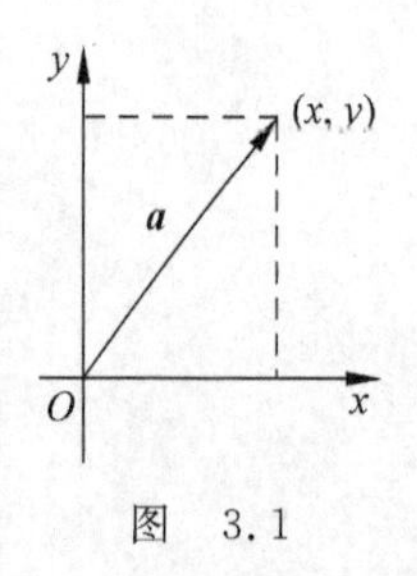

图 3.1

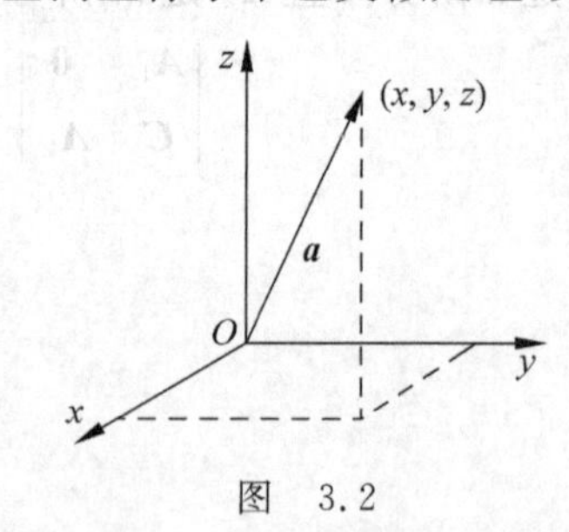

图 3.2

空间中的向量(x,y,z)，它是三个数x,y,z按一定顺序的一个排列，分别表示该向量终点的横坐标、纵坐标和竖坐标. 很多实际问题还会遇到将更多的数进行排列，如机器人的手臂运动指令以及计算机图形图像处理等. 实际上，对于含n个未知量$x_1,x_2,\cdots,x_n$的n元线性方程组，其一个解可以按$x_1,x_2,\cdots,x_n$的顺序依次表示出来.

定义 3.1　将m个数$a_1,a_2,\cdots,a_m$按一定顺序排列所得到的数列称为***m*** **维向量**（*m*-dimensional vector）或**矢量**，表示为

$$(a_1,a_2,\cdots,a_m) \quad 或 \quad \begin{pmatrix} a_1 \\ a_2 \\ \vdots \\ a_m \end{pmatrix},$$

其中$a_i(i=1,2,\cdots,m)$称为是该向量的第i个**分量**（component）或**坐标**（coordinate）.

当$m=1,2,3$时，m维向量都有较直观的几何背景，分别表示起点在原点的数轴、平面和空间上的向量，这是学习向量时的一个优势. 当$m\geqslant 4$时，m维向量没有直观的几何解释，但却有着更重要的应用价值. 将m个任意元素，不一定是数，按一定顺序排列所得到的数组，就是m元组的概念，它在计算机科学中更是经常用到[10].

能进行“向量处理”的计算机称为向量计算机，它是一种超越冯·诺伊曼（von Neumann）结构的新型计算机.

根据矩阵的定义知，$(a_1,a_2,\cdots,a_m)$和$\begin{pmatrix} a_1 \\ a_2 \\ \vdots \\ a_m \end{pmatrix}$是矩阵，不过看作矩阵它们是不相同的，但作为向量这两种表示方式**是相同的**. 为了方便，可分别将$(a_1,a_2,\cdots,a_m)$和$\begin{pmatrix} a_1 \\ a_2 \\ \vdots \\ a_m \end{pmatrix}$称为**行向量**和**列向量**. 于是，由一个$m\times n$矩阵$\mathbf{A}=(a_{ij})_{m\times n}$可以得到$m$个行向量和$n$个列向量.

为了讨论的方便，在没有特殊说明的情况下，今后采用列向量$\begin{pmatrix} a_1 \\ a_2 \\ \vdots \\ a_m \end{pmatrix}$方式表示向量.

显然，

$$\begin{pmatrix} a_1 \\ a_2 \\ \vdots \\ a_m \end{pmatrix} = (a_1,a_2,\cdots,a_m)^{\mathrm{T}},$$

其中“T”表示将向量$(a_1,a_2,\cdots,a_m)$进行**转置**(transpose),即将行向量转化为列向量,也可以用“′”表示转置.当然,列向量的转置为行向量.这一点与矩阵是一致的.

每个分量均为实数的向量称为**实向量**(real vector),每个分量均为复数的向量称为**复向量**(complex vector).

在今后的讨论中,若无特别说明,所涉及的向量为实向量.所有 m 维实向量组成的集合用$\mathbb{R}^m$ 表示,其中$\mathbb{R}$ 表示实数集合.

线性方程组 $\boldsymbol{A}_{m\times n}\boldsymbol{x}=\boldsymbol{b}$ 的一个解,写成

$$\begin{pmatrix} x_1 \\ x_2 \\ \vdots \\ x_n \end{pmatrix},$$

称为线性方程组 $\boldsymbol{A}_{m\times n}\boldsymbol{x}=\boldsymbol{b}$ 的一个**解向量**(solution vector).

先介绍3个概念.

1. 两个 m 维**向量相等**(equal vectors)当且仅当其对应的分量分别相等,即

$$\begin{pmatrix} a_1 \\ a_2 \\ \vdots \\ a_m \end{pmatrix} = \begin{pmatrix} b_1 \\ b_2 \\ \vdots \\ b_m \end{pmatrix} \quad \text{当且仅当 } a_i = b_i, i = 1,2,\cdots,m.$$

注意,两个维数不同的向量一定不等.

2. 分量全为0的 m 维向量称为 m 维**零向量**(zero vector),记为$\mathbf{0}$.当然有不同的零向量,并注意实数0与向量$\mathbf{0}$的区别.

3. 对于$\boldsymbol{\alpha}=\begin{pmatrix} a_1 \\ a_2 \\ \vdots \\ a_m \end{pmatrix}$,称$\begin{pmatrix} -a_1 \\ -a_2 \\ \vdots \\ -a_m \end{pmatrix}$为$\boldsymbol{\alpha}$ 的**负向量**(negative vector),记为$-\boldsymbol{\alpha}$.

3.1.2 向量的线性运算

1. 向量的加法运算

在中学里,两个向量$\boldsymbol{\alpha}$ 和$\boldsymbol{\beta}$ 可以使用三角形法则或平行四边形法则相加,这早在公元前350年左右 Aristotle 就知道了,见图3.3(a)和(b).

当建立空间直角坐标系后,将向量$\boldsymbol{\alpha}$ 表示为$(a_1,a_2,a_3)^{\mathrm{T}}$,向量$\boldsymbol{\beta}$ 表示为$(b_1,b_2,b_3)^{\mathrm{T}}$ 时,很容易知道$\boldsymbol{\alpha}+\boldsymbol{\beta}=(a_1+b_1,a_2+b_2,a_3+b_3)^{\mathrm{T}}$.一般地,两个向量$\boldsymbol{\alpha}$ 和$\boldsymbol{\beta}$ 之和定义如下.

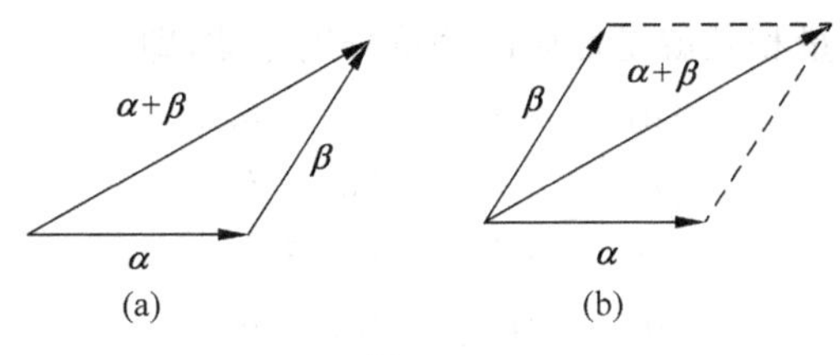

图 3.3

定义 3.2 设$\boldsymbol{\alpha}=\begin{pmatrix}a_1\\a_2\\\vdots\\a_m\end{pmatrix}$和$\boldsymbol{\beta}=\begin{pmatrix}b_1\\b_2\\\vdots\\b_m\end{pmatrix}$是两个 m 维向量，则$\boldsymbol{\alpha}$和$\boldsymbol{\beta}$对应分量之和构成的 m 维向量$\begin{pmatrix}a_1+b_1\\a_2+b_2\\\vdots\\a_m+b_m\end{pmatrix}$称为**向量$\boldsymbol{\alpha}$和$\boldsymbol{\beta}$的和**(addition of $\boldsymbol{\alpha}$ and $\boldsymbol{\beta}$)，记为$\boldsymbol{\alpha}+\boldsymbol{\beta}$.

在平面直角坐标系中，两个向量$\boldsymbol{\alpha}=(1,2)$和$\boldsymbol{\beta}=(2,1)$，则$\boldsymbol{\alpha}+\boldsymbol{\beta}=(3,3)$，如图 3.4(a)，这与用三角形法则或平行四边形法则得出的结果是一致的.

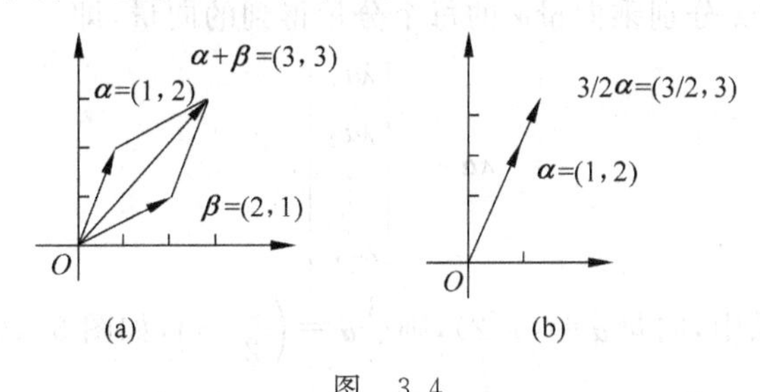

图 3.4

又如$\begin{pmatrix}-2\\3\\1\\0\end{pmatrix}+\begin{pmatrix}1\\4\\-1\\3\end{pmatrix}=\begin{pmatrix}-2+1\\3+4\\1+(-1)\\0+3\end{pmatrix}=\begin{pmatrix}-1\\7\\0\\3\end{pmatrix}$. 请注意，只有维数相同的两个向量才能相加.

显然，向量的加法运算满足下列运算性质. 对于任意$\boldsymbol{\alpha},\boldsymbol{\beta},\boldsymbol{\gamma}\in\mathbb{R}^m$，有：

(1) $\boldsymbol{\alpha}+\boldsymbol{\beta}=\boldsymbol{\beta}+\boldsymbol{\alpha}$.(加法交换律)

(2) $(\boldsymbol{\alpha}+\boldsymbol{\beta})+\boldsymbol{\gamma}=\boldsymbol{\alpha}+(\boldsymbol{\beta}+\boldsymbol{\gamma})$.(加法结合律)

(3) $\boldsymbol{\alpha}+\mathbf{0}=\boldsymbol{\alpha}$.(加法单位元)

(4) $\boldsymbol{\alpha}+(-\boldsymbol{\alpha})=\mathbf{0}$.(加法逆元)

为了方便，将$\boldsymbol{\alpha}+(-\boldsymbol{\beta})$记为$\boldsymbol{\alpha}-\boldsymbol{\beta}$，称为**向量$\boldsymbol{\alpha}$和$\boldsymbol{\beta}$的差**(subtraction of $\boldsymbol{\alpha}$ and $\boldsymbol{\beta}$)，它是

向量的减法运算.两个向量相减就是对应的分量分别相减,即

$$\begin{pmatrix}a_1\\a_2\\\vdots\\a_m\end{pmatrix}-\begin{pmatrix}b_1\\b_2\\\vdots\\b_m\end{pmatrix}=\begin{pmatrix}a_1-b_1\\a_2-b_2\\\vdots\\a_m-b_m\end{pmatrix}.$$

2. 向量的数乘运算

向量$\boldsymbol{\alpha}$和数λ的数乘$\lambda\boldsymbol{\alpha}$是一个向量,其大小为$|\lambda|$与向量$\boldsymbol{\alpha}$的大小的乘积,其方向当$\lambda>0$时与$\boldsymbol{\alpha}$相同,当$\lambda<0$时与$\boldsymbol{\alpha}$相反,当$\lambda=0$时$\lambda\boldsymbol{\alpha}$是零向量,这时其方向可以是任意的.

在空间直角坐标系下,当将向量$\boldsymbol{\alpha}$表示为$\begin{pmatrix}a_1\\a_2\\a_3\end{pmatrix}$时,有$\lambda\boldsymbol{\alpha}=\begin{pmatrix}\lambda a_1\\\lambda a_2\\\lambda a_3\end{pmatrix}$.一般地,有下面的定义.

定义 3.3 设$\boldsymbol{\alpha}=\begin{pmatrix}a_1\\a_2\\\vdots\\a_m\end{pmatrix}$,对于数$\lambda$,向量$\boldsymbol{\alpha}$**和数$\lambda$的数乘**$\lambda\boldsymbol{\alpha}$(multiplication of a vector $\boldsymbol{\alpha}$ by a number λ)是用数λ分别乘向量$\boldsymbol{\alpha}$的每个分量得到的向量,即

$$\lambda\boldsymbol{\alpha}=\begin{pmatrix}\lambda a_1\\\lambda a_2\\\vdots\\\lambda a_m\end{pmatrix}.$$

在平面直角坐标系中,向量$\boldsymbol{\alpha}=(1,2)$,则$\frac{3}{2}\boldsymbol{\alpha}=\left(\frac{3}{2},3\right)$,如图 3.4(b).又如

$$3\begin{pmatrix}1\\0\\3\\6\end{pmatrix}=\begin{pmatrix}3\times1\\3\times0\\3\times3\\3\times6\end{pmatrix}=\begin{pmatrix}3\\0\\9\\18\end{pmatrix},\quad -2\begin{pmatrix}3\\2\\1\\-3\end{pmatrix}=\begin{pmatrix}-2\times3\\-2\times2\\-2\times1\\-2\times(-3)\end{pmatrix}=\begin{pmatrix}-6\\-4\\-2\\6\end{pmatrix}.$$

显然,对于任意向量$\boldsymbol{\alpha}$,有$-1\boldsymbol{\alpha}=-\boldsymbol{\alpha}$,$0\boldsymbol{\alpha}=\mathbf{0}$且满足下列运算性质.对于任意$\boldsymbol{\alpha},\boldsymbol{\beta}\in\mathbb{R}^m$,$\lambda,\mu\in\mathbb{R}$,有:

(5) $1\boldsymbol{\alpha}=\boldsymbol{\alpha}$.

(6) $(\lambda\mu)\boldsymbol{\alpha}=\lambda(\mu\boldsymbol{\alpha})$.

(7) $(\lambda+\mu)\boldsymbol{\alpha}=\lambda\boldsymbol{\alpha}+\mu\boldsymbol{\alpha}$.

(8) $\lambda(\boldsymbol{\alpha}+\boldsymbol{\beta})=\lambda\boldsymbol{\alpha}+\lambda\boldsymbol{\beta}$.

上面的向量的线性运算性质(1)～(8)是按线性空间所满足的条件列举的,参见定义 3.13.

例 3.1 设$\boldsymbol{\alpha}_1=\begin{pmatrix}2\\5\\1\\3\end{pmatrix}$,$\boldsymbol{\alpha}_2=\begin{pmatrix}10\\1\\5\\10\end{pmatrix}$,$\boldsymbol{\alpha}_3=\begin{pmatrix}4\\1\\-1\\1\end{pmatrix}$,计算 $3\boldsymbol{\alpha}_1+2\boldsymbol{\alpha}_2-5\boldsymbol{\alpha}_3$.

解 $3\boldsymbol{\alpha}_1+2\boldsymbol{\alpha}_2-5\boldsymbol{\alpha}_3=3\begin{pmatrix}2\\5\\1\\3\end{pmatrix}+2\begin{pmatrix}10\\1\\5\\10\end{pmatrix}-5\begin{pmatrix}4\\1\\-1\\1\end{pmatrix}=\begin{pmatrix}6\\15\\3\\9\end{pmatrix}+\begin{pmatrix}20\\2\\10\\20\end{pmatrix}-\begin{pmatrix}20\\5\\-5\\5\end{pmatrix}=\begin{pmatrix}6\\12\\8\\24\end{pmatrix}$.

由于$\boldsymbol{\alpha}+\boldsymbol{\beta}=\boldsymbol{\beta}+\boldsymbol{\alpha}$及$\boldsymbol{\alpha}+(-\boldsymbol{\alpha})=\mathbf{0}$,所以在进行向量的线性运算时可以移项.

例 3.2 设$\boldsymbol{\alpha}=\begin{pmatrix}4\\7\\-3\\2\end{pmatrix}$,$\boldsymbol{\beta}=\begin{pmatrix}11\\-12\\8\\58\end{pmatrix}$,求向量$\boldsymbol{\gamma}$使其满足$3\boldsymbol{\gamma}-2\boldsymbol{\alpha}=2(\boldsymbol{\beta}-\boldsymbol{\gamma})$.

解 由于$3\boldsymbol{\gamma}-2\boldsymbol{\alpha}=2(\boldsymbol{\beta}-\boldsymbol{\gamma})$,于是$3\boldsymbol{\gamma}-2\boldsymbol{\alpha}=2\boldsymbol{\beta}-2\boldsymbol{\gamma}$,因此$3\boldsymbol{\gamma}+2\boldsymbol{\gamma}=2\boldsymbol{\alpha}+2\boldsymbol{\beta}$,即$5\boldsymbol{\gamma}=2\boldsymbol{\alpha}+2\boldsymbol{\beta}$,所以$\boldsymbol{\gamma}=\frac{1}{5}(2\boldsymbol{\alpha}+2\boldsymbol{\beta})=\frac{2}{5}(\boldsymbol{\alpha}+\boldsymbol{\beta})$. 根据已知条件有$\boldsymbol{\alpha}+\boldsymbol{\beta}=\begin{pmatrix}15\\-5\\5\\60\end{pmatrix}$,进而

$$\boldsymbol{\gamma}=\frac{2}{5}\begin{pmatrix}15\\-5\\5\\60\end{pmatrix}=\begin{pmatrix}6\\-2\\2\\24\end{pmatrix}=2\begin{pmatrix}3\\-1\\1\\12\end{pmatrix}.$$

3.2 向量组的线性相关性

向量之间的线性相关性是向量空间须讨论的重要内容.

3.2.1 向量组的概念

向量组(vector set)就是若干个(有限、无限均可)维数相同的向量构成的集合$\{\boldsymbol{\alpha}_i \mid i\in I\}$,通常用大写斜体英文字母表示,它通常是一个非空的集合.

例如，A：$\boldsymbol{\alpha}_1=\begin{pmatrix}2\\-4\\3\end{pmatrix}$，$\boldsymbol{\alpha}_2=\begin{pmatrix}-1\\5\\-2\end{pmatrix}$，$\boldsymbol{\alpha}_3=\begin{pmatrix}0\\-8\\1\end{pmatrix}$，$\boldsymbol{\alpha}_4=\begin{pmatrix}2\\3\\2\end{pmatrix}$就是由$\boldsymbol{\alpha}_1,\boldsymbol{\alpha}_2,\boldsymbol{\alpha}_3,\boldsymbol{\alpha}_4$构成的向量组，即$A=\{\boldsymbol{\alpha}_1,\boldsymbol{\alpha}_2,\boldsymbol{\alpha}_3,\boldsymbol{\alpha}_4\}$.

在下面的讨论中，将向量组$A=\{\boldsymbol{\alpha}_1,\boldsymbol{\alpha}_2,\cdots,\boldsymbol{\alpha}_n\}$同时看作是由$\boldsymbol{\alpha}_1,\boldsymbol{\alpha}_2,\cdots,\boldsymbol{\alpha}_n$依次作为列向量构成的矩阵，即$\boldsymbol{A}=(\boldsymbol{\alpha}_1,\boldsymbol{\alpha}_2,\cdots,\boldsymbol{\alpha}_n)$. 在前面的例子中有

$$\boldsymbol{A}=\begin{pmatrix}2&-1&0&2\\-4&5&-8&3\\3&-2&1&2\end{pmatrix}.$$

对于给定的向量组，向量之间的线性相关性是至关重要的. 借助于向量的线性运算，就可以讨论向量之间的这种线性相关性.

3.2.2 向量组的线性组合

在平面坐标系中，给定两个向量$\boldsymbol{\alpha}=\begin{pmatrix}a_1\\a_2\end{pmatrix}$，$\boldsymbol{\beta}=\begin{pmatrix}b_1\\b_2\end{pmatrix}$，$\boldsymbol{\alpha}$和$\boldsymbol{\beta}$的关系有两种：

(1) 共线　例如$\boldsymbol{\alpha}=\begin{pmatrix}-1\\2\end{pmatrix}$，$\boldsymbol{\beta}=\begin{pmatrix}-3\\6\end{pmatrix}$. 在这种情况下，必存在常数$k=3$使得$\boldsymbol{\beta}=k\boldsymbol{\alpha}=3\boldsymbol{\alpha}$.

(2) 不共线　例如$\boldsymbol{\alpha}=\begin{pmatrix}2\\-1\end{pmatrix}$，$\boldsymbol{\beta}=\begin{pmatrix}2\\2\end{pmatrix}$. 在这种情况下，对于任意向量$\boldsymbol{\gamma}=\begin{pmatrix}c_1\\c_2\end{pmatrix}$，根据平行四边形法则知，必存在常数$k_1$和$k_2$使得$\boldsymbol{\gamma}=k_1\boldsymbol{\alpha}+k_2\boldsymbol{\beta}$. 如对于$\boldsymbol{\gamma}=\begin{pmatrix}-1\\2\end{pmatrix}$，有$\boldsymbol{\gamma}=-\boldsymbol{\alpha}+\frac{1}{2}\boldsymbol{\beta}$.

对于$\boldsymbol{\beta}=k\boldsymbol{\alpha}$，称$\boldsymbol{\beta}$是$\boldsymbol{\alpha}$的线性组合. 对于$\boldsymbol{\gamma}=k_1\boldsymbol{\alpha}+k_2\boldsymbol{\beta}$，称$\boldsymbol{\gamma}$是$\boldsymbol{\alpha}$和$\boldsymbol{\beta}$的线性组合. 一般地，有下面的定义.

定义 3.4　设$\boldsymbol{\alpha}_1,\boldsymbol{\alpha}_2,\cdots,\boldsymbol{\alpha}_n$是向量组，对于向量$\boldsymbol{\beta}$，若存在常数$k_1,k_2,\cdots,k_n$，使得

$$\boldsymbol{\beta}=k_1\boldsymbol{\alpha}_1+k_2\boldsymbol{\alpha}_2+\cdots+k_n\boldsymbol{\alpha}_n$$

成立，则称$\boldsymbol{\beta}$是向量组$\boldsymbol{\alpha}_1,\boldsymbol{\alpha}_2,\cdots,\boldsymbol{\alpha}_n$的**线性组合**(linear combination)，或称向量$\boldsymbol{\beta}$可由向量组$\boldsymbol{\alpha}_1,\boldsymbol{\alpha}_2,\cdots,\boldsymbol{\alpha}_n$ **线性表示**(linear expression)，这时$k_1\boldsymbol{\alpha}_1+k_2\boldsymbol{\alpha}_2+\cdots+k_n\boldsymbol{\alpha}_n$是向量组$\boldsymbol{\alpha}_1,\boldsymbol{\alpha}_2,\cdots,\boldsymbol{\alpha}_n$的一个线性组合.

之所以称$k_1\boldsymbol{\alpha}_1+k_2\boldsymbol{\alpha}_2+\cdots+k_n\boldsymbol{\alpha}_n$为线性组合，是因为其中涉及的运算仅是线性运算，即数乘运算和加法运算.

例 3.3　设向量组$\boldsymbol{\alpha}_1=\begin{pmatrix}2\\-4\\3\end{pmatrix}$，$\boldsymbol{\alpha}_2=\begin{pmatrix}-1\\5\\-2\end{pmatrix}$，$\boldsymbol{\alpha}_3=\begin{pmatrix}0\\-8\\1\end{pmatrix}$，$\boldsymbol{\alpha}_4=\begin{pmatrix}2\\3\\2\end{pmatrix}$，证明$\boldsymbol{\beta}=\begin{pmatrix}-1\\5\\-2\end{pmatrix}$可由$\boldsymbol{\alpha}_1$，

$\boldsymbol{\alpha}_2, \boldsymbol{\alpha}_3, \boldsymbol{\alpha}_4$ 线性表示.

证 设$\boldsymbol{\beta}=k_1\boldsymbol{\alpha}_1+k_2\boldsymbol{\alpha}_2+k_3\boldsymbol{\alpha}_3+k_4\boldsymbol{\alpha}_4$,即

$$\begin{pmatrix}-1\\5\\-2\end{pmatrix}=k_1\begin{pmatrix}2\\-4\\3\end{pmatrix}+k_2\begin{pmatrix}-1\\5\\-2\end{pmatrix}+k_3\begin{pmatrix}0\\-8\\1\end{pmatrix}+k_4\begin{pmatrix}2\\3\\2\end{pmatrix},$$

于是得线性方程组

$$\begin{cases}2k_1-k_2+2k_4=-1,\\-4k_1+5k_2-8k_3+3k_4=5,\\3k_1-2k_2+k_3+2k_4=-2,\end{cases}\tag{3.1}$$

其增广矩阵的行阶梯形矩阵为

$$\begin{pmatrix}2&-1&0&2&-1\\-4&5&-8&3&5\\3&-2&1&2&-2\end{pmatrix}\xrightarrow[-1r_1+r_3]{2r_1+r_2}\begin{pmatrix}2&-1&0&2&-1\\0&3&-8&7&3\\1&-1&1&0&-1\end{pmatrix}$$

$$\xrightarrow{r_1\leftrightarrow r_3}\begin{pmatrix}1&-1&1&0&-1\\0&3&-8&7&3\\2&-1&0&2&-1\end{pmatrix}\xrightarrow{-2r_1+r_3}\begin{pmatrix}1&-1&1&0&-1\\0&3&-8&7&3\\0&1&-2&2&1\end{pmatrix}$$

$$\xrightarrow{r_2\leftrightarrow r_3}\begin{pmatrix}1&-1&1&0&-1\\0&1&-2&2&1\\0&3&-8&7&3\end{pmatrix}\xrightarrow{-3r_2+r_3}\begin{pmatrix}1&-1&1&0&-1\\0&1&-2&2&1\\0&0&-2&1&0\end{pmatrix}.$$

由于$R(\boldsymbol{A})=R(\boldsymbol{B})=3$,所以线性方程组(3.1)有解,即存在常数$k_1,k_2,k_3,k_4$,使得$\boldsymbol{\beta}=k_1\boldsymbol{\alpha}_1+k_2\boldsymbol{\alpha}_2+k_3\boldsymbol{\alpha}_3+k_4\boldsymbol{\alpha}_4$ 成立,结论得证.

从例1.7可知,这样的常数k_1,k_2,k_3,k_4有无限多个,例如$\begin{pmatrix}k_1\\k_2\\k_3\\k_4\end{pmatrix}=\begin{pmatrix}0\\1\\0\\0\end{pmatrix}$,即$\boldsymbol{\beta}=0\boldsymbol{\alpha}_1+1\boldsymbol{\alpha}_2+0\boldsymbol{\alpha}_3+0\boldsymbol{\alpha}_4$,不过这一点直接从题目上看是显然的.

注意到,在上例中将$\boldsymbol{\beta}$表示为$\boldsymbol{\alpha}_1,\boldsymbol{\alpha}_2,\boldsymbol{\alpha}_3,\boldsymbol{\alpha}_4$的线性组合,其形式不唯一,例如$\boldsymbol{\beta}=-\frac{3}{2}\boldsymbol{\alpha}_1+0\boldsymbol{\alpha}_2+\frac{1}{2}\boldsymbol{\alpha}_3+1\boldsymbol{\alpha}_4$.

由上例可知,向量$\boldsymbol{\beta}$可由向量组$\boldsymbol{\alpha}_1,\boldsymbol{\alpha}_2,\cdots,\boldsymbol{\alpha}_n$线性表示的充要条件是$n$元线性方程组

$$\boldsymbol{\beta}=k_1\boldsymbol{\alpha}_1+k_2\boldsymbol{\alpha}_2+\cdots+k_n\boldsymbol{\alpha}_n$$

有解.

3.2.3 向量组的线性相关与线性无关

下面从另外一个角度讨论线性组合的问题. 若两个向量$\boldsymbol{\alpha}$和$\boldsymbol{\beta}$共线,如$\boldsymbol{\alpha}=\begin{pmatrix}-1\\2\end{pmatrix}$,$\boldsymbol{\beta}=\begin{pmatrix}-3\\6\end{pmatrix}$,由于$\boldsymbol{\beta}=3\boldsymbol{\alpha}$,可改写为$3\boldsymbol{\alpha}+(-1)\boldsymbol{\beta}=\boldsymbol{0}$,这时称向量组$\boldsymbol{\alpha}$和$\boldsymbol{\beta}$线性相关. 若三个向量$\boldsymbol{\alpha}$,$\boldsymbol{\beta}$和$\boldsymbol{\gamma}$共面,如$\boldsymbol{\alpha}=\begin{pmatrix}-1\\2\end{pmatrix}$,$\boldsymbol{\beta}=\begin{pmatrix}-3\\6\end{pmatrix}$,$\boldsymbol{\gamma}=\begin{pmatrix}-1/2\\1\end{pmatrix}$,由于$\boldsymbol{\gamma}=-\boldsymbol{\alpha}+\frac{1}{2}\boldsymbol{\beta}$,可改写为$-1\boldsymbol{\alpha}+\frac{1}{2}\boldsymbol{\beta}+(-1)\boldsymbol{\gamma}=\boldsymbol{0}$,这时称向量组$\boldsymbol{\alpha}$,$\boldsymbol{\beta}$和$\boldsymbol{\gamma}$线性相关. 将"共线"和"共面"的概念推广,有下面的定义.

定义 3.5 设$\boldsymbol{\alpha}_1,\boldsymbol{\alpha}_2,\cdots,\boldsymbol{\alpha}_n$是向量组,若存在一组不全为0的数$k_1,k_2,\cdots,k_n$,使得

$$k_1\boldsymbol{\alpha}_1+k_2\boldsymbol{\alpha}_2+\cdots+k_n\boldsymbol{\alpha}_n=\boldsymbol{0}$$

成立,则称向量组$\boldsymbol{\alpha}_1,\boldsymbol{\alpha}_2,\cdots,\boldsymbol{\alpha}_n$ **线性相关**(linearly dependent).

由定义易知,若向量组$\boldsymbol{\alpha}_1,\boldsymbol{\alpha}_2,\cdots,\boldsymbol{\alpha}_n$中有零向量,则$\boldsymbol{\alpha}_1,\boldsymbol{\alpha}_2,\cdots,\boldsymbol{\alpha}_n$线性相关,因为

$$0\boldsymbol{\alpha}_1+0\boldsymbol{\alpha}_2+\cdots+k\boldsymbol{0}+\cdots+0\boldsymbol{\alpha}_n=\boldsymbol{0},\quad k\neq 0.$$

显然,向量组$\boldsymbol{\alpha}_1,\boldsymbol{\alpha}_2,\cdots,\boldsymbol{\alpha}_n$线性相关的充要条件是$n$元齐次线性方程组

$$k_1\boldsymbol{\alpha}_1+k_2\boldsymbol{\alpha}_2+\cdots+k_n\boldsymbol{\alpha}_n=\boldsymbol{0}$$

有非零解. 由于该齐次线性方程组的系数矩阵$\boldsymbol{A}$是由向量组$\boldsymbol{\alpha}_1,\boldsymbol{\alpha}_2,\cdots,\boldsymbol{\alpha}_n$作为列向量构成的,则根据定理1.2知,该齐次线性方程组有非零解的充要条件是$R(\boldsymbol{A})<n$,其中n为向量组的向量个数. 因此,下面的命题成立.

命题 3.1 向量组$\boldsymbol{\alpha}_1,\boldsymbol{\alpha}_2,\cdots,\boldsymbol{\alpha}_n$线性相关的充要条件是矩阵$\boldsymbol{A}=(\boldsymbol{\alpha}_1,\boldsymbol{\alpha}_2,\cdots,\boldsymbol{\alpha}_n)$的秩$R(\boldsymbol{A})<n$.

例 3.4 判断下列向量组是否线性相关.

$$\boldsymbol{\alpha}_1=\begin{pmatrix}2\\-1\\3\\1\end{pmatrix},\quad \boldsymbol{\alpha}_2=\begin{pmatrix}4\\-2\\5\\4\end{pmatrix},\quad \boldsymbol{\alpha}_3=\begin{pmatrix}2\\-1\\2\\3\end{pmatrix},\quad \boldsymbol{\alpha}_4=\begin{pmatrix}-3\\2\\-1\\-2\end{pmatrix}.$$

解 设$k_1\boldsymbol{\alpha}_1+k_2\boldsymbol{\alpha}_2+k_3\boldsymbol{\alpha}_3+k_4\boldsymbol{\alpha}_4=\boldsymbol{0}$,则该齐次线性方程组的系数矩阵的行阶梯形矩阵为

$$\begin{pmatrix}2&4&2&-3\\-1&-2&-1&2\\3&5&2&-1\\1&4&3&-2\end{pmatrix}\xrightarrow{r_1\leftrightarrow r_2}\begin{pmatrix}-1&-2&-1&2\\2&4&2&-3\\3&5&2&-1\\1&4&3&-2\end{pmatrix}$$

$$\xrightarrow[1r_1+r_4]{\substack{2r_1+r_2\\3r_1+r_3}} \begin{pmatrix} -1 & -2 & -1 & 2 \\ 0 & 0 & 0 & 1 \\ 0 & -1 & -1 & 5 \\ 0 & 2 & 2 & 0 \end{pmatrix} \xrightarrow[-5r_2+r_3]{-2r_2+r_1} \begin{pmatrix} -1 & -2 & -1 & 0 \\ 0 & 0 & 0 & 1 \\ 0 & -1 & -1 & 0 \\ 0 & 2 & 2 & 0 \end{pmatrix}$$

$$\xrightarrow{2r_3+r_4} \begin{pmatrix} -1 & -2 & -1 & 0 \\ 0 & 0 & 0 & 1 \\ 0 & -1 & -1 & 0 \\ 0 & 0 & 0 & 0 \end{pmatrix} \xrightarrow{r_2 \leftrightarrow r_3} \begin{pmatrix} -1 & -2 & -1 & 0 \\ 0 & -1 & -1 & 0 \\ 0 & 0 & 0 & 1 \\ 0 & 0 & 0 & 0 \end{pmatrix}.$$

由此可知 $R(\mathbf{A})=3<4$，于是齐次线性方程组 $k_1\boldsymbol{\alpha}_1+k_2\boldsymbol{\alpha}_2+k_3\boldsymbol{\alpha}_3+k_4\boldsymbol{\alpha}_4=\mathbf{0}$ 有非零解，所以向量组 $\boldsymbol{\alpha}_1,\boldsymbol{\alpha}_2,\boldsymbol{\alpha}_3,\boldsymbol{\alpha}_4$ 线性相关.

由类似的讨论可知，两个向量 $\boldsymbol{\alpha}$ 和 $\boldsymbol{\beta}$ 不共线，当且仅当若 $k_1\boldsymbol{\alpha}+k_2\boldsymbol{\beta}=\mathbf{0}$，则 $k_1=k_2=0$，这时称向量组 $\boldsymbol{\alpha}$ 和 $\boldsymbol{\beta}$ 线性无关. 三个向量 $\boldsymbol{\alpha}$，$\boldsymbol{\beta}$ 和 $\boldsymbol{\gamma}$ 不共面，当且仅当若 $k_1\boldsymbol{\alpha}+k_2\boldsymbol{\beta}+k_3\boldsymbol{\gamma}=\mathbf{0}$，则 $k_1=k_2=k_3=0$，这时称向量组 $\boldsymbol{\alpha}$，$\boldsymbol{\beta}$ 和 $\boldsymbol{\gamma}$ 线性无关. 将"不共线"和"不共面"的概念推广，有下面的定义.

定义 3.6 设 $\boldsymbol{\alpha}_1,\boldsymbol{\alpha}_2,\cdots,\boldsymbol{\alpha}_n$ 是向量组，若存在一组数 $k_1,k_2,\cdots,k_n$，使得

$$k_1\boldsymbol{\alpha}_1+k_2\boldsymbol{\alpha}_2+\cdots+k_n\boldsymbol{\alpha}_n=\mathbf{0},$$

只有在 $k_1=k_2=\cdots=k_n=0$ 时才成立，则称向量组 $\boldsymbol{\alpha}_1,\boldsymbol{\alpha}_2,\cdots,\boldsymbol{\alpha}_n$ **线性无关**(linearly independent).

显然，向量组 $\boldsymbol{\alpha}_1,\boldsymbol{\alpha}_2,\cdots,\boldsymbol{\alpha}_n$ 线性无关是指 $\boldsymbol{\alpha}_1,\boldsymbol{\alpha}_2,\cdots,\boldsymbol{\alpha}_n$ 不线性相关. 向量组 $\boldsymbol{\alpha}_1,\boldsymbol{\alpha}_2,\cdots,\boldsymbol{\alpha}_n$ 线性无关的充要条件是 n 元齐次线性方程组

$$k_1\boldsymbol{\alpha}_1+k_2\boldsymbol{\alpha}_2+\cdots+k_n\boldsymbol{\alpha}_n=\mathbf{0}$$

只有零解. 由于其系数矩阵 $\mathbf{A}$ 是由向量组 $\boldsymbol{\alpha}_1,\boldsymbol{\alpha}_2,\cdots,\boldsymbol{\alpha}_n$ 作为列向量构成的，根据定理 1.2 知，该齐次线性方程组只有零解的充要条件是 $R(\mathbf{A})=n$，其中 n 为向量组的向量个数，即有下面的结论.

命题 3.2 向量组 $\boldsymbol{\alpha}_1,\boldsymbol{\alpha}_2,\cdots,\boldsymbol{\alpha}_n$ 线性无关的充要条件是矩阵 $\mathbf{A}=(\boldsymbol{\alpha}_1,\boldsymbol{\alpha}_2,\cdots,\boldsymbol{\alpha}_n)$ 的秩 $R(\mathbf{A})=n$.

上述命题是命题 3.1 的逆否命题. 根据该命题 3.2 知，向量组

$$\boldsymbol{\varepsilon}_1=\begin{pmatrix}1\\0\\\vdots\\0\end{pmatrix},\quad \boldsymbol{\varepsilon}_2=\begin{pmatrix}0\\1\\\vdots\\0\end{pmatrix},\quad \cdots,\quad \boldsymbol{\varepsilon}_m=\begin{pmatrix}0\\0\\\vdots\\1\end{pmatrix}$$

是线性无关的，称 $\boldsymbol{\varepsilon}_1,\boldsymbol{\varepsilon}_2,\cdots,\boldsymbol{\varepsilon}_m$ 为 m **维标准单位坐标向量**.

再看一个例子.

例 3.5 证明下列向量组是线性无关的：

$$\boldsymbol{\alpha}_1=\begin{pmatrix}1\\-2\\0\\3\end{pmatrix},\quad \boldsymbol{\alpha}_2=\begin{pmatrix}2\\5\\-1\\10\end{pmatrix},\quad \boldsymbol{\alpha}_3=\begin{pmatrix}3\\4\\1\\2\end{pmatrix}.$$

解 设 $k_1\boldsymbol{\alpha}_1+k_2\boldsymbol{\alpha}_2+k_3\boldsymbol{\alpha}_3=\mathbf{0}$，则该齐次线性方程组的系数矩阵的行阶梯形矩阵为

$$\begin{pmatrix}1&2&3\\-2&5&4\\0&-1&1\\3&10&2\end{pmatrix}\xrightarrow[-3r_1+r_4]{2r_1+r_2}\begin{pmatrix}1&2&3\\0&9&10\\0&-1&1\\0&4&-7\end{pmatrix}\xrightarrow{r_2\leftrightarrow r_3}\begin{pmatrix}1&2&3\\0&-1&1\\0&9&10\\0&4&-7\end{pmatrix}$$

$$\xrightarrow[4r_2+r_4]{9r_2+r_3}\begin{pmatrix}1&2&3\\0&-1&1\\0&0&19\\0&0&-3\end{pmatrix}\xrightarrow[-\frac{1}{3}r_4]{\frac{1}{19}r_3}\begin{pmatrix}1&2&3\\0&-1&1\\0&0&1\\0&0&1\end{pmatrix}\xrightarrow{-1r_3+r_4}\begin{pmatrix}1&2&3\\0&-1&1\\0&0&1\\0&0&0\end{pmatrix}.$$

由此可知 $R(\mathbf{A})=3$，于是齐次线性方程组 $k_1\boldsymbol{\alpha}_1+k_2\boldsymbol{\alpha}_2+k_3\boldsymbol{\alpha}_3=\mathbf{0}$ 只有零解，所以向量组 $\boldsymbol{\alpha}_1,\boldsymbol{\alpha}_2,\boldsymbol{\alpha}_3$ 线性无关.

下面讨论，线性相关与线性组合之间的联系.

根据定义，一个向量 $\boldsymbol{\alpha}$ 线性相关，是指存在不为 0 的常数 k，使得 $k\boldsymbol{\alpha}=\mathbf{0}$，进而 $\boldsymbol{\alpha}=\mathbf{0}$. 若 $\boldsymbol{\alpha}=\mathbf{0}$，显然向量 $\boldsymbol{\alpha}$ 线性相关. 于是一个向量 $\boldsymbol{\alpha}$ 线性相关当且仅当 $\boldsymbol{\alpha}=\mathbf{0}$.

定理 3.1 设 $\boldsymbol{\alpha}_1,\boldsymbol{\alpha}_2,\cdots,\boldsymbol{\alpha}_n(n\geqslant 2)$ 是向量组，则 $\boldsymbol{\alpha}_1,\boldsymbol{\alpha}_2,\cdots,\boldsymbol{\alpha}_n$ 线性相关的充要条件是其中必有一个向量可由其余向量线性表示.

证 ($\Rightarrow$) 由于向量组 $\boldsymbol{\alpha}_1,\boldsymbol{\alpha}_2,\cdots,\boldsymbol{\alpha}_n$ 线性相关，根据定义知，存在一组不全为 0 的数 $k_1,k_2,\cdots,k_n$，使得 $k_1\boldsymbol{\alpha}_1+k_2\boldsymbol{\alpha}_2+\cdots+k_n\boldsymbol{\alpha}_n=\mathbf{0}$. 不妨设 $k_n\neq 0$. 由于 $k_n\boldsymbol{\alpha}_n=-k_1\boldsymbol{\alpha}_1-k_2\boldsymbol{\alpha}_2-\cdots-k_{n-1}\boldsymbol{\alpha}_{n-1}$，所以 $\boldsymbol{\alpha}_n=-\frac{k_1}{k_n}\boldsymbol{\alpha}_1-\frac{k_2}{k_n}\boldsymbol{\alpha}_2-\cdots-\frac{k_{n-1}}{k_n}\boldsymbol{\alpha}_{n-1}$.

($\Leftarrow$) 假设向量 $\boldsymbol{\alpha}_n$ 可由其余向量 $\boldsymbol{\alpha}_1,\boldsymbol{\alpha}_2,\cdots,\boldsymbol{\alpha}_{n-1}$ 线性表示，则存在常数 $k_1,k_2,\cdots,k_{n-1}$，使得 $\boldsymbol{\alpha}_n=k_1\boldsymbol{\alpha}_1+k_2\boldsymbol{\alpha}_2+\cdots+k_{n-1}\boldsymbol{\alpha}_{n-1}$，于是

$$k_1\boldsymbol{\alpha}_1+k_2\boldsymbol{\alpha}_2+\cdots+k_{n-1}\boldsymbol{\alpha}_{n-1}+(-1)\boldsymbol{\alpha}_n=\mathbf{0}.$$

由于 $-1\neq 0$，所以 $\boldsymbol{\alpha}_1,\boldsymbol{\alpha}_2,\cdots,\boldsymbol{\alpha}_n$ 线性相关.

根据定理 3.1，若两个向量 $\boldsymbol{\alpha}$ 和 $\boldsymbol{\beta}$ 线性相关，则必有一个向量可由另一个向量线性表示. 不妨设 $\boldsymbol{\beta}=k\boldsymbol{\alpha}$，这时 $\boldsymbol{\alpha}$ 和 $\boldsymbol{\beta}$ 对应的分量成比例. 反过来仍成立. 于是，两个向量 $\boldsymbol{\alpha}$ 和 $\boldsymbol{\beta}$ 线性相关当且仅当 $\boldsymbol{\alpha}$ 和 $\boldsymbol{\beta}$ 对应的分量成比例.

例 3.6 讨论下列向量组的线性相关性：

$$\boldsymbol{\alpha}_1=\begin{pmatrix}1\\-2\\3\\4\end{pmatrix},\quad \boldsymbol{\alpha}_2=\begin{pmatrix}-1\\0\\2\\-2\end{pmatrix},\quad \boldsymbol{\alpha}_3=\begin{pmatrix}-1\\-2\\7\\0\end{pmatrix}.$$

解 设 $k_1\boldsymbol{\alpha}_1+k_2\boldsymbol{\alpha}_2+k_3\boldsymbol{\alpha}_3=\mathbf{0}$,则该齐次线性方程组的系数矩阵的行阶梯形矩阵为

$$\begin{pmatrix}1&-1&-1\\-2&0&-2\\3&2&7\\4&-2&0\end{pmatrix}\xrightarrow[\substack{-3r_1+r_3\\-4r_1+r_4}]{2r_1+r_2}\begin{pmatrix}1&-1&-1\\0&-2&-4\\0&5&10\\0&2&4\end{pmatrix}$$

$$\xrightarrow[\substack{\frac{1}{5}r_3\\\frac{1}{2}r_4}]{-\frac{1}{2}r_2}\begin{pmatrix}1&-1&-1\\0&1&2\\0&1&2\\0&1&2\end{pmatrix}\xrightarrow[-1r_2+r_4]{-1r_2+r_3}\begin{pmatrix}1&-1&-1\\0&1&2\\0&0&0\\0&0&0\end{pmatrix}.$$

由此可知 $R(\mathbf{A})=2<3$,于是齐次线性方程组 $k_1\boldsymbol{\alpha}_1+k_2\boldsymbol{\alpha}_2+k_3\boldsymbol{\alpha}_3=\mathbf{0}$ 有非零解,所以向量组 $\boldsymbol{\alpha}_1,\boldsymbol{\alpha}_2,\boldsymbol{\alpha}_3$ 线性相关.

例 3.7 设向量组 $\boldsymbol{\alpha}_1,\boldsymbol{\alpha}_2,\boldsymbol{\alpha}_3$ 线性无关,且 $\boldsymbol{\beta}_1=\boldsymbol{\alpha}_1-\boldsymbol{\alpha}_2,\boldsymbol{\beta}_2=2\boldsymbol{\alpha}_1+\boldsymbol{\alpha}_2+3\boldsymbol{\alpha}_3,\boldsymbol{\beta}_3=3\boldsymbol{\alpha}_1+\boldsymbol{\alpha}_2+2\boldsymbol{\alpha}_3$,证明 $\boldsymbol{\beta}_1,\boldsymbol{\beta}_2,\boldsymbol{\beta}_3$ 线性无关.

证 设 $k_1\boldsymbol{\beta}_1+k_2\boldsymbol{\beta}_2+k_3\boldsymbol{\beta}_3=\mathbf{0}$,即

$$k_1(\boldsymbol{\alpha}_1-\boldsymbol{\alpha}_2)+k_2(2\boldsymbol{\alpha}_1+\boldsymbol{\alpha}_2+3\boldsymbol{\alpha}_3)+k_3(3\boldsymbol{\alpha}_1+\boldsymbol{\alpha}_2+2\boldsymbol{\alpha}_3)=\mathbf{0},$$

整理后得 $(k_1+2k_2+3k_3)\boldsymbol{\alpha}_1+(-k_1+k_2+k_3)\boldsymbol{\alpha}_2+(3k_2+2k_3)\boldsymbol{\alpha}_3=\mathbf{0}$. 由于向量组 $\boldsymbol{\alpha}_1,\boldsymbol{\alpha}_2,\boldsymbol{\alpha}_3$ 线性无关,于是

$$\begin{cases}k_1+2k_2+3k_3=0,\\-k_1+k_2+k_3=0,\\3k_2+2k_3=0,\end{cases}\tag{3.2}$$

其系数矩阵的行阶梯形矩阵为

$$\begin{pmatrix}1&2&3\\-1&1&1\\0&3&2\end{pmatrix}\xrightarrow{1r_1+r_2}\begin{pmatrix}1&2&3\\0&3&4\\0&3&2\end{pmatrix}\xrightarrow{-1r_2+r_3}\begin{pmatrix}1&2&3\\0&3&4\\0&0&-2\end{pmatrix}.$$

由于 $R(\mathbf{A})=3$,线性方程组(3.2)只有零解,即只有在 $k_1=k_2=k_3=0$ 时,$k_1\boldsymbol{\beta}_1+k_2\boldsymbol{\beta}_2+k_3\boldsymbol{\beta}_3=\mathbf{0}$ 才成立,于是 $\boldsymbol{\beta}_1,\boldsymbol{\beta}_2,\boldsymbol{\beta}_3$ 线性无关.

一个向量组的部分向量构成的向量组称为该向量组的部分组. 显然,一个向量组的某部分组线性相关,则整体仍线性相关. 例如,若 $\boldsymbol{\alpha}_1,\boldsymbol{\alpha}_2,\cdots,\boldsymbol{\alpha}_n$ 线性相关,即存在一组不全为 0 的数 $k_1,k_2,\cdots,k_n$,使得 $k_1\boldsymbol{\alpha}_1+k_2\boldsymbol{\alpha}_2+\cdots+k_n\boldsymbol{\alpha}_n=\mathbf{0}$ 成立,则 $\boldsymbol{\alpha}_1,\boldsymbol{\alpha}_2,\cdots,\boldsymbol{\alpha}_n,\boldsymbol{\alpha}_{n+1}$ 线性相关,因为 $k_1\boldsymbol{\alpha}_1+k_2\boldsymbol{\alpha}_2+\cdots+k_n\boldsymbol{\alpha}_n+0\boldsymbol{\alpha}_{n+1}=\mathbf{0}$ 成立.

再看下面的例子.

例 3.8 设维数为 m 的向量组 $\boldsymbol{\alpha}_1,\boldsymbol{\alpha}_2,\cdots,\boldsymbol{\alpha}_n$ 线性无关,则在每个向量后面任意添加第 $m+1$ 个分量所得到的向量组 $\boldsymbol{\beta}_1,\boldsymbol{\beta}_2,\cdots,\boldsymbol{\beta}_n$ 仍线性无关.

证　设向量组$\boldsymbol{\alpha}_1,\boldsymbol{\alpha}_2,\cdots,\boldsymbol{\alpha}_n$为

$$\boldsymbol{\alpha}_1=\begin{pmatrix}a_{11}\\a_{21}\\\vdots\\a_{m1}\end{pmatrix},\quad \boldsymbol{\alpha}_2=\begin{pmatrix}a_{12}\\a_{22}\\\vdots\\a_{m2}\end{pmatrix},\quad \cdots,\quad \boldsymbol{\alpha}_n=\begin{pmatrix}a_{1n}\\a_{2n}\\\vdots\\a_{mn}\end{pmatrix},$$

在每个向量后面任意添加第$m+1$个分量所得到的向量组$\boldsymbol{\beta}_1,\boldsymbol{\beta}_2,\cdots,\boldsymbol{\beta}_n$为

$$\boldsymbol{\beta}_1=\begin{pmatrix}a_{11}\\a_{21}\\\vdots\\a_{m1}\\a_{m+1,1}\end{pmatrix},\quad \boldsymbol{\beta}_2=\begin{pmatrix}a_{12}\\a_{22}\\\vdots\\a_{m2}\\a_{m+1,2}\end{pmatrix},\quad \cdots,\quad \boldsymbol{\beta}_n=\begin{pmatrix}a_{1n}\\a_{2n}\\\vdots\\a_{mn}\\a_{m+1,n}\end{pmatrix}.$$

若存在一组数$k_1,k_2,\cdots,k_n$，使得$k_1\boldsymbol{\beta}_1+k_2\boldsymbol{\beta}_2+\cdots+k_n\boldsymbol{\beta}_n=\mathbf{0}$，则

$$\begin{cases}a_{11}k_1+a_{12}k_2+\cdots+a_{1n}k_n=0,\\a_{21}k_1+a_{22}k_2+\cdots+a_{2n}k_n=0,\\\qquad\vdots\\a_{m1}k_1+a_{m2}k_2+\cdots+a_{mn}k_n=0,\\a_{m+1,1}k_1+a_{m+1,2}k_2+\cdots+a_{m+1,n}k_n=0.\end{cases}$$

其最前面的m个方程就是$k_1\boldsymbol{\alpha}_1+k_2\boldsymbol{\alpha}_2+\cdots+k_n\boldsymbol{\alpha}_n=\mathbf{0}$. 由于向量组$\boldsymbol{\alpha}_1,\boldsymbol{\alpha}_2,\cdots,\boldsymbol{\alpha}_n$线性无关，于是只有$k_1=k_2=\cdots=k_n=0$，进而向量组$\boldsymbol{\beta}_1,\boldsymbol{\beta}_2,\cdots,\boldsymbol{\beta}_n$线性无关.

可将上例中的结论推广，一是添加分量只要在同一位置即可，二是可以添加多个分量. 因此，线性无关的向量组增加分量后仍线性无关.

3.3　向量组的极大无关组

对于给定的向量组，希望找出其含向量个数最多的线性无关的部分组——极大无关组，因为所给向量组中的每个向量可由其极大无关组线性表示，进而这两个向量组等价.

3.3.1　两个向量组等价

定义 3.7　设A和B是两个向量组，若向量组B中的每个向量可由向量组A线性表示，则称**向量组B可由向量组A线性表示**(B linearly expressed by A). 若向量组A与向量组B可相互表示，则称**向量组A与向量组B等价**(equivalent vector sets).

设向量组A：$\boldsymbol{\alpha}_1,\boldsymbol{\alpha}_2,\cdots,\boldsymbol{\alpha}_m$，向量组$B$：$\boldsymbol{\beta}_1,\boldsymbol{\beta}_2,\cdots,\boldsymbol{\beta}_n$. 若向量组$B$可由向量组$A$线性表示，则下列每个线性方程组

$$\boldsymbol{\beta}_l=k_{1l}\boldsymbol{\alpha}_1+k_{2l}\boldsymbol{\alpha}_2+\cdots+k_{ml}\boldsymbol{\alpha}_m,\quad l=1,2,\cdots,n$$

都有解，设 $\boldsymbol{A}=(\boldsymbol{\alpha}_1\quad\boldsymbol{\alpha}_2\quad\cdots\quad\boldsymbol{\alpha}_m)$，$\boldsymbol{B}=(\boldsymbol{\beta}_1\quad\boldsymbol{\beta}_2\quad\cdots\quad\boldsymbol{\beta}_n)$，利用上面的等式对 $(\boldsymbol{A},\boldsymbol{B})$ 进行矩阵的初等列变换可以将其化成 $(\boldsymbol{A},\boldsymbol{0})$，进而有 $R(\boldsymbol{A})=R(\boldsymbol{A},\boldsymbol{B})$.

反过来，若 $R(\boldsymbol{A})=R(\boldsymbol{A},\boldsymbol{B})$，则向量组 B 可由向量组 A 线性表示. 于是，有下面的定理.

定理 3.2　向量组 B 可由向量组 A 线性表示的充要条件是 $R(\boldsymbol{A})=R(\boldsymbol{A},\boldsymbol{B})$.

对于矩阵方程 $\boldsymbol{AX}=\boldsymbol{B}$，例如

$$\begin{pmatrix}0&2&1\\2&2&1\\3&1&-1\end{pmatrix}\begin{pmatrix}x_{11}&x_{12}\\x_{21}&x_{22}\\x_{31}&x_{32}\end{pmatrix}=\begin{pmatrix}1&-3\\2&2\\3&-1\end{pmatrix},$$

它有解的充要条件就是向量组 $B=\{(1,2,3)^{\mathrm{T}},(-3,2,-1)^{\mathrm{T}}\}$ 可由向量组 $A=\{(0,2,3)^{\mathrm{T}},(2,2,1)^{\mathrm{T}},(1,1,-1)^{\mathrm{T}}\}$ 线性表示，即 $R(\boldsymbol{A})=R(\boldsymbol{A},\boldsymbol{B})$. 该结论推广了定理 1.1.

根据上述定理知，向量组 A 可由向量组 B 线性表示的充要条件是 $R(\boldsymbol{B})=R(\boldsymbol{B},\boldsymbol{A})$. 由于 $R(\boldsymbol{A},\boldsymbol{B})=R(\boldsymbol{B},\boldsymbol{A})$，于是有如下的推论.

推论 1　向量组 A 与向量组 B 等价的充要条件是 $R(\boldsymbol{A})=R(\boldsymbol{B})=R(\boldsymbol{A},\boldsymbol{B})$.

若 $R(\boldsymbol{B})=R(\boldsymbol{B},\boldsymbol{A})$，因为 $R(\boldsymbol{A})\leqslant R(\boldsymbol{A},\boldsymbol{B})$，所以有下面的推论.

推论 2　若向量组 A 可由向量组 B 线性表示，则 $R(\boldsymbol{A})\leqslant R(\boldsymbol{B})$.

例 3.9　设向量组

$$A:\boldsymbol{\alpha}_1=\begin{pmatrix}-1\\1\\-1\\1\end{pmatrix},\quad\boldsymbol{\alpha}_2=\begin{pmatrix}3\\1\\1\\3\end{pmatrix};$$

向量组

$$B:\boldsymbol{\beta}_1=\begin{pmatrix}1\\1\\0\\2\end{pmatrix},\quad\boldsymbol{\beta}_2=\begin{pmatrix}2\\0\\1\\1\end{pmatrix},\quad\boldsymbol{\beta}_3=\begin{pmatrix}0\\2\\-1\\3\end{pmatrix}.$$

证明：向量组 B 可由向量组 A 线性表示.

证　由于

$$\begin{pmatrix}-1&3&1&2&0\\1&1&1&0&2\\-1&1&0&1&-1\\1&3&2&1&3\end{pmatrix}\xrightarrow[\substack{-1r_1+r_3\\1r_1+r_4}]{1r_1+r_2}\begin{pmatrix}-1&3&1&2&0\\0&4&2&2&2\\0&-2&-1&-1&-1\\0&6&3&3&3\end{pmatrix}$$

$$\xrightarrow{\frac{1}{2}r_2}\begin{pmatrix}-1&3&1&2&0\\0&2&1&1&1\\0&-2&-1&-1&-1\\0&6&3&3&3\end{pmatrix}\xrightarrow[-3r_2+r_4]{1r_2+r_3}\begin{pmatrix}-1&3&1&2&0\\0&2&1&1&1\\0&0&0&0&0\\0&0&0&0&0\end{pmatrix},$$

由于$R(\boldsymbol{A})=R(\boldsymbol{A},\boldsymbol{B})=2$,所以向量组$B$可由向量组$A$线性表示.

因为定理3.2的结论不容易记住,主要是$R(\boldsymbol{A})=R(\boldsymbol{A},\boldsymbol{B})$和$R(\boldsymbol{B})=R(\boldsymbol{A},\boldsymbol{B})$容易混淆.可使用3.2节的方法,直接根据定义验证向量组B中的三个向量$\boldsymbol{\beta}_1,\boldsymbol{\beta}_2,\boldsymbol{\beta}_3$是否可由向量组$A$线性表示.

例 3.10　证明:向量组$\mathbb{R}^3=\left\{\begin{pmatrix}x\\y\\z\end{pmatrix}\middle| x,y,z\in\mathbb{R}\right\}$和向量组

$$\boldsymbol{i}=\begin{pmatrix}1\\0\\0\end{pmatrix},\quad \boldsymbol{j}=\begin{pmatrix}0\\1\\0\end{pmatrix},\quad \boldsymbol{k}=\begin{pmatrix}0\\0\\1\end{pmatrix}$$

等价.

证　由于$\boldsymbol{i},\boldsymbol{j},\boldsymbol{k}\in\mathbb{R}^3$,所以向量组$\boldsymbol{i},\boldsymbol{j},\boldsymbol{k}$可由向量组$\mathbb{R}^3$线性表示.对于任意$\begin{pmatrix}x\\y\\z\end{pmatrix}\in\mathbb{R}^3$,因为$\begin{pmatrix}x\\y\\z\end{pmatrix}=x\begin{pmatrix}1\\0\\0\end{pmatrix}+y\begin{pmatrix}0\\1\\0\end{pmatrix}+z\begin{pmatrix}0\\0\\1\end{pmatrix}=x\boldsymbol{i}+y\boldsymbol{j}+z\boldsymbol{k}$,因此向量组$\mathbb{R}^3$可由向量组$\boldsymbol{i},\boldsymbol{j},\boldsymbol{k}$线性表示.结论得证.

实际上,向量组$\boldsymbol{i},\boldsymbol{j},\boldsymbol{k}$是空间直角坐标系的三个坐标,分别是横轴、纵轴和竖轴上的单位向量.可以再简单一点,考虑平面上所有向量所构成的向量组$\mathbb{R}^2$与向量组$\boldsymbol{i}=\begin{pmatrix}1\\0\end{pmatrix},\boldsymbol{j}=\begin{pmatrix}0\\1\end{pmatrix}$的等价性.

对于向量组A: $\boldsymbol{\alpha}_1=(1,2,1,1),\boldsymbol{\alpha}_2=(2,3,4,4),\boldsymbol{\alpha}_3=(0,-1,2,2)$和向量组$B$: $\boldsymbol{\alpha}_1=(1,2,1,1),\boldsymbol{\alpha}_2=(2,3,4,4)$,由于$\boldsymbol{\alpha}_3=-2\boldsymbol{\alpha}_1+\boldsymbol{\alpha}_2$,所以向量组$A$与向量组$B$等价.

线性方程组

$$\begin{cases}x_1+2x_2+x_3=1,\\2x_1+3x_2+4x_3=4,\\-x_2+2x_3=2\end{cases}\tag{3.3}$$

的增广矩阵的三个行向量分别为$\boldsymbol{\alpha}_1=(1,2,1,1),\boldsymbol{\alpha}_2=(2,3,4,4),\boldsymbol{\alpha}_3=(0,-1,2,2)$.由于将第1个方程两边乘以$-2$加到第2个方程,就得到第3个方程,即$\boldsymbol{\alpha}_3=-2\boldsymbol{\alpha}_1+\boldsymbol{\alpha}_2$,因此线性方程组(3.3)与线性方程组

$$\begin{cases}x_1+2x_2+x_3=1,\\2x_1+3x_2+4x_3=4\end{cases}\tag{3.4}$$

同解,进而(3.3)式中的第3个方程是"多余"的,这是线性相关在线性方程组中的直观表示.

所以,两个线性方程组同解又称为这两个线性方程组等价,是指增广矩阵的行向量组等价,这也是考虑向量组等价的一个原因.

向量组之间的等价关系具有以下3条性质,其证明是显然的.

(1) 自反性 任意向量组 A 与 A 本身等价.

(2) 对称性 若向量组 A 与向量组 B 等价,则向量组 B 与向量组 A 等价.

(3) 传递性 若向量组 A 与向量组 B 等价且向量组 B 与向量组 C 等价,则向量组 A 与向量组 C 等价.

3.3.2 向量组的极大无关组

1. 向量组的极大无关组的定义

在一个向量组中,总希望在其中找出一个所含向量个数最多的线性无关的向量组.例如在向量组

$$\boldsymbol{\alpha}_1=\begin{pmatrix}1\\1\\1\end{pmatrix},\quad \boldsymbol{\alpha}_2=\begin{pmatrix}2\\3\\4\end{pmatrix},\quad \boldsymbol{\alpha}_3=\begin{pmatrix}1\\2\\3\end{pmatrix}$$

中,线性无关的向量组可以选为$\boldsymbol{\alpha}_1$ 和$\boldsymbol{\alpha}_2$,其所含向量个数最多,因为$\boldsymbol{\alpha}_1,\boldsymbol{\alpha}_2,\boldsymbol{\alpha}_3$ 线性相关($\boldsymbol{\alpha}_1-\boldsymbol{\alpha}_2+\boldsymbol{\alpha}_3=\mathbf{0}$).从几何上看,由于这3个向量是共面的,能得到线性无关的向量组至多含两个向量. $\boldsymbol{\alpha}_1$ 和$\boldsymbol{\alpha}_2$ 就是向量组$\boldsymbol{\alpha}_1,\boldsymbol{\alpha}_2,\boldsymbol{\alpha}_3$ 的极大无关组,当然$\boldsymbol{\alpha}_1$ 和$\boldsymbol{\alpha}_3$、$\boldsymbol{\alpha}_2$ 和$\boldsymbol{\alpha}_3$ 也是向量组$\boldsymbol{\alpha}_1,\boldsymbol{\alpha}_2,\boldsymbol{\alpha}_3$ 的极大无关组.

定义 3.8 给定向量组 A,若存在部分组 B,满足:

(1) 向量组 B 线性无关;

(2) 任意真包含 B 的部分组均线性相关.

则称 B 是 A 的极大线性无关组,简称**极大无关组**(maximal subset with linear independence).

显然,只有零向量的向量组不存在极大无关组.换句话说,含有非零向量的向量组均存在极大无关组.

下述定理在进一步的讨论中至关重要.

定理 3.3 设向量组$\boldsymbol{\alpha}_1,\boldsymbol{\alpha}_2,\cdots,\boldsymbol{\alpha}_n$ 线性无关,向量组$\boldsymbol{\alpha}_1,\boldsymbol{\alpha}_2,\cdots,\boldsymbol{\alpha}_n,\boldsymbol{\beta}$线性相关,则$\boldsymbol{\beta}$可由向量组$\boldsymbol{\alpha}_1,\boldsymbol{\alpha}_2,\cdots,\boldsymbol{\alpha}_n$ 线性表示且表示形式是唯一的.

证 由于向量组$\boldsymbol{\alpha}_1,\boldsymbol{\alpha}_2,\cdots,\boldsymbol{\alpha}_n,\boldsymbol{\beta}$线性相关,则存在一组不全为0的数 $k_1,k_2,\cdots,k_n,k$,使得 $k_1\boldsymbol{\alpha}_1+k_2\boldsymbol{\alpha}_2+\cdots+k_n\boldsymbol{\alpha}_n+k\boldsymbol{\beta}=\mathbf{0}$ 成立.若 $k=0$,则 $k_1\boldsymbol{\alpha}_1+k_2\boldsymbol{\alpha}_2+\cdots+k_n\boldsymbol{\alpha}_n=\mathbf{0}$.因为向量组$\boldsymbol{\alpha}_1,\boldsymbol{\alpha}_2,\cdots,\boldsymbol{\alpha}_n$ 线性无关,所以只有 $k_1=k_2=\cdots=k_n=0$,这与 $k_1,k_2,\cdots,k_n,k$ 不全为0矛盾.因此有 $k\neq0$,进而

$$\boldsymbol{\beta}=-\frac{k_1}{k}\boldsymbol{\alpha}_1-\frac{k_2}{k}\boldsymbol{\alpha}_2-\cdots-\frac{k_n}{k}\boldsymbol{\alpha}_n,$$

即$\boldsymbol{\beta}$可由向量组$\boldsymbol{\alpha}_1,\boldsymbol{\alpha}_2,\cdots,\boldsymbol{\alpha}_n$线性表示.

假设$\boldsymbol{\beta}=\lambda_1\boldsymbol{\alpha}_1+\lambda_2\boldsymbol{\alpha}_2+\cdots+\lambda_n\boldsymbol{\alpha}_n$且$\boldsymbol{\beta}=\mu_1\boldsymbol{\alpha}_1+\mu_2\boldsymbol{\alpha}_2+\cdots+\mu_n\boldsymbol{\alpha}_n$,则

$$\lambda_1\boldsymbol{\alpha}_1+\lambda_2\boldsymbol{\alpha}_2+\cdots+\lambda_n\boldsymbol{\alpha}_n=\mu_1\boldsymbol{\alpha}_1+\mu_2\boldsymbol{\alpha}_2+\cdots+\mu_n\boldsymbol{\alpha}_n,$$

进而$(\lambda_1-\mu_1)\boldsymbol{\alpha}_1+(\lambda_2-\mu_2)\boldsymbol{\alpha}_2+\cdots+(\lambda_n-\mu_n)\boldsymbol{\alpha}_n=\mathbf{0}$. 因为$\boldsymbol{\alpha}_1,\boldsymbol{\alpha}_2,\cdots,\boldsymbol{\alpha}_n$线性无关,所以$\lambda_1-\mu_1=\lambda_2-\mu=\cdots=\lambda_n-\mu_n=0$,即$\lambda_i=\mu_i(i=1,2,\cdots,n)$,因此表示形式是唯一的.

例3.11　设向量组$\boldsymbol{\alpha}_1,\boldsymbol{\alpha}_2,\boldsymbol{\alpha}_3$线性相关,向量组$\boldsymbol{\alpha}_2,\boldsymbol{\alpha}_3,\boldsymbol{\alpha}_4$线性无关,证明:

(1) $\boldsymbol{\alpha}_1$可由$\boldsymbol{\alpha}_2,\boldsymbol{\alpha}_3$线性表示;

(2) $\boldsymbol{\alpha}_4$不能由$\boldsymbol{\alpha}_1,\boldsymbol{\alpha}_2,\boldsymbol{\alpha}_3$线性表示.

证　(1) 由于向量组$\boldsymbol{\alpha}_2,\boldsymbol{\alpha}_3,\boldsymbol{\alpha}_4$线性无关,于是向量组$\boldsymbol{\alpha}_2,\boldsymbol{\alpha}_3$线性无关. 又因为向量组$\boldsymbol{\alpha}_1,\boldsymbol{\alpha}_2,\boldsymbol{\alpha}_3$线性相关,根据定理3.3知,$\boldsymbol{\alpha}_1$可由$\boldsymbol{\alpha}_2,\boldsymbol{\alpha}_3$线性表示.

(2) (反证法)如果$\boldsymbol{\alpha}_4$能由$\boldsymbol{\alpha}_1,\boldsymbol{\alpha}_2,\boldsymbol{\alpha}_3$线性表示,再根据(1)的结论得$\boldsymbol{\alpha}_4$能由$\boldsymbol{\alpha}_2,\boldsymbol{\alpha}_3$线性表示. 根据定理3.1知,向量组$\boldsymbol{\alpha}_2,\boldsymbol{\alpha}_3,\boldsymbol{\alpha}_4$线性相关,与题设矛盾.

根据定理3.3,定义3.8中的条件(2)可以改为:任意向量组A中的向量$\boldsymbol{\beta}$均可由向量组B线性表示. 于是,**向量组与其极大无关组是等价的**.

由于向量组之间的等价关系满足自反性、对称性和传递性,根据定理3.3知,等价向量组A和B的极大无关组也是等价的. 特别地,同一个向量组A的两个极大无关组也是等价的.

2. 向量组的秩

下面将证明等价向量组的极大无关组所含的向量个数相同,先证明下面的定理.

定理3.4　设向量组$\boldsymbol{\alpha}_1,\boldsymbol{\alpha}_2,\cdots,\boldsymbol{\alpha}_r$线性无关且可由向量组$\boldsymbol{\beta}_1,\boldsymbol{\beta}_2,\cdots,\boldsymbol{\beta}_s$线性表示,则$r\leqslant s$.

证　假设$r>s$. 根据已知条件有

$$\begin{cases}\boldsymbol{\alpha}_1=l_{11}\boldsymbol{\beta}_1+l_{21}\boldsymbol{\beta}_2+\cdots+l_{s1}\boldsymbol{\beta}_s,\\ \boldsymbol{\alpha}_2=l_{12}\boldsymbol{\beta}_1+l_{22}\boldsymbol{\beta}_2+\cdots+l_{s2}\boldsymbol{\beta}_s,\\ \qquad\vdots\\ \boldsymbol{\alpha}_r=l_{1r}\boldsymbol{\beta}_1+l_{2r}\boldsymbol{\beta}_2+\cdots+l_{sr}\boldsymbol{\beta}_s.\end{cases}$$

若$k_1\boldsymbol{\alpha}_1+k_2\boldsymbol{\alpha}_2+\cdots+k_r\boldsymbol{\alpha}_r=\mathbf{0}$,则

$$(l_{11}k_1+l_{12}k_2+\cdots+l_{1r}k_r)\boldsymbol{\beta}_1+(l_{21}k_1+l_{22}k_2+\cdots+l_{2r}k_r)\boldsymbol{\beta}_2+\cdots+(l_{s1}k_1+l_{s2}k_2+\cdots+l_{sr}k_r)\boldsymbol{\beta}_s=\mathbf{0}.$$

令

$$\begin{cases}l_{11}k_1+l_{12}k_2+\cdots+l_{1r}k_r=0,\\ l_{21}k_1+l_{22}k_2+\cdots+l_{2r}k_r=0,\\ \qquad\vdots\\ l_{s1}k_1+l_{s2}k_2+\cdots+l_{sr}k_r=0.\end{cases}\tag{3.5}$$

由假设 $r>s$ 知,关于未知量 $k_1,k_2,\cdots,k_r$ 的齐次线性方程组(3.5)的系数矩阵的秩小于未知量个数 r,于是线性方程组(3.5)有非零解,即存在一组非零的常数 $k_1,k_2,\cdots,k_r$ 使得 $k_1\boldsymbol{\alpha}_1+k_2\boldsymbol{\alpha}_2+\cdots+k_r\boldsymbol{\alpha}_r=\mathbf{0}$,进而向量组 $\boldsymbol{\alpha}_1,\boldsymbol{\alpha}_2,\cdots,\boldsymbol{\alpha}_r$ 线性相关,与已知条件矛盾.

从证明过程易知下面的推论.

推论 1 若向量组 $\boldsymbol{\alpha}_1,\boldsymbol{\alpha}_2,\cdots,\boldsymbol{\alpha}_r$ 可由向量组 $\boldsymbol{\beta}_1,\boldsymbol{\beta}_2,\cdots,\boldsymbol{\beta}_s$ 线性表示,且 $r>s$,则向量组 $\boldsymbol{\alpha}_1,\boldsymbol{\alpha}_2,\cdots,\boldsymbol{\alpha}_r$ 必线性相关.

下面证明如下的推论.

推论 2 等价向量组的极大无关组所含的向量个数相同.

证 设向量组 A 和 B 等价,$\boldsymbol{\alpha}_1,\boldsymbol{\alpha}_2,\cdots,\boldsymbol{\alpha}_r$ 和 $\boldsymbol{\beta}_1,\boldsymbol{\beta}_2,\cdots,\boldsymbol{\beta}_s$ 分别是 A 和 B 的极大无关组,则 $\boldsymbol{\alpha}_1,\boldsymbol{\alpha}_2,\cdots,\boldsymbol{\alpha}_r$ 和 $\boldsymbol{\beta}_1,\boldsymbol{\beta}_2,\cdots,\boldsymbol{\beta}_s$ 等价. 根据定理 3.4,因为 $\boldsymbol{\alpha}_1,\boldsymbol{\alpha}_2,\cdots,\boldsymbol{\alpha}_r$ 线性无关且可由 $\boldsymbol{\beta}_1,\boldsymbol{\beta}_2,\cdots,\boldsymbol{\beta}_s$ 线性表示,所以 $r\leqslant s$. 同理,因为 $\boldsymbol{\beta}_1,\boldsymbol{\beta}_2,\cdots,\boldsymbol{\beta}_s$ 线性无关且可由 $\boldsymbol{\alpha}_1,\boldsymbol{\alpha}_2,\cdots,\boldsymbol{\alpha}_r$ 线性表示,所以 $s\leqslant r$,因此 $r=s$.

因此,向量组的极大无关组是含个数最多的线性无关的向量组.

例 3.12 证明:任意 $m+1$ 个 m 维向量必线性相关.

证 由于 m 个 m 维标准单位向量

$$\boldsymbol{\varepsilon}_1=\begin{pmatrix}1\\0\\\vdots\\0\end{pmatrix},\quad \boldsymbol{\varepsilon}_2=\begin{pmatrix}0\\1\\\vdots\\0\end{pmatrix},\quad \cdots,\quad \boldsymbol{\varepsilon}_m=\begin{pmatrix}0\\0\\\vdots\\1\end{pmatrix}$$

线性无关,且任意 $m+1$ 个 m 维向量构成的向量组 $\boldsymbol{\alpha}_1,\boldsymbol{\alpha}_2,\cdots,\boldsymbol{\alpha}_m,\boldsymbol{\alpha}_{m+1}$ 可由 $\boldsymbol{\varepsilon}_1,\boldsymbol{\varepsilon}_2,\cdots,\boldsymbol{\varepsilon}_m$ 线性表示,故向量组 $\boldsymbol{\alpha}_1,\boldsymbol{\alpha}_2,\cdots,\boldsymbol{\alpha}_m,\boldsymbol{\alpha}_{m+1}$ 必线性相关.

根据推论 2 知,向量组 A 的两个极大无关组所含的向量个数是相同的. 正因为这样,将向量组 A 的极大无关组所含的向量个数称为**向量组 A 的秩**(rank of the vector set A).

只有零向量的向量组不存在极大无关组,其所含向量个数为 0,这时它的秩为 0.

显然,任意两个等价的向量组有相同的秩.

下面证明以下的定理.

定理 3.5 向量组 A 的秩等于由它们作为列向量所构成的矩阵 $\mathbf{A}$ 的秩.

证 设矩阵 $\mathbf{A}$ 的秩为 r,则矩阵 $\mathbf{A}$ 存在一个不为 0 的 r 阶子式. 因为其所在的 r 个列构成的矩阵 $(\boldsymbol{\alpha}_1,\boldsymbol{\alpha}_2,\cdots,\boldsymbol{\alpha}_r)$ 的秩亦为 r,根据命题 3.2 知 $\boldsymbol{\alpha}_1,\boldsymbol{\alpha}_2,\cdots,\boldsymbol{\alpha}_r$ 线性无关. 任取包含 $\boldsymbol{\alpha}_1,\boldsymbol{\alpha}_2,\cdots,\boldsymbol{\alpha}_r$ 的 $r+1$ 个向量 $\boldsymbol{\alpha}_1,\boldsymbol{\alpha}_2,\cdots,\boldsymbol{\alpha}_r,\boldsymbol{\beta}$,由于矩阵 $(\boldsymbol{\alpha}_1\quad\boldsymbol{\alpha}_2\quad\cdots\quad\boldsymbol{\alpha}_r\quad\boldsymbol{\beta})$ 的秩为 r,由命题 3.1 知 $\boldsymbol{\alpha}_1,\boldsymbol{\alpha}_2,\cdots,\boldsymbol{\alpha}_r,\boldsymbol{\beta}$ 线性相关,因此 $\boldsymbol{\alpha}_1,\boldsymbol{\alpha}_2,\cdots,\boldsymbol{\alpha}_r$ 是向量组 A 的极大无关组,故向量组 A 的秩为 r.

推论 设向量组 A 的秩为 r,若 A 存在 r 个线性无关的向量 $\boldsymbol{\alpha}_1,\boldsymbol{\alpha}_2,\cdots,\boldsymbol{\alpha}_r$,则 $\boldsymbol{\alpha}_1,\boldsymbol{\alpha}_2,\cdots,\boldsymbol{\alpha}_r$ 是 A 的极大无关组.

证 任取 $\boldsymbol{\beta}\in A$. 因为 $\boldsymbol{\alpha}_1,\boldsymbol{\alpha}_2,\cdots,\boldsymbol{\alpha}_r,\boldsymbol{\beta}$ 的秩为 r,所以 $\boldsymbol{\alpha}_1,\boldsymbol{\alpha}_2,\cdots,\boldsymbol{\alpha}_r,\boldsymbol{\beta}$ 线性相关,进而 $\boldsymbol{\alpha}_1,\boldsymbol{\alpha}_2,\cdots,\boldsymbol{\alpha}_r$ 是 A 的极大无关组.

3. 向量组的极大无关组的计算

下面结合例子给出利用矩阵的初等行变换求一个向量组的极大无关组的方法.

例 3.13 求下列向量组的极大无关组,并将其余向量用极大无关组线性表示出来.

$$\boldsymbol{\alpha}_1=\begin{pmatrix}-2\\1\\3\\0\end{pmatrix},\quad \boldsymbol{\alpha}_2=\begin{pmatrix}-5\\2\\6\\-3\end{pmatrix},\quad \boldsymbol{\alpha}_3=\begin{pmatrix}1\\0\\0\\3\end{pmatrix},\quad \boldsymbol{\alpha}_4=\begin{pmatrix}-1\\2\\-7\\4\end{pmatrix},\quad \boldsymbol{\alpha}_5=\begin{pmatrix}-8\\5\\2\\1\end{pmatrix}.$$

分析 将所给向量组中的向量作为列向量构成矩阵

$$\boldsymbol{A}=\begin{pmatrix}-2&-5&1&-1&-8\\1&2&0&2&5\\3&6&0&-7&2\\0&-3&3&4&1\end{pmatrix}.$$

假定存在一组常数 k_1,k_2,k_3,k_4,k_5 使得

$$k_1\boldsymbol{\alpha}_1+k_2\boldsymbol{\alpha}_2+k_3\boldsymbol{\alpha}_3+k_4\boldsymbol{\alpha}_4+k_5\boldsymbol{\alpha}_5=\boldsymbol{0}.$$

即

$$k_1\begin{pmatrix}-2\\1\\3\\0\end{pmatrix}+k_2\begin{pmatrix}-5\\2\\6\\-3\end{pmatrix}+k_3\begin{pmatrix}1\\0\\0\\3\end{pmatrix}+k_4\begin{pmatrix}-1\\2\\-7\\4\end{pmatrix}+k_5\begin{pmatrix}-8\\5\\2\\1\end{pmatrix}=\boldsymbol{0}.$$

对 $\boldsymbol{A}$ 实施矩阵的初等行变换相当于对向量组 $\boldsymbol{\alpha}_1,\boldsymbol{\alpha}_2,\boldsymbol{\alpha}_3,\boldsymbol{\alpha}_4,\boldsymbol{\alpha}_5$ 相应的分量作变换,于是得到的列向量组 $\boldsymbol{\beta}_1,\boldsymbol{\beta}_2,\boldsymbol{\beta}_3,\boldsymbol{\beta}_4,\boldsymbol{\beta}_5$ 显然满足

$$k_1\boldsymbol{\beta}_1+k_2\boldsymbol{\beta}_2+k_3\boldsymbol{\beta}_3+k_4\boldsymbol{\beta}_4+k_5\boldsymbol{\beta}_5=\boldsymbol{0}.$$

关键是其中的 k_1,k_2,k_3,k_4,k_5 是保持不变的. 例如,交换矩阵 $\boldsymbol{A}$ 的第1行和第2行,等式仍成立,即

$$k_1\begin{pmatrix}1\\-2\\3\\0\end{pmatrix}+k_2\begin{pmatrix}2\\-5\\6\\-3\end{pmatrix}+k_3\begin{pmatrix}0\\1\\0\\3\end{pmatrix}+k_4\begin{pmatrix}2\\-1\\-7\\4\end{pmatrix}+k_5\begin{pmatrix}5\\-8\\2\\1\end{pmatrix}=\boldsymbol{0}.$$

实施矩阵的另外两种初等行变换仍然如此. 于是,若 $\boldsymbol{\alpha}_1,\boldsymbol{\alpha}_2,\boldsymbol{\alpha}_3,\boldsymbol{\alpha}_4,\boldsymbol{\alpha}_5$ 线性相关,则 $\boldsymbol{\beta}_1,\boldsymbol{\beta}_2,\boldsymbol{\beta}_3,\boldsymbol{\beta}_4,\boldsymbol{\beta}_5$ 也是线性相关的. 反之亦然.

上面的结论对于向量组 A 的部分组也是成立的. 假定对于向量组 A 的部分组 $\boldsymbol{\alpha}_1,\boldsymbol{\alpha}_2,\boldsymbol{\alpha}_3$ 有

$$k_1\boldsymbol{\alpha}_1+k_2\boldsymbol{\alpha}_2+k_3\boldsymbol{\alpha}_3=\mathbf{0}.$$

对 $\boldsymbol{A}$ 实施矩阵的初等行变换相当于对矩阵$(\boldsymbol{\alpha}_1,\boldsymbol{\alpha}_2,\boldsymbol{\alpha}_3)$实施初等行变换，也相当于对向量组 $\boldsymbol{\alpha}_1,\boldsymbol{\alpha}_2,\boldsymbol{\alpha}_3$ 相应的分量作变换，于是得到的列向量组$\boldsymbol{\beta}_1,\boldsymbol{\beta}_2,\boldsymbol{\beta}_3$仍然满足

$$k_1\boldsymbol{\beta}_1+k_2\boldsymbol{\beta}_2+k_3\boldsymbol{\beta}_3=\mathbf{0}.$$

通过以上的分析知，**矩阵的初等行变换不改变(列)向量组及其部分组的线性相关性**. 可以结合下列例 3.13 之求解过程的每一步进行逐一分析，以加深对该方法正确性的理解.

例 3.13 之解 先将所给向量组中的向量作为列向量构成矩阵的行最简形矩阵.

$$\boldsymbol{A}=\begin{pmatrix}-2&-5&1&-1&-8\\1&2&0&2&5\\3&6&0&-7&2\\0&-3&3&4&1\end{pmatrix}\xrightarrow{r_1\leftrightarrow r_2}\begin{pmatrix}1&2&0&2&5\\-2&-5&1&-1&-8\\3&6&0&-7&2\\0&-3&3&4&1\end{pmatrix}$$

$$\xrightarrow[-3r_1+r_3]{2r_1+r_2}\begin{pmatrix}1&2&0&2&5\\0&-1&1&3&2\\0&0&0&-13&-13\\0&-3&3&4&1\end{pmatrix}\xrightarrow{-3r_2+r_4}\begin{pmatrix}1&2&0&2&5\\0&-1&1&3&2\\0&0&0&-13&-13\\0&0&0&-5&-5\end{pmatrix}$$

$$\xrightarrow[-\frac{1}{5}r_4]{-\frac{1}{13}r_3}\begin{pmatrix}1&2&0&2&5\\0&-1&1&3&2\\0&0&0&1&1\\0&0&0&1&1\end{pmatrix}\xrightarrow{-1r_3+r_4}\begin{pmatrix}1&2&0&2&3\\0&-1&1&3&2\\0&0&0&1&1\\0&0&0&0&0\end{pmatrix}$$

$$\xrightarrow[-2r_3+r_1]{-3r_3+r_2}\begin{pmatrix}1&2&0&0&1\\0&-1&1&0&-1\\0&0&0&1&1\\0&0&0&0&0\end{pmatrix}\xrightarrow[-1r_2]{2r_2+r_1}\begin{pmatrix}1&0&2&0&1\\0&1&-1&0&1\\0&0&0&1&1\\0&0&0&0&0\end{pmatrix}.$$

这时，令

$$\boldsymbol{\beta}_1=\begin{pmatrix}1\\0\\0\\0\end{pmatrix},\quad\boldsymbol{\beta}_2=\begin{pmatrix}0\\1\\0\\0\end{pmatrix},\quad\boldsymbol{\beta}_3=\begin{pmatrix}2\\-1\\0\\0\end{pmatrix},\quad\boldsymbol{\beta}_4=\begin{pmatrix}0\\0\\1\\0\end{pmatrix},\quad\boldsymbol{\beta}_5=\begin{pmatrix}1\\1\\1\\0\end{pmatrix},$$

因为行最简形矩阵中首非零元素对应的向量$\boldsymbol{\beta}_1,\boldsymbol{\beta}_2,\boldsymbol{\beta}_4$所构成的矩阵的秩为 3，所以$\boldsymbol{\beta}_1,\boldsymbol{\beta}_2,\boldsymbol{\beta}_4$线性无关. 又因为$\boldsymbol{\beta}_3=2\boldsymbol{\beta}_1-\boldsymbol{\beta}_2,\boldsymbol{\beta}_5=\boldsymbol{\beta}_1+\boldsymbol{\beta}_2+\boldsymbol{\beta}_3$，于是$\boldsymbol{\alpha}_1,\boldsymbol{\alpha}_2,\boldsymbol{\alpha}_4$ 是所给向量组 A 的极大无关组，且$\boldsymbol{\alpha}_3=2\boldsymbol{\alpha}_1-\boldsymbol{\alpha}_2,\boldsymbol{\alpha}_5=\boldsymbol{\alpha}_1+\boldsymbol{\alpha}_2+\boldsymbol{\alpha}_3$.

在 MATLAB 命令窗口只要给出系数矩阵 $\boldsymbol{A}$，使用 rref(A)命令就可以得出 $\boldsymbol{A}$ 的行最简形矩阵，很容易给出由矩阵 $\boldsymbol{A}$ 的列向量组成的向量组 A 的极大无关组，并将其余向量用所得极大无关组线性表示出来，进而 $\boldsymbol{A}$ 的列向量组是否线性相关也随之解决.

3.4　向量空间

给定向量组 A 及其极大无关组 B，由于 A 与 B 等价，A 中的每个向量都是 B 的线性组合.

现在的问题是，是否 B 的任意线性组合都属于 A？回答是否定的. 若 A 是向量空间，则答案是肯定的.

向量空间的几何背景是解析几何中的平面 $\mathbb{R}^2$ 和空间 $\mathbb{R}^3$，直到 19 世纪上半叶才推广到一般的向量空间.

3.4.1　向量空间的定义

定义 3.9　设 V 是向量组，若 V 满足以下两个条件，则称 V 为向量空间(vector space).

(1) 任意 $\boldsymbol{\alpha},\boldsymbol{\beta}\in V$，有 $\boldsymbol{\alpha}+\boldsymbol{\beta}\in V$，($V$ 关于向量的加法运算封闭)

(2) 任意 $\boldsymbol{\alpha}\in V$ 以及任意 $\lambda\in\mathbb{R}$，有 $\lambda\boldsymbol{\alpha}\in V$. ($V$ 关于向量的数乘运算封闭)

为了简单，我们忽略了向量空间所在的数域，通常在实数范围内讨论.

例如 $\mathbb{R}^3$ 是向量空间，因为 $\mathbb{R}^3$ 是所有三维向量构成的向量组，它关于向量的加法运算和数乘封闭.

例 3.14　设

$$V=\left\{\begin{pmatrix}x\\y\\0\end{pmatrix}\middle|\, x,y\in\mathbb{R}\right\},$$

则 V 是向量空间.

证　(1) 对于任意 $\boldsymbol{\alpha},\boldsymbol{\beta}\in V$，令

$$\boldsymbol{\alpha}=\begin{pmatrix}x_1\\y_1\\0\end{pmatrix},\quad \boldsymbol{\beta}=\begin{pmatrix}x_2\\y_2\\0\end{pmatrix},$$

则 $\boldsymbol{\alpha}+\boldsymbol{\beta}=\begin{pmatrix}x_1+x_2\\y_1+y_2\\0\end{pmatrix}\in V$，即 V 关于向量的加法运算封闭.

(2) 任意 $\boldsymbol{\alpha}=\begin{pmatrix}x\\y\\0\end{pmatrix}\in V$ 以及任意 $\lambda\in\mathbb{R}$，则 $\lambda\boldsymbol{\alpha}=\begin{pmatrix}\lambda x\\\lambda y\\0\end{pmatrix}\in V$，即 V 关于向量的数乘运算封闭.

因此,V 是向量空间.

例子中的 V 实际上是$\mathbb{R}^3$ 中的 xOy 坐标平面,但

$$V=\left\{\begin{pmatrix}x\\y\\1\end{pmatrix}\middle| x,y\in\mathbb{R}\right\}$$

不是向量空间,因为取 $\lambda=2$,对于任意$\boldsymbol{\alpha}=\begin{pmatrix}3\\3\\1\end{pmatrix}\in V$,有 $2\boldsymbol{\alpha}=\begin{pmatrix}6\\6\\2\end{pmatrix}\notin V$.

例 3.15 设 $\boldsymbol{a}$ 和 $\boldsymbol{b}$ 是$\mathbb{R}^3$ 中的两个线性无关的向量,如

$$\boldsymbol{a}=\begin{pmatrix}1\\1\\0\end{pmatrix},\quad \boldsymbol{b}=\begin{pmatrix}1\\1\\1\end{pmatrix},$$

令 $V=\{k_1\boldsymbol{a}+k_2\boldsymbol{b}\mid k_1,k_2\in\mathbb{R}\}$,则 V 是向量空间.

证 (1) 对于任意$\boldsymbol{\alpha},\boldsymbol{\beta}\in V$,则存在 $k_1,k_2,l_1,l_2\in\mathbb{R}$,使得$\boldsymbol{\alpha}=k_1\boldsymbol{a}+k_2\boldsymbol{b}$,$\boldsymbol{\beta}=l_1\boldsymbol{a}+l_2\boldsymbol{b}$,这时$\boldsymbol{\alpha}+\boldsymbol{\beta}=(k_1+l_1)\boldsymbol{a}+(k_2+l_2)\boldsymbol{b}\in V$,即 V 关于向量的加法运算封闭.

(2) 对于任意$\boldsymbol{\alpha}\in V$ 以及任意 $\lambda\in\mathbb{R}$,则存在 $k_1,k_2\in\mathbb{R}$,使得$\boldsymbol{\alpha}=k_1\boldsymbol{a}+k_2\boldsymbol{b}$,且 $\lambda\boldsymbol{\alpha}=\lambda k_1\boldsymbol{a}+\lambda k_2\boldsymbol{b}\in V$,即 V 关于向量的数乘运算封闭.

因此,V 是向量空间.

V 是由向量 $\boldsymbol{a}$ 和 $\boldsymbol{b}$ 生成的向量空间,在$\mathbb{R}^3$ 中,它是通过 $\boldsymbol{a}$ 和 $\boldsymbol{b}$ 的平面.

一般地,设向量组为$\boldsymbol{\alpha}_1,\boldsymbol{\alpha}_2,\cdots,\boldsymbol{\alpha}_n$,则

$$V=\{k_1\boldsymbol{\alpha}_1+k_2\boldsymbol{\alpha}_2+\cdots+k_n\boldsymbol{\alpha}_n\mid k_i\in\mathbb{R},i=1,2,\cdots,n\}$$

是向量空间,称为**由$\boldsymbol{\alpha}_1,\boldsymbol{\alpha}_2,\cdots,\boldsymbol{\alpha}_n$ 生成的向量空间**(vector space spanning by $\boldsymbol{\alpha}_1,\boldsymbol{\alpha}_2,\cdots,\boldsymbol{\alpha}_n$),可表示为 $\mathrm{span}\{\boldsymbol{\alpha}_1,\boldsymbol{\alpha}_2,\cdots,\boldsymbol{\alpha}_n\}$. 如$\boldsymbol{\alpha}_1,\boldsymbol{\alpha}_2\in\mathbb{R}^3$ 且线性无关,则 $\mathrm{span}\{\boldsymbol{\alpha}_1,\boldsymbol{\alpha}_2\}$是$\boldsymbol{\alpha}_1,\boldsymbol{\alpha}_2$ 所在的平面.

3.4.2 向量空间的基与坐标

由于向量空间是特殊的向量组,我们进一步给出一个定义.

定义 3.10 向量空间 V 的极大线性无关组称为是向量空间的**基**(basis),极大线性无关组中所含的向量个数称为是 V 的**维数**(dimensionality),记为 $\dim(V)$.

显然,若 $V=\{\boldsymbol{0}\}$,V 不存在基,这时 $\dim(V)=0$.

由于

$$\boldsymbol{i}=\begin{pmatrix}1\\0\\0\end{pmatrix},\quad \boldsymbol{j}=\begin{pmatrix}0\\1\\0\end{pmatrix},\quad \boldsymbol{k}=\begin{pmatrix}0\\0\\1\end{pmatrix}\tag{3.6}$$

是$\mathbb{R}^3$的极大无关组，所以它是$\mathbb{R}^3$的一个基. 实际上，$\boldsymbol{i},\boldsymbol{j},\boldsymbol{k}$是空间直角坐标系的三个坐标向量. 于是，$\dim(\mathbb{R}^3)=3$，即$\mathbb{R}^3$是三维空间.

容易验证，

$$\boldsymbol{e}_1=\begin{pmatrix}1\\0\\0\end{pmatrix},\quad \boldsymbol{e}_2=\begin{pmatrix}1\\1\\0\end{pmatrix},\quad \boldsymbol{e}_3=\begin{pmatrix}1\\1\\1\end{pmatrix}$$

也是$\mathbb{R}^3$的一个基.

由定理3.5的推论知，对于维数为n的向量空间V，若V存在n个线性无关的向量$\boldsymbol{\alpha}_1,\boldsymbol{\alpha}_2,\cdots,\boldsymbol{\alpha}_n$，则$\boldsymbol{\alpha}_1,\boldsymbol{\alpha}_2,\cdots,\boldsymbol{\alpha}_n$一定是$V$的基.

例3.16　设V是向量空间，$\boldsymbol{\alpha}_1,\boldsymbol{\alpha}_2,\cdots,\boldsymbol{\alpha}_n$是$V$的一个基，证明

$$V=\{x_1\boldsymbol{\alpha}_1+x_2\boldsymbol{\alpha}_2+\cdots+x_n\boldsymbol{\alpha}_n \mid x_1,x_2,\cdots,x_n\in\mathbb{R}\}.$$

证　根据向量空间的定义知，对于任意$x_1,x_2,\cdots,x_n\in\mathbb{R}$，

$$x_1\boldsymbol{\alpha}_1+x_2\boldsymbol{\alpha}_2+\cdots+x_n\boldsymbol{\alpha}_n\in V.$$

另一方面，对于任意$\boldsymbol{\alpha}\in V$，由于$\boldsymbol{\alpha}_1,\boldsymbol{\alpha}_2,\cdots,\boldsymbol{\alpha}_n$是$V$的一个基，于是存在常数$x_1,x_2,\cdots,x_n\in\mathbb{R}$，使得$\boldsymbol{\alpha}=x_1\boldsymbol{\alpha}_1+x_2\boldsymbol{\alpha}_2+\cdots+x_n\boldsymbol{\alpha}_n$. 结论得证.

取$\mathbb{R}^3$中的基为$\boldsymbol{i},\boldsymbol{j},\boldsymbol{k}$，对于任意$\begin{pmatrix}x\\y\\z\end{pmatrix}\in\mathbb{R}^3$，则

$$\begin{pmatrix}x\\y\\z\end{pmatrix}=x\begin{pmatrix}1\\0\\0\end{pmatrix}+y\begin{pmatrix}0\\1\\0\end{pmatrix}+z\begin{pmatrix}0\\0\\1\end{pmatrix}=x\boldsymbol{i}+y\boldsymbol{j}+z\boldsymbol{k},$$

称x,y,z为向量$\begin{pmatrix}x\\y\\z\end{pmatrix}\in\mathbb{R}^3$在基$\boldsymbol{i},\boldsymbol{j},\boldsymbol{k}$下的坐标. 一般地，有下面的定义.

定义3.11　设V是向量空间，$\boldsymbol{\alpha}_1,\boldsymbol{\alpha}_2,\cdots,\boldsymbol{\alpha}_n$是$V$的一个基，对于任意$\boldsymbol{\alpha}\in V$，如果

$$\boldsymbol{\alpha}=x_1\boldsymbol{\alpha}_1+x_2\boldsymbol{\alpha}_2+\cdots+x_n\boldsymbol{\alpha}_n,$$

则称$(x_1,x_2,\cdots,x_n)$为向量$\boldsymbol{\alpha}$在基$\boldsymbol{\alpha}_1,\boldsymbol{\alpha}_2,\cdots,\boldsymbol{\alpha}_n$下的**坐标**(coordinate).

例3.17　计算向量$\begin{pmatrix}x\\y\\z\end{pmatrix}\in\mathbb{R}^3$在基$\boldsymbol{e}_1=\begin{pmatrix}1\\0\\0\end{pmatrix},\boldsymbol{e}_2=\begin{pmatrix}1\\1\\0\end{pmatrix},\boldsymbol{e}_3=\begin{pmatrix}1\\1\\1\end{pmatrix}$下的坐标.

解　令

$$\begin{pmatrix}x\\y\\z\end{pmatrix}=x_1\boldsymbol{e}_1+x_2\boldsymbol{e}_2+x_3\boldsymbol{e}_3=x_1\begin{pmatrix}1\\0\\0\end{pmatrix}+x_2\begin{pmatrix}1\\1\\0\end{pmatrix}+x_3\begin{pmatrix}1\\1\\1\end{pmatrix},$$

则

$$\begin{cases} x = x_1 + x_2 + x_3, \\ y = \quad\quad x_2 + x_3, \\ z = \quad\quad\quad\quad x_3. \end{cases}$$

于是 $x_1=x-y, x_2=y-z, x_3=z$，即所求坐标为 $x-y, y-z, z$.

由于 $\boldsymbol{\alpha}_1, \boldsymbol{\alpha}_2, \cdots, \boldsymbol{\alpha}_n$ 是向量空间 V 的一个基，对于任意 $\boldsymbol{\alpha} \in V$，根据定理 3.3 知 $\boldsymbol{\alpha} = x_1\boldsymbol{\alpha}_1 + x_2\boldsymbol{\alpha}_2 + \cdots + x_n\boldsymbol{\alpha}_n$ 的表示形式是唯一的.

例如 $\begin{pmatrix} 2 \\ 3 \\ 4 \end{pmatrix} \in \mathbb{R}^3$ 在基 $\boldsymbol{e}_1, \boldsymbol{e}_2, \boldsymbol{e}_3$ 下的坐标为 $-1, -1, 4$. 这时，

$$\boldsymbol{e}_1 = \begin{pmatrix} 1 \\ 0 \\ 0 \end{pmatrix}, \quad \boldsymbol{e}_2 = \begin{pmatrix} 1 \\ 1 \\ 0 \end{pmatrix}, \quad \boldsymbol{e}_3 = \begin{pmatrix} 1 \\ 1 \\ 1 \end{pmatrix}$$

是 $\mathbb{R}^3$ 中的“新”的坐标系. 建议大家在 $\mathbb{R}^3$ 中画一下，并直观理解坐标的含义.

3.4.3 过渡矩阵及坐标变换公式

由于向量空间 V 的基是不唯一的，下面考虑给定 V 的两个不同基后的有关问题.

定义 3.12 设 V 是 n 维向量空间，$\boldsymbol{\alpha}_1, \boldsymbol{\alpha}_2, \cdots, \boldsymbol{\alpha}_n$ 和 $\boldsymbol{\beta}_1, \boldsymbol{\beta}_2, \cdots, \boldsymbol{\beta}_n$ 是 V 的两个基，若

$$(\boldsymbol{\beta}_1\ \boldsymbol{\beta}_2\ \cdots\ \boldsymbol{\beta}_n) = (\boldsymbol{\alpha}_1\ \boldsymbol{\alpha}_2\ \cdots\ \boldsymbol{\alpha}_n)\begin{pmatrix} p_{11} & p_{12} & \cdots & p_{1n} \\ p_{21} & p_{22} & \cdots & p_{2n} \\ \vdots & \vdots & & \vdots \\ p_{n1} & p_{n2} & \cdots & p_{nn} \end{pmatrix},$$

则称 $\boldsymbol{P}=(p_{ij})_{n\times n}$ 为从基 $\boldsymbol{\alpha}_1, \boldsymbol{\alpha}_2, \cdots, \boldsymbol{\alpha}_n$ 到基 $\boldsymbol{\beta}_1, \boldsymbol{\beta}_2, \cdots, \boldsymbol{\beta}_n$ 的**过渡矩阵**(transition matrix).

对于任意 $\boldsymbol{\alpha} \in V$，令

$$\boldsymbol{\alpha} = x_1\boldsymbol{\alpha}_1 + x_2\boldsymbol{\alpha}_2 + \cdots + x_n\boldsymbol{\alpha}_n$$

以及

$$\boldsymbol{\alpha} = y_1\boldsymbol{\beta}_1 + y_2\boldsymbol{\beta}_2 + \cdots + y_n\boldsymbol{\beta}_n,$$

称

$$\begin{pmatrix} y_1 \\ y_2 \\ \vdots \\ y_n \end{pmatrix} = \boldsymbol{P}\begin{pmatrix} x_1 \\ x_2 \\ \vdots \\ x_n \end{pmatrix} \tag{3.7}$$

为 $\begin{pmatrix} x_1 \\ x_2 \\ \vdots \\ x_n \end{pmatrix}$ 到 $\begin{pmatrix} y_1 \\ y_2 \\ \vdots \\ y_n \end{pmatrix}$ 的**坐标变换公式**(formula of coordinate transformation).

例 3.18 计算$\mathbb{R}^2$中由基$\boldsymbol{\alpha}_1=\begin{pmatrix}1\\0\end{pmatrix}$,$\boldsymbol{\alpha}_2=\begin{pmatrix}1\\-1\end{pmatrix}$到基$\boldsymbol{\beta}_1=\begin{pmatrix}1\\1\end{pmatrix}$,$\boldsymbol{\beta}_2=\begin{pmatrix}1\\2\end{pmatrix}$的过渡矩阵.

解 设$(\boldsymbol{\beta}_1\ \boldsymbol{\beta}_2)=(\boldsymbol{\alpha}_1\ \boldsymbol{\alpha}_2)\boldsymbol{P}_{2\times 2}$,则

$$\boldsymbol{P}=(\boldsymbol{\alpha}_1\ \boldsymbol{\alpha}_2)^{-1}(\boldsymbol{\beta}_1\ \boldsymbol{\beta}_2)=\begin{pmatrix}1 & 1\\0 & -1\end{pmatrix}^{-1}\begin{pmatrix}1 & 1\\1 & 2\end{pmatrix}$$

$$=\begin{pmatrix}1 & 1\\0 & -1\end{pmatrix}\begin{pmatrix}1 & 1\\1 & 2\end{pmatrix}=\begin{pmatrix}2 & 3\\-1 & -2\end{pmatrix}.$$

3.5 线性方程组的结构解

本节在前面建立的向量空间的基础上讨论线性方程组解与解之间的联系,它可以看作是向量空间理论的一个应用.

对于非齐次线性方程组$\boldsymbol{A}_{m\times n}\boldsymbol{x}=\boldsymbol{b}$的讨论,可归结到其对应的齐次线性方程组$\boldsymbol{A}_{m\times n}\boldsymbol{x}=\boldsymbol{0}$的讨论,此讨论方法可用于诸如非齐次线性微分方程(组)的解的讨论等.

本节涉及内容较多,解题方法灵活,是本章的重点内容之一.首先对齐次线性方程组进行单独讨论.

3.5.1 齐次线性方程组的结构解

定理 3.6 设S是n元齐次线性方程组$\boldsymbol{A}_{m\times n}\boldsymbol{x}=\boldsymbol{0}$的所有解向量组成的集合,即

$$S=\{\boldsymbol{x}\mid \boldsymbol{A}_{m\times n}\boldsymbol{x}=\boldsymbol{0}\},$$

则S是向量空间,称为$\boldsymbol{A}\boldsymbol{x}=\boldsymbol{0}$的**解空间**(solution space).

证 显然$\boldsymbol{0}\in S\neq\varnothing$.对于任意$\boldsymbol{\xi}_1,\boldsymbol{\xi}_2\in S$,这时$\boldsymbol{A}\boldsymbol{\xi}_1=\boldsymbol{0}$且$\boldsymbol{A}\boldsymbol{\xi}_2=\boldsymbol{0}$,于是$\boldsymbol{A}(\boldsymbol{\xi}_1+\boldsymbol{\xi}_2)=\boldsymbol{A}\boldsymbol{\xi}_1+\boldsymbol{A}\boldsymbol{\xi}_2=\boldsymbol{0}+\boldsymbol{0}=\boldsymbol{0}$,因此$\boldsymbol{\xi}_1+\boldsymbol{\xi}_2\in S$,即$S$关于向量的加法运算封闭.

对于任意$\boldsymbol{\xi}\in S$和数$\lambda\in\mathbb{R}$,由于$\boldsymbol{A}\boldsymbol{\xi}=\boldsymbol{0}$,于是$\boldsymbol{A}(\lambda\boldsymbol{\xi})=\lambda(\boldsymbol{A}\boldsymbol{\xi})=\lambda\boldsymbol{0}=\boldsymbol{0}$,因此$\lambda\boldsymbol{\xi}\in S$,即$S$关于向量的数乘运算封闭.

综上所述,S是向量空间.

从定理3.6的证明过程知,齐次线性方程组$\boldsymbol{A}_{m\times n}\boldsymbol{x}=\boldsymbol{0}$具有下列性质.

性质1 若$\boldsymbol{A}\boldsymbol{\xi}_1=\boldsymbol{0}$且$\boldsymbol{A}\boldsymbol{\xi}_2=\boldsymbol{0}$,则$\boldsymbol{A}(\boldsymbol{\xi}_1+\boldsymbol{\xi}_2)=\boldsymbol{0}$.

性质 2 若 $\boldsymbol{A\xi}=\mathbf{0}$,则对于任意数 $\lambda\in\mathbb{R}$,有 $\boldsymbol{A}(\lambda\boldsymbol{\xi})=\mathbf{0}$.

推而广之,齐次线性方程组 $\boldsymbol{A}_{m\times n}\boldsymbol{x}=\mathbf{0}$ 若干个解的线性组合仍是它的解.

为了方便,将解空间 S 的基称为齐次线性方程组 $\boldsymbol{Ax}=\mathbf{0}$ 的**基础解系**(system of fundamental solutions).基是对向量空间而言,基础解系是对齐次线性方程组 $\boldsymbol{Ax}=\mathbf{0}$ 而言.

根据定理 3.6 知,只要得出 $\boldsymbol{Ax}=\mathbf{0}$ 的一个基础解系,则 S 是由这个基础解系生成的向量空间,就可得出 $\boldsymbol{Ax}=\mathbf{0}$ 的所有解,即通解.

求出基础解系,实际上是得出齐次线性方程组解的一个框架结构,这样得出所有的通解称为 $\boldsymbol{Ax}=\mathbf{0}$ 的**结构解**(structural solution),它也是通解的一种形式.

下面介绍求齐次线性方程组 $\boldsymbol{Ax}=\mathbf{0}$ 的基础解系的方法.

首先证明下面的定理.

定理 3.7 设 S 是 n 元齐次线性方程组 $\boldsymbol{A}_{m\times n}\boldsymbol{x}=\mathbf{0}$ 的解空间,若 $R(\boldsymbol{A})=r$,则 $\dim(S)=n-r$.换句话说,n 元齐次线性方程组 $\boldsymbol{A}_{m\times n}\boldsymbol{x}=\mathbf{0}$ 的基础解系中含解向量的个数为 $n-r$.

证 若 $R(\boldsymbol{A})=n$,由定理 1.2 知,齐次线性方程组 $\boldsymbol{A}_{m\times n}\boldsymbol{x}=\mathbf{0}$ 只有零解,这时 $\dim(S)=0$,结论成立.

假设若 $R(\boldsymbol{A})=r<n$,则 $\boldsymbol{A}_{m\times n}\boldsymbol{x}=\mathbf{0}$ 有 $n-r$ 个自由未知量,不妨设为 $x_{r+1},x_{r+2},\cdots,x_n$,按 1.3 节令 $x_{r+1}=k_1,x_{r+2}=k_2,\cdots,x_n=k_{n-r}$,则 $\boldsymbol{A}_{m\times n}\boldsymbol{x}=\mathbf{0}$ 的所有解为

$$\boldsymbol{x}=\begin{pmatrix}x_1\\ \vdots\\ x_r\\ x_{r+1}\\ x_{r+2}\\ \vdots\\ x_n\end{pmatrix}=\begin{pmatrix}*\\ \vdots\\ *\\ k_1\\ k_2\\ \vdots\\ k_{n-r}\end{pmatrix},$$

其中 $k_1,k_2,\cdots,k_{n-r}$ 为任意常数.

令

$$\boldsymbol{\xi}_1=\begin{pmatrix}*\\ \vdots\\ *\\ 1\\ 0\\ \vdots\\ 0\end{pmatrix}\leftarrow r+1,\quad \boldsymbol{\xi}_2=\begin{pmatrix}*\\ \vdots\\ *\\ 0\\ 1\\ \vdots\\ 0\end{pmatrix}\leftarrow r+2,\quad\cdots,\quad \boldsymbol{\xi}_{n-r}=\begin{pmatrix}*\\ \vdots\\ *\\ 0\\ 0\\ \vdots\\ 1\end{pmatrix}\leftarrow n,\tag{3.8}$$

则

$$
\boldsymbol{x}=\begin{pmatrix}x_1\\ \vdots\\ x_r\\ x_{r+1}\\ x_{r+2}\\ \vdots\\ x_n\end{pmatrix}=\begin{pmatrix}*\\ \vdots\\ *\\ k_1\\ k_2\\ \vdots\\ k_{n-r}\end{pmatrix}=k_1\begin{pmatrix}*\\ \vdots\\ *\\ 1\\ 0\\ \vdots\\ 0\end{pmatrix}+k_2\begin{pmatrix}*\\ \vdots\\ *\\ 0\\ 1\\ \vdots\\ 0\end{pmatrix}+\cdots+k_{n-r}\begin{pmatrix}*\\ \vdots\\ *\\ 0\\ 0\\ \vdots\\ 1\end{pmatrix}. \tag{3.9}
$$

一方面，由于 $\begin{pmatrix}x_{r+1}\\ x_{r+2}\\ \vdots\\ x_n\end{pmatrix}$ 分别取 $\begin{pmatrix}1\\ 0\\ \vdots\\ 0\end{pmatrix},\begin{pmatrix}0\\ 1\\ \vdots\\ 0\end{pmatrix},\cdots,\begin{pmatrix}0\\ 0\\ \vdots\\ 1\end{pmatrix}$ 时，向量组

$$
\begin{pmatrix}1\\ 0\\ \vdots\\ 0\end{pmatrix},\begin{pmatrix}0\\ 1\\ \vdots\\ 0\end{pmatrix},\cdots,\begin{pmatrix}0\\ 0\\ \vdots\\ 1\end{pmatrix} \tag{3.10}
$$

线性无关，进而类似于例3.8或根据秩的有关结论或直接验证知$\boldsymbol{\xi}_1,\boldsymbol{\xi}_2,\cdots,\boldsymbol{\xi}_{n-r}$线性无关. 另一方面，$S$中任意向量可写成(3.9)式，即$S$中任意向量都是$\boldsymbol{\xi}_1,\boldsymbol{\xi}_2,\cdots,\boldsymbol{\xi}_{n-r}$的线性组合. 因此，$\boldsymbol{\xi}_1,\boldsymbol{\xi}_2,\cdots,\boldsymbol{\xi}_{n-r}$是齐次线性方程组$\boldsymbol{A}_{m\times n}\boldsymbol{x}=\boldsymbol{0}$的基础解系，其中含$n-r$个解向量.

设$R(\boldsymbol{A})=r$，根据定理3.7知，只要得出任意的$n-r$个线性无关的齐次线性方程组$\boldsymbol{A}_{m\times n}\boldsymbol{x}=\boldsymbol{0}$的解向量，则由定理3.6的推论知，它就是$\boldsymbol{A}_{m\times n}\boldsymbol{x}=\boldsymbol{0}$的基础解系，进而得出解空间$S$，因为$S$是由其基生成的向量空间.

由前面的分析可知，令$R(\boldsymbol{A})=r$，求解齐次线性方程组$\boldsymbol{A}\boldsymbol{x}=\boldsymbol{0}$的基础解系的方法：

第1步　将系数矩阵化成行最简形.

第2步　确定出$n-r$个自由未知量.

第3步　得出类似于(3.10)式的$n-r$个线性无关的向量组，进而可得出类似于(3.8)式的$n-r$个线性无关的解向量，它就是齐次线性方程组$\boldsymbol{A}_{m\times n}\boldsymbol{x}=\boldsymbol{0}$的基础解系.

例 3.19　求下列齐次线性方程组的结构解：

$$
\begin{cases}x_1-2x_2\quad\ +3x_4\quad=0,\\ \qquad\qquad x_3+4x_4\quad=0,\\ \qquad\qquad\qquad\qquad x_5=0.\end{cases} \tag{3.11}
$$

解　系数矩阵为

$$
\begin{pmatrix}1&-2&0&3&0\\ 0&0&1&4&0\\ 0&0&0&0&1\end{pmatrix},
$$

已经是行最简形，其对应的线性方程组就是方程组(3.11).

可确定 x_2 和 x_4 为自由未知量.

令 $\begin{pmatrix} x_2 \\ x_4 \end{pmatrix} = \begin{pmatrix} 1 \\ 0 \end{pmatrix}, \begin{pmatrix} 0 \\ 1 \end{pmatrix}$，代入线性方程组(3.11)得基础解系 $\boldsymbol{\xi}_1 = \begin{pmatrix} 2 \\ 1 \\ 0 \\ 0 \\ 0 \end{pmatrix}$，$\boldsymbol{\xi}_2 = \begin{pmatrix} -3 \\ 0 \\ -4 \\ 1 \\ 0 \end{pmatrix}$，于是齐次线性方程组(3.11)的结构解为

$$\boldsymbol{x} = k_1\boldsymbol{\xi}_1 + k_2\boldsymbol{\xi}_2 = k_1\begin{pmatrix} 2 \\ 1 \\ 0 \\ 0 \\ 0 \end{pmatrix} + k_2\begin{pmatrix} -3 \\ 0 \\ -4 \\ 1 \\ 0 \end{pmatrix}, \quad \text{其中 } k_1 \text{ 和 } k_2 \text{ 为任意常数.} \tag{3.12}$$

说明　最后得到的结构解(3.12)与在第1章用高斯消元得到的通解

$$\boldsymbol{x} = \begin{pmatrix} 2k_1 - 3k_2 \\ k_1 \\ -4k_2 \\ k_2 \\ 0 \end{pmatrix}, \quad \text{其中 } k_1 \text{ 和 } k_2 \text{ 为任意常数}$$

是完全一致的.若在第3步中令 $\begin{pmatrix} x_2 \\ x_4 \end{pmatrix} = \begin{pmatrix} 1 \\ 0 \end{pmatrix}, \begin{pmatrix} 1 \\ 1 \end{pmatrix}$，代入方程组(3.11)得基础解系 $\boldsymbol{\xi}_1 = \begin{pmatrix} 2 \\ 1 \\ 0 \\ 0 \\ 0 \end{pmatrix}$，$\boldsymbol{\xi}_2 = \begin{pmatrix} -1 \\ 1 \\ -4 \\ 1 \\ 0 \end{pmatrix}$，得到齐次线性方程组(3.11)的结构解为

$$\boldsymbol{x} = k_1\boldsymbol{\xi}_1 + k_2\boldsymbol{\xi}_2 = k_1\begin{pmatrix} 2 \\ 1 \\ 0 \\ 0 \\ 0 \end{pmatrix} + k_2\begin{pmatrix} -1 \\ 1 \\ -4 \\ 1 \\ 0 \end{pmatrix}, \quad \text{其中 } k_1 \text{ 和 } k_2 \text{ 为任意常数.} \tag{3.13}$$

若令$\begin{pmatrix}x_2\\x_4\end{pmatrix}=\begin{pmatrix}1\\-1\end{pmatrix},\begin{pmatrix}1\\1\end{pmatrix}$,代入线性方程组(3.11)得基础解系$\boldsymbol{\xi}_1=\begin{pmatrix}5\\1\\4\\-1\\0\end{pmatrix}$,$\boldsymbol{\xi}_2=\begin{pmatrix}-1\\1\\-4\\1\\0\end{pmatrix}$,得到齐次线性方程组(3.11)的结构解为

$$\boldsymbol{x}=k_1\boldsymbol{\xi}_1+k_2\boldsymbol{\xi}_2=k_1\begin{pmatrix}5\\1\\4\\-1\\0\end{pmatrix}+k_2\begin{pmatrix}-1\\1\\-4\\1\\0\end{pmatrix},\quad \text{其中 } k_1 \text{ 和 } k_2 \text{ 为任意常数.} \tag{3.14}$$

由向量空间理论知,任意两个基础解系都是解空间 S 的基,它们是等价的,因而(3.12)式、(3.13)式和(3.14)式都是齐次线性方程组(3.11)的通解,它们本质上是完全相同的,由此可以看出解与解之间的联系.不过,通常按上例中的所谓"标准方法"(3.10)式去求基础解系.

结构解是通解的一种形式,它与1.3节用高斯消元法得出的通解本质相同.对于非齐次线性方程组有同样的结论,见下面的讨论.

实际上,若不要求给出结构解,按第1章高斯消元法得出其通解更方便.

容易知道,求结构解比用高斯消元法得出通解更灵活,只需要得出一个基础解系即可.在第4章计算方阵的特征向量时就需要这种基础解系,换句话说,基础解系本身也是非常重要的.

利用线性方程组的有关理论,主要是定理3.7,可以证明一些关于矩阵秩的重要结论.

定理 3.8 设 $\boldsymbol{A}_{m\times n}\boldsymbol{B}_{n\times k}=\boldsymbol{0}$,则 $R(\boldsymbol{A})+R(\boldsymbol{B})\leqslant n$.

证 对矩阵 $\boldsymbol{B}$ 按列分块,得 $\boldsymbol{B}=(\boldsymbol{b}_1\ \boldsymbol{b}_2\cdots\ \boldsymbol{b}_k)$.由于

$$\boldsymbol{A}(\boldsymbol{b}_1\ \boldsymbol{b}_2\ \cdots\ \boldsymbol{b}_k)=(\boldsymbol{0}\ \boldsymbol{0}\ \cdots\ \boldsymbol{0}),$$

根据分块矩阵的乘法有 $\boldsymbol{A}\boldsymbol{b}_i=\boldsymbol{0}(i=1,2,\cdots,k)$,即 $\boldsymbol{b}_1,\boldsymbol{b}_2,\cdots,\boldsymbol{b}_k$ 是齐次线性方程组 $\boldsymbol{A}\boldsymbol{x}=\boldsymbol{0}$ 的解,亦即 $\boldsymbol{b}_1,\boldsymbol{b}_2,\cdots,\boldsymbol{b}_k\in S$,因此

$$R(\boldsymbol{b}_1,\boldsymbol{b}_2,\cdots,\boldsymbol{b}_k)=R(\boldsymbol{B})\leqslant n-R(\boldsymbol{A}),$$

故 $R(\boldsymbol{A})+R(\boldsymbol{B})\leqslant n$.

例 3.20 设 $\boldsymbol{A}$ 为 $n(n\geqslant 2)$ 阶方阵,证明

$$R(\boldsymbol{A}^*)=\begin{cases}n, & R(\boldsymbol{A})=n,\\1, & R(\boldsymbol{A})=n-1,\\0, & R(\boldsymbol{A})\leqslant n-2.\end{cases}$$

证 (1) 当 $R(\boldsymbol{A})=n$ 时，$|\boldsymbol{A}|\neq 0$. 由于 $\boldsymbol{A}\boldsymbol{A}^*=|\boldsymbol{A}|\boldsymbol{E}$，于是 $|\boldsymbol{A}^*|\neq 0$，进而 $\boldsymbol{A}^*$ 可逆，因此 $R(\boldsymbol{A}^*)=n$.

(2) 当 $R(\boldsymbol{A})=n-1$ 时，$|\boldsymbol{A}|=0$ 且 $\boldsymbol{A}$ 存在一个不为零的 $n-1$ 阶子式，于是 $\boldsymbol{A}^*\neq\boldsymbol{0}$，进而 $R(\boldsymbol{A}^*)\geqslant 1$. 因为 $\boldsymbol{A}\boldsymbol{A}^*=|\boldsymbol{A}|\boldsymbol{E}=\boldsymbol{0}$，根据定理 3.8 有 $R(\boldsymbol{A})+R(\boldsymbol{A}^*)\leqslant n$. 由于 $R(\boldsymbol{A})=n-1$，因此 $R(\boldsymbol{A}^*)\leqslant 1$. 故 $R(\boldsymbol{A}^*)=1$.

(3) 当 $R(\boldsymbol{A})\leqslant n-2$ 时，$\boldsymbol{A}$ 的所有 $n-1$ 阶子式全为 0，于是 $\boldsymbol{A}^*=\boldsymbol{0}$，所以 $R(\boldsymbol{A}^*)=0$.

例 3.21 已知三阶方阵 $\boldsymbol{A}$ 的第一行元素 $(a,b,c)\neq\boldsymbol{0}$，矩阵

$$\boldsymbol{B}=\begin{pmatrix}1&2&3\\2&4&6\\3&6&k\end{pmatrix},$$

其中 k 为常数且 $\boldsymbol{AB}=\boldsymbol{0}$，求线性方程组 $\boldsymbol{Ax}=\boldsymbol{0}$ 的通解.

解 因为 $\boldsymbol{AB}=\boldsymbol{0}$，根据定理 3.8 知 $R(\boldsymbol{A})+R(\boldsymbol{B})\leqslant 3$. 由于 $(a,b,c)\neq\boldsymbol{0}$，于是 $R(\boldsymbol{A})\geqslant 1$.

(1) 当 $k\neq 9$ 时，$R(\boldsymbol{B})=2$，进而 $R(\boldsymbol{A})=1$. 由于

$$\boldsymbol{A}\begin{pmatrix}1\\2\\3\end{pmatrix}=\boldsymbol{0} \quad 及 \quad \boldsymbol{A}\begin{pmatrix}3\\6\\k\end{pmatrix}=\boldsymbol{0},$$

且 $\begin{pmatrix}1\\2\\3\end{pmatrix}$ 与 $\begin{pmatrix}3\\6\\k\end{pmatrix}$ 线性无关，所以 $\begin{pmatrix}1\\2\\3\end{pmatrix}$ 和 $\begin{pmatrix}3\\6\\k\end{pmatrix}$ 是 $\boldsymbol{Ax}=\boldsymbol{0}$ 的基础解系，进而 $\boldsymbol{Ax}=\boldsymbol{0}$ 的通解为

$$k_1\begin{pmatrix}1\\2\\3\end{pmatrix}+k_2\begin{pmatrix}3\\6\\k\end{pmatrix},\quad k_1 和 k_2 是任意常数.$$

当 $k=9$ 时，$R(\boldsymbol{B})=1$，进而 $R(\boldsymbol{A})=2$ 或 $R(\boldsymbol{A})=1$.

(2) 当 $k=9$ 且 $R(\boldsymbol{A})=2$ 时，由于 $\boldsymbol{A}\begin{pmatrix}1\\2\\3\end{pmatrix}=\boldsymbol{0}$，于是 $\begin{pmatrix}1\\2\\3\end{pmatrix}$ 是 $\boldsymbol{Ax}=\boldsymbol{0}$ 的基础解系，进而 $\boldsymbol{Ax}=\boldsymbol{0}$ 的通解为

$$k_3\begin{pmatrix}1\\2\\3\end{pmatrix},\quad k_3 是任意常数.$$

(3) 当 $k=9$ 且 $R(\boldsymbol{A})=1$ 时，$\boldsymbol{Ax}=\boldsymbol{0}$ 与 $ax_1+bx_2+cx_3=0$ 同解. 由于 $(a,b,c)\neq\boldsymbol{0}$，不妨设 $a\neq 0$. 这时 $ax_1+bx_2+cx_3=0$ 有两个线性无关的解

$$\boldsymbol{\xi}_1=\begin{pmatrix}-b\\a\\0\end{pmatrix},\quad \boldsymbol{\xi}_2=\begin{pmatrix}-c\\0\\a\end{pmatrix},$$

它们也是 $\boldsymbol{Ax}=\mathbf{0}$ 的基础解系，进而 $\boldsymbol{Ax}=\mathbf{0}$ 的通解为

$$k_4\begin{pmatrix}-b\\a\\0\end{pmatrix}+k_5\begin{pmatrix}-c\\0\\a\end{pmatrix},\quad k_4 \text{ 和 } k_5 \text{ 是任意常数}.$$

例 3.22　已知 $\boldsymbol{\alpha}_1,\boldsymbol{\alpha}_2,\boldsymbol{\alpha}_3,\boldsymbol{\alpha}_4$ 是齐次线性方程组 $\boldsymbol{Ax}=\mathbf{0}$ 的基础解系，若 $\boldsymbol{\beta}_1=\boldsymbol{\alpha}_1+t\boldsymbol{\alpha}_2,\boldsymbol{\beta}_2=\boldsymbol{\alpha}_2+t\boldsymbol{\alpha}_3,\boldsymbol{\beta}_3=\boldsymbol{\alpha}_3+t\boldsymbol{\alpha}_4,\boldsymbol{\beta}_4=\boldsymbol{\alpha}_4+t\boldsymbol{\alpha}_1$，讨论实数 t 满足什么条件时，$\boldsymbol{\beta}_1,\boldsymbol{\beta}_2,\boldsymbol{\beta}_3,\boldsymbol{\beta}_4$ 也是 $\boldsymbol{Ax}=\mathbf{0}$ 的基础解系.

解　根据题意知，$\boldsymbol{Ax}=\mathbf{0}$ 的基础解系中含 4 个解向量，只需要讨论实数 t 满足什么条件时，$\boldsymbol{\beta}_1,\boldsymbol{\beta}_2,\boldsymbol{\beta}_3,\boldsymbol{\beta}_4$ 线性无关即可.

设 $k_1\boldsymbol{\beta}_1+k_2\boldsymbol{\beta}_2+k_3\boldsymbol{\beta}_3+k_4\boldsymbol{\beta}_4=\mathbf{0}$，即

$$k_1(\boldsymbol{\alpha}_1+t\boldsymbol{\alpha}_2)+k_2(\boldsymbol{\alpha}_2+t\boldsymbol{\alpha}_3)+k_3(\boldsymbol{\alpha}_3+t\boldsymbol{\alpha}_4)+k_4(\boldsymbol{\alpha}_4+t\boldsymbol{\alpha}_1)=\mathbf{0}.$$

整理得

$$(k_1+tk_4)\boldsymbol{\alpha}_1+(k_2+tk_1)\boldsymbol{\alpha}_2+(k_3+tk_2)\boldsymbol{\alpha}_3+(k_4+tk_3)\boldsymbol{\alpha}_4=\mathbf{0}.$$

由于 $\boldsymbol{\alpha}_1,\boldsymbol{\alpha}_2,\boldsymbol{\alpha}_3,\boldsymbol{\alpha}_4$ 线性无关，所以得

$$\begin{cases}k_1+tk_4=0,\\k_2+tk_1=0,\\k_3+tk_2=0,\\k_4+tk_3=0.\end{cases}$$

要使得上述关于 k_1,k_2,k_3,k_4 的线性方程组只有零解，其系数行列式

$$\begin{vmatrix}1&0&0&t\\t&1&0&0\\0&t&1&0\\0&0&t&1\end{vmatrix}=1-t^4\neq 0,$$

即当 $t\neq\pm1$ 时，$\boldsymbol{\beta}_1,\boldsymbol{\beta}_2,\boldsymbol{\beta}_3,\boldsymbol{\beta}_4$ 也是 $\boldsymbol{Ax}=\mathbf{0}$ 的基础解系.

例 3.23　(1) 求齐次线性方程组

$$\begin{cases}x_1+x_2=0,\\x_2-x_4=0\end{cases}\tag{3.15}$$

的基础解系.

(2) 通解为 $k_1\begin{pmatrix}1\\1\\1\\0\end{pmatrix}+k_2\begin{pmatrix}0\\2\\2\\1\end{pmatrix}$ (k_1 和 k_2 为任意常数)的齐次线性方程组是否与线性方程组

(3.15)有非零公共解？若有，则求出所有非零公共解，若无，则说明理由.

解 (1) 齐次线性方程组的系数矩阵的行最简形矩阵为

$$\begin{pmatrix}1 & 1 & 0 & 0\\ 0 & 1 & 0 & -1\end{pmatrix}\xrightarrow{-1r_2+r_1}\begin{pmatrix}1 & 0 & 0 & 1\\ 0 & 1 & 0 & -1\end{pmatrix},$$

其对应的齐次线性方程组为

$$\begin{cases}x_1+x_4=0,\\ x_2-x_4=0.\end{cases}$$

取 x_3 和 x_4 为自由未知量，令 $\begin{bmatrix}x_3\\ x_4\end{bmatrix}=\begin{bmatrix}1\\ 0\end{bmatrix},\begin{bmatrix}0\\ 1\end{bmatrix}$，得基础解系为

$$\begin{bmatrix}0\\ 0\\ 1\\ 0\end{bmatrix},\quad \begin{bmatrix}-1\\ 1\\ 0\\ 1\end{bmatrix}.$$

(2) 将所给通解的齐次线性方程组的解

$$x_1=k_1,\quad x_2=k_1+2k_2,\quad x_3=k_1+2k_2,\quad x_4=k_2$$

代入线性方程组(3.15)，得 $\begin{cases}k_1+(k_1+2k_2)=0,\\ (k_1+2k_2)-k_2=0,\end{cases}$ 于是 $k_1=-k_2$. 因此，当 $k_1=-k_2\neq 0$ 时它们有非零公共解，其非零公共解为

$$k_1\begin{bmatrix}1\\ 1\\ 1\\ 0\end{bmatrix}-k_1\begin{bmatrix}0\\ 2\\ 2\\ 1\end{bmatrix}=k_1\begin{bmatrix}1\\ -1\\ -1\\ -1\end{bmatrix},\quad \text{其中 } k_1 \text{ 为不等于 0 的任意常数}.$$

下面讨论非齐次线性方程组.

3.5.2 非齐次线性方程组的结构解

借助于齐次线性方程组 $\boldsymbol{Ax}=\boldsymbol{0}$ 的基础解系可以得出非齐次线性方程组的结构解，讨论的方法具有一般性，如可用于高等数学非齐次线性微分方程(组)的解的讨论等.

非齐次线性方程组 $\boldsymbol{A}_{m\times n}\boldsymbol{x}=\boldsymbol{b}$ 对应的齐次线性方程组为 $\boldsymbol{A}_{m\times n}\boldsymbol{x}=\boldsymbol{0}$，它可称为 $\boldsymbol{A}_{m\times n}\boldsymbol{x}=\boldsymbol{b}$ 的导出组. 容易验证，下列两条性质成立.

性质 3 若 $\boldsymbol{A\eta}_1=\boldsymbol{b}$ 且 $\boldsymbol{A\eta}_2=\boldsymbol{b}$，则 $\boldsymbol{A}(\boldsymbol{\eta}_1-\boldsymbol{\eta}_2)=\boldsymbol{0}$.

性质 4 若 $\boldsymbol{A\xi}=\boldsymbol{0}$ 且 $\boldsymbol{A\eta}=\boldsymbol{b}$，则 $\boldsymbol{A}(\boldsymbol{\xi}+\boldsymbol{\eta})=\boldsymbol{b}$.

若得到非齐次线性方程组 $\boldsymbol{Ax}=\boldsymbol{b}$ 的一个特解 $\boldsymbol{\eta}^*$，则根据性质 3，$\boldsymbol{Ax}=\boldsymbol{b}$ 的任意解 $\boldsymbol{x}$ 总可

以写成 $\boldsymbol{x}=\boldsymbol{\xi}+\boldsymbol{\eta}^*$，其中 $\boldsymbol{A\xi}=\boldsymbol{0}$. 设 $\boldsymbol{Ax}=\boldsymbol{0}$ 的基础解系为 $\boldsymbol{\xi}_1,\boldsymbol{\xi}_2,\cdots,\boldsymbol{\xi}_{n-R(\mathbf{A})}$，则 $\boldsymbol{Ax}=\boldsymbol{b}$ 的结构解为

$$k_1\boldsymbol{\xi}_1+k_2\boldsymbol{\xi}_2+\cdots+k_{n-R(\mathbf{A})}\boldsymbol{\xi}_{n-R(\mathbf{A})}+\boldsymbol{\eta}^*.$$

综上所述，有下面的定理.

定理 3.9　设非齐次线性方程组 $\boldsymbol{A}_{m\times n}\boldsymbol{x}=\boldsymbol{b}$ 对应的齐次线性方程组 $\boldsymbol{Ax}=\boldsymbol{0}$ 的基础解系为

$$\boldsymbol{\xi}_1,\quad \boldsymbol{\xi}_2,\quad \cdots,\quad \boldsymbol{\xi}_{n-r},$$

其中 $R(\mathbf{A})=r$，$\boldsymbol{\eta}^*$ 是非齐次线性方程组 $\boldsymbol{Ax}=\boldsymbol{b}$ 的一个特解，则非齐次线性方程组 $\boldsymbol{Ax}=\boldsymbol{b}$ 的结构解为

$$k_1\boldsymbol{\xi}_1+k_2\boldsymbol{\xi}_2+\cdots+k_{n-r}\boldsymbol{\xi}_{n-r}+\boldsymbol{\eta}^*,\quad \text{其中 } k_1,k_2,\cdots,k_r \text{ 为任意常数.} \tag{3.16}$$

特别地，若 $R(\mathbf{A})=r=n$，则 $\boldsymbol{Ax}=\boldsymbol{b}$ 只有唯一解.

对于非齐次线性方程组 $\boldsymbol{A}_{m\times n}\boldsymbol{x}=\boldsymbol{b}$ 的任意两个特解 $\boldsymbol{\eta}_1^*$ 和 $\boldsymbol{\eta}_2^*$，由性质 3 知，$\boldsymbol{\eta}_1^*-\boldsymbol{\eta}_2^*$ 是 $\boldsymbol{A}_{m\times n}\boldsymbol{x}=\boldsymbol{0}$ 的解. 由于 $\boldsymbol{A}_{m\times n}\boldsymbol{x}=\boldsymbol{0}$ 的任意两个基础解系都是解空间 S 的基，因而它们是等价的，由此可知非齐次线性方程组 $\boldsymbol{A}_{m\times n}\boldsymbol{x}=\boldsymbol{b}$ 的任意两个解之间的联系.

根据定理 3.9 知，求非齐次线性方程组 $\boldsymbol{Ax}=\boldsymbol{b}$ 的结构解步骤如下.

第 1 步　求出 $\boldsymbol{Ax}=\boldsymbol{b}$ 的增广矩阵 $\boldsymbol{B}$ 的行阶梯形矩阵，根据它判断 $\boldsymbol{Ax}=\boldsymbol{b}$ 是否有解. 在有解的情况下，进一步将 $\boldsymbol{B}$ 的行阶梯形矩阵化为行最简形矩阵.

第 2 步　根据行最简形矩阵，写出同解的非齐次线性方程组，并求出一个特解 $\boldsymbol{\eta}^*$.

第 3 步　根据行最简形矩阵，写出对应的同解齐次线性方程组，求出基础解系 $\boldsymbol{\xi}_1,\boldsymbol{\xi}_2,\cdots,\boldsymbol{\xi}_{n-r}$，其中 $R(\mathbf{A})=r$，进而得出 $\boldsymbol{Ax}=\boldsymbol{b}$ 的结构解(3.16).

求一个线性方程组的结构解，就是通过求出(对应的)齐次线性方程组的基础解系，进而得出线性方程组的通解.

例 3.24　求非齐次线性方程组

$$\begin{cases} x_1+x_2-2x_3+3x_4=0, \\ 2x_1+x_2-6x_3+4x_4=-1, \\ 3x_1+2x_2-8x_3+7x_4=-1, \\ x_1-x_2-6x_3-x_4=-2 \end{cases} \tag{3.17}$$

的结构解.

解　非齐次线性方程组(3.17)的增广矩阵 $\boldsymbol{B}$ 可以化为

$$\begin{bmatrix} 1 & 1 & -2 & 3 & 0 \\ 2 & 1 & -6 & 4 & -1 \\ 3 & 2 & -8 & 7 & -1 \\ 1 & -1 & -6 & -1 & -2 \end{bmatrix} \xrightarrow[-1r_1+r_4]{\substack{-2r_1+r_2 \\ -3r_1+r_3}} \begin{bmatrix} 1 & 1 & -2 & 3 & 0 \\ 0 & -1 & -2 & -2 & -1 \\ 0 & -1 & -2 & -2 & -1 \\ 0 & -2 & -4 & -4 & -2 \end{bmatrix}$$

$$\xrightarrow[-1r_2]{\substack{-1r_2+r_3\\-2r_2+r_4}}\begin{pmatrix}1&1&-2&3&0\\0&1&2&2&1\\0&0&0&0&0\\0&0&0&0&0\end{pmatrix}\xrightarrow{-1r_2+r_1}\begin{pmatrix}1&0&-4&1&-1\\0&1&2&2&1\\0&0&0&0&0\\0&0&0&0&0\end{pmatrix},$$

其同解的非齐次线性方程组为

$$\begin{cases}x_1\quad -4x_3+\ x_4=-1,\\ \quad x_2+2x_3+2x_4=1.\end{cases}$$

令 $x_3=x_4=0$,得

$$\boldsymbol{\eta}^*=\begin{pmatrix}-1\\1\\0\\0\end{pmatrix}.$$

根据行最简形矩阵,得出对应的同解齐次线性方程组为

$$\begin{cases}x_1\quad -4x_3+\ x_4=0,\\ \quad x_2+2x_3+2x_4=0.\end{cases}$$

取 $\begin{pmatrix}x_3\\x_4\end{pmatrix}=\begin{pmatrix}1\\0\end{pmatrix},\begin{pmatrix}0\\1\end{pmatrix}$,得基础解系

$$\boldsymbol{\xi}_1=\begin{pmatrix}4\\-2\\1\\0\end{pmatrix},\quad \boldsymbol{\xi}_2=\begin{pmatrix}-1\\-2\\0\\1\end{pmatrix}.$$

因此,非齐次线性方程组(3.17)的结构解为

$$\boldsymbol{x}=k_1\begin{pmatrix}4\\-2\\1\\0\end{pmatrix}+k_2\begin{pmatrix}-1\\-2\\0\\1\end{pmatrix}+\begin{pmatrix}-1\\1\\0\\0\end{pmatrix},\quad \text{其中 } k_1,k_2 \text{ 为任意常数.}$$

例 3.25 问 λ,μ 取何值时,下列非齐次线性方程组

$$\begin{cases}x_1+x_2+x_3+x_4=0,\\ \quad x_2+2x_3+2x_4=1,\\ -x_2+(\lambda-3)x_3-2x_4=\mu,\\ 3x_1+2x_2+x_3+\lambda x_4=-1.\end{cases}\tag{3.18}$$

(1)无解.(2)有唯一解.(3)有无限多个解.在有解的情况下,求出其结构解.

解 将增广矩阵 $\boldsymbol{B}$ 化为

$$\boldsymbol{B}=\begin{pmatrix}1&1&1&1&0\\0&1&2&2&1\\0&-1&\lambda-3&-2&\mu\\3&2&1&\lambda&-1\end{pmatrix}\xrightarrow{-3r_1+r_4}\begin{pmatrix}1&1&1&1&0\\0&1&2&2&1\\0&-1&\lambda-3&-2&\mu\\0&-1&-2&\lambda-3&-1\end{pmatrix}$$

$$\xrightarrow[1r_2+r_4]{1r_2+r_3}\begin{pmatrix}1&1&1&1&0\\0&1&2&2&1\\0&0&\lambda-1&0&\mu+1\\0&0&0&\lambda-1&0\end{pmatrix}.$$

(1) 当 $\lambda\neq1$ 时,$R(\boldsymbol{A})=R(\boldsymbol{B})=4$,非齐次线性方程组(3.18)有唯一解,$\boldsymbol{B}$ 可进一步简化成

$$\boldsymbol{B}\rightarrow\begin{pmatrix}1&0&0&0&-1+\dfrac{\mu+1}{\lambda-1}\\0&1&0&0&1-\dfrac{2(\mu+1)}{\lambda-1}\\0&0&1&0&\dfrac{\mu+1}{\lambda-1}\\0&0&0&1&0\end{pmatrix}.$$

于是,$x_1=-1+\dfrac{\mu+1}{\lambda-1}$,$x_2=1-\dfrac{2(\mu+1)}{\lambda-1}$,$x_3=\dfrac{\mu+1}{\lambda-1}$,$x_4=0$.

(2) 当 $\lambda=1$ 时,$R(\boldsymbol{A})=2$.

① 若 $\mu\neq-1$,则 $R(\boldsymbol{B})=3$,方程组(3.18)无解.

② 若 $\mu=-1$,则 $\boldsymbol{B}$ 可进一步简化成

$$\boldsymbol{B}\rightarrow\begin{pmatrix}1&0&-1&-1&-1\\0&1&2&2&1\\0&0&0&0&0\\0&0&0&0&0\end{pmatrix},$$

同解的非齐次线性方程组为

$$\begin{cases}x_1-x_3-x_4=-1,\\x_2+2x_3+2x_4=1.\end{cases}$$

令 $x_3=x_4=0$,得

$$\boldsymbol{\eta}^*=\begin{pmatrix}-1\\1\\0\\0\end{pmatrix}.$$

根据行最简形矩阵,得出对应的同解齐次线性方程组为

$$\begin{cases} x_1 \quad - x_3 - x_4 = 0, \\ x_2 + 2x_3 + 2x_4 = 0. \end{cases}$$

取 $\begin{bmatrix} x_3 \\ x_4 \end{bmatrix} = \begin{pmatrix} 1 \\ 0 \end{pmatrix}, \begin{pmatrix} 0 \\ 1 \end{pmatrix}$,得基础解系

$$\boldsymbol{\xi}_1 = \begin{pmatrix} 1 \\ -2 \\ 1 \\ 0 \end{pmatrix}, \quad \boldsymbol{\xi}_2 = \begin{pmatrix} 1 \\ -2 \\ 0 \\ 1 \end{pmatrix}.$$

因此,非齐次线性方程组(3.17)的结构解为

$$\boldsymbol{x} = k_1 \begin{pmatrix} 1 \\ -2 \\ 1 \\ 0 \end{pmatrix} + k_2 \begin{pmatrix} 1 \\ -2 \\ 0 \\ 1 \end{pmatrix} + \begin{pmatrix} -1 \\ 1 \\ 0 \\ 0 \end{pmatrix}, \quad \text{其中 } k_1, k_2 \text{ 为任意常数.} \tag{3.19}$$

综上所述,(1) 当 $\lambda=1, \mu \neq -1$ 时无解.

(2) 当 $\lambda \neq 1$ 时,有唯一解

$$x_1 = -1 + \frac{\mu+1}{\lambda-1}, \quad x_2 = 1 - \frac{2(\mu+1)}{\lambda-1}, \quad x_3 = \frac{\mu+1}{\lambda-1}, \quad x_4 = 0.$$

(3) 当 $\lambda=1, \mu=-1$ 时有无限多个解,其结构解为

$$\boldsymbol{x} = k_1 \begin{pmatrix} 1 \\ -2 \\ 1 \\ 0 \end{pmatrix} + k_2 \begin{pmatrix} 1 \\ -2 \\ 0 \\ 1 \end{pmatrix} + \begin{pmatrix} -1 \\ 1 \\ 0 \\ 0 \end{pmatrix}, \quad \text{其中 } k_1, k_2 \text{ 为任意常数.}$$

3.6 线性空间与线性变换

正如前言所说,线性代数的研究对象是线性空间,包括其上的线性变换.由于一般的线性空间和线性变换等内容偏理科色彩,本节仅对其进行简单的介绍,希望大家有所了解.

本节在实数范围内讨论.

3.6.1 线性空间

定义 3.13 设 V 是非空集合,在 V 上定义了两个元素 α 和 β 的封闭的加法 $\alpha+\beta$ 运算和一个元素 α 与数 λ 之间的数乘 $\lambda\alpha$ 运算,且满足(其中 $\alpha,\beta,\gamma\in V,\lambda,\mu$ 是数)

(1) $\alpha+\beta=\beta+\alpha$.

(2) $(\alpha+\beta)+\gamma=\alpha+(\beta+\gamma)$.

(3) 存在 $0\in V$,对任意 $\alpha\in V$,有 $\alpha+0=\alpha$.

(4) 对任意 $\alpha\in V$,存在 $\beta\in V$,使得 $\alpha+\beta=0$.

(5) $1\alpha=\alpha$.

(6) $\lambda(\mu\alpha)=(\lambda\mu)\alpha$.

(7) $(\lambda+\mu)\alpha=\lambda\alpha+\mu\alpha$.

(8) $\lambda(\alpha+\beta)=\lambda\alpha+\lambda\beta$.

则称 V 为**线性空间**(linear space).

满足(1)~(8)性质的运算称为**线性运算**(linear operations).

可以验证,向量空间是线性空间.因为只要非空向量组 V 对于向量的加法运算和数乘运算封闭,而向量的加法和数乘运算显然满足条件(1)~(8)(参见3.1节),因此向量空间是线性空间.

又如,所有 $m\times n$ 矩阵组成的集合,关于矩阵的加法运算和矩阵的数乘运算构成一个线性空间(参见2.1节).

再如,所有关于 x 的一元函数全体组成的集合,关于函数的加法运算和函数的数乘运算构成一个线性空间.

类似于向量空间的讨论,可以考虑线性空间中元素之间的线性相关性.例如,对于定义在区间 I 上的 n 个函数 $y_1(x),y_2(x),\cdots,y_n(x)$,如果存在 n 个不全为0的数 $k_1,k_2,\cdots,k_n$,使得当 $x\in I$ 时均有

$$k_1y_1(x)+k_2y_2(x)+\cdots+k_ny_n(x)=0,$$

则称这 n 个函数在区间 I 上**线性相关**(linear dependence),否则称为**线性无关**(linear independence).

例如,函数 $1,\sin^2x,\cos^2x$ 在 $(-\infty,+\infty)$ 上线性相关,因为在 $(-\infty,+\infty)$ 上

$$1+(-1)\sin^2x+(-1)\cos^2x=0.$$

又如,函数 $1,x,x^2$ 在任意 (a,b) 上线性无关,因为在 (a,b) 上,使

$$k_1 1+k_2x+k_3x^2=0$$

成立的 k_1,k_2,k_3 必全为0.

类似于两个向量线性相关的讨论,对于任意两个函数 $y_1(x),y_2(x)$,它们在区间 I 上线性相关的充要条件是它们的比是一个常数.于是,由于 $\dfrac{\sin x}{\cos x}=\tan x\neq$ 常数,于是 $\sin x$ 和 $\cos x$ 在任意区间上是线性无关的.同样,由于 $\dfrac{e^x}{x}\neq$ 常数,于是 e^x 和 x 在任意区间上是线性无关的.

可以类似地定义线性空间 V 的极大无关组,并将 V 的极大线性无关组称为是线性空间 V

的**基**(basis),极大线性无关组中所含的元素的个数称为线性空间的维数(dimensionality),记为 $\dim(V)$.

3.6.2 线性变换

对于任意集合 V,将 V 到 V 的映射称为 V 上的**变换**(transformation).如果 V 是线性空间,将保持其线性运算的变换称为线性变换,其具体定义如下.

定义 3.14 设 V 是线性空间,f 是 V 到 V 的映射,且满足

(1) 对于任意 $\alpha,\beta\in V$,有 $f(\alpha+\beta)=f(\alpha)+f(\beta)$.

(2) 对于任意 $\alpha\in V$ 和数 λ,有 $f(\lambda\alpha)=\lambda f(\alpha)$.

则称 f 是线性空间 V 上的**线性变换**(linear transformation).

下面仅在向量空间 $\mathbb{R}^n$ 中考虑线性变换.

例 3.26 设

$$\boldsymbol{y}=\boldsymbol{A}\boldsymbol{x}, \tag{3.20}$$

容易验证,式(3.20)是 $\mathbb{R}^n$ 中的线性变换.

例如 $\begin{pmatrix}x'\\y'\end{pmatrix}=\begin{pmatrix}\cos\theta & -\sin\theta\\ \sin\theta & \cos\theta\end{pmatrix}\begin{pmatrix}x\\y\end{pmatrix}$ 是 $\mathbb{R}^2$ 中的逆时针旋转角度 θ 的**旋转变换**(rotation transformation),$\begin{bmatrix}x'\\y'\\z'\end{bmatrix}=\begin{bmatrix}\cos\theta & -\sin\theta & 0\\ \sin\theta & \cos\theta & 0\\ 0 & 0 & 1\end{bmatrix}\begin{bmatrix}x\\y\\z\end{bmatrix}$ 是 $\mathbb{R}^3$ 中的绕 z 轴逆时针旋转角度 θ 的旋转变换.当然,$\mathbb{R}^3$ 中的绕经过原点的任意指定的轴旋转时,其线性变换要复杂些,参见文献[8].

又如 $\begin{pmatrix}x'\\y'\end{pmatrix}=\begin{bmatrix}s_x & 0\\ 0 & s_y\end{bmatrix}\begin{pmatrix}x\\y\end{pmatrix}$ 是 $\mathbb{R}^2$ 中的**缩放变换**(scaling transformation),$\begin{bmatrix}x'\\y'\\z'\end{bmatrix}=\begin{bmatrix}s_x & 0 & 0\\ 0 & s_y & 0\\ 0 & 0 & s_z\end{bmatrix}\begin{bmatrix}x\\y\\z\end{bmatrix}$ 是 $\mathbb{R}^3$ 中的缩放变换.

又如 $\begin{pmatrix}x'\\y'\end{pmatrix}=\begin{pmatrix}1 & 0\\ 0 & -1\end{pmatrix}\begin{pmatrix}x\\y\end{pmatrix}$ 和 $\begin{pmatrix}x'\\y'\end{pmatrix}=\begin{pmatrix}-1 & 0\\ 0 & 1\end{pmatrix}\begin{pmatrix}x\\y\end{pmatrix}$ 分别是 $\mathbb{R}^2$ 中关于 x 轴和 y 轴的**反射变换**(reflection transformation),$\begin{pmatrix}x'\\y'\end{pmatrix}=\begin{pmatrix}-1 & 0\\ 0 & -1\end{pmatrix}\begin{pmatrix}x\\y\end{pmatrix}$ 是 $\mathbb{R}^2$ 中关于坐标原点的反射变换,进一步可以考虑 $\mathbb{R}^2$ 中沿任何一条直线或任何一个点的反射变换以及 $\mathbb{R}^3$ 中的反射变换.

再如 $\begin{pmatrix}x'\\y'\end{pmatrix}=\begin{pmatrix}1 & sh_x\\ 0 & 1\end{pmatrix}\begin{pmatrix}x\\y\end{pmatrix}$ 是 $\mathbb{R}^2$ 中的**错切变换**(shear transformation),它使对象的形状发生变化.

设 f 是向量空间$\mathbb{R}^n$ 上的线性变换，在$\mathbb{R}^n$ 中选取一组基$\boldsymbol{\alpha}_1,\boldsymbol{\alpha}_2,\cdots,\boldsymbol{\alpha}_n$，由于 $f(\boldsymbol{\alpha}_i)\in\mathbb{R}^n(i=1,2,\cdots,n)$，故 $f(\boldsymbol{\alpha}_i)=a_{i1}\boldsymbol{\alpha}_1+a_{i2}\boldsymbol{\alpha}_2+\cdots+a_{in}\boldsymbol{\alpha}_n$. 记 $f(\boldsymbol{\alpha}_1,\boldsymbol{\alpha}_2,\cdots,\boldsymbol{\alpha}_n)=(f(\boldsymbol{\alpha}_1),f(\boldsymbol{\alpha}_2),\cdots,f(\boldsymbol{\alpha}_n))$，于是

$$f(\boldsymbol{\alpha}_1,\boldsymbol{\alpha}_2,\cdots,\boldsymbol{\alpha}_n)=(\boldsymbol{\alpha}_1,\boldsymbol{\alpha}_2,\cdots,\boldsymbol{\alpha}_n)\boldsymbol{A},$$

其中

$$\boldsymbol{A}=(a_{ij})_{n\times n}=\begin{pmatrix}a_{11}&a_{12}&\cdots&a_{1n}\\a_{21}&a_{22}&\cdots&a_{2n}\\\vdots&\vdots&&\vdots\\a_{n1}&a_{n2}&\cdots&a_{nn}\end{pmatrix}.\tag{3.21}$$

矩阵 $\boldsymbol{A}$ 称为线性变换 f 在基$\boldsymbol{\alpha}_1,\boldsymbol{\alpha}_2,\cdots,\boldsymbol{\alpha}_n$ 下的矩阵(matrix of the linear transformation f under the base $\boldsymbol{\alpha}_1,\boldsymbol{\alpha}_2,\cdots,\boldsymbol{\alpha}_n$).

对于任意$\boldsymbol{\alpha}\in\mathbb{R}^n$，令$\boldsymbol{\alpha}$ 在基$\boldsymbol{\alpha}_1,\boldsymbol{\alpha}_2,\cdots,\boldsymbol{\alpha}_n$ 下的坐标为$(x_1,x_2,\cdots,x_n)$，即

$$\boldsymbol{\alpha}=(\boldsymbol{\alpha}_1,\boldsymbol{\alpha}_2,\cdots,\boldsymbol{\alpha}_n)\begin{pmatrix}x_1\\x_2\\\vdots\\x_n\end{pmatrix},$$

这时

$$f(\boldsymbol{\alpha})=f(\boldsymbol{\alpha}_1,\boldsymbol{\alpha}_2,\cdots,\boldsymbol{\alpha}_n)\begin{pmatrix}x_1\\x_2\\\vdots\\x_n\end{pmatrix}=(\boldsymbol{\alpha}_1,\boldsymbol{\alpha}_2,\cdots,\boldsymbol{\alpha}_n)\boldsymbol{A}\begin{pmatrix}x_1\\x_2\\\vdots\\x_n\end{pmatrix}.$$

另一方面，由于 $f(\boldsymbol{\alpha})\in\mathbb{R}^n$，令 $f(\boldsymbol{\alpha})$在基$\boldsymbol{\alpha}_1,\boldsymbol{\alpha}_2,\cdots,\boldsymbol{\alpha}_n$ 下的坐标为$(y_1,y_2,\cdots,y_n)$，即

$$f(\boldsymbol{\alpha})=(\boldsymbol{\alpha}_1,\boldsymbol{\alpha}_2,\cdots,\boldsymbol{\alpha}_n)\begin{pmatrix}y_1\\y_2\\\vdots\\y_n\end{pmatrix},$$

因而有

$$(\boldsymbol{\alpha}_1,\boldsymbol{\alpha}_2,\cdots,\boldsymbol{\alpha}_n)\begin{pmatrix}y_1\\y_2\\\vdots\\y_n\end{pmatrix}=(\boldsymbol{\alpha}_1,\boldsymbol{\alpha}_2,\cdots,\boldsymbol{\alpha}_n)\boldsymbol{A}\begin{pmatrix}x_1\\x_2\\\vdots\\x_n\end{pmatrix}$$

由于$\boldsymbol{\alpha}_1,\boldsymbol{\alpha}_2,\cdots,\boldsymbol{\alpha}_n$ 线性无关，所以

$$\begin{pmatrix}y_1\\y_2\\\vdots\\y_n\end{pmatrix}=\boldsymbol{A}\begin{pmatrix}x_1\\x_2\\\vdots\\x_n\end{pmatrix},\quad\text{或}\quad\boldsymbol{y}=\boldsymbol{A}\boldsymbol{x}.\tag{3.22}$$

(3.22)式是线性变换 f 的坐标形式，它表示 $f:\boldsymbol{\alpha}\to f(\boldsymbol{\alpha})$ 相当于

$$\begin{pmatrix} x_1 \\ x_2 \\ \vdots \\ x_n \end{pmatrix} \to \boldsymbol{A}\begin{pmatrix} x_1 \\ x_2 \\ \vdots \\ x_n \end{pmatrix}.$$

正因为这样，通常将(3.22)式称为线性变换.更具体地说，线性变换是指

$$\begin{cases} y_1 = a_{11}x_1 + a_{12}x_2 + \cdots + a_{1n}x_n, \\ y_2 = a_{21}x_1 + a_{22}x_2 + \cdots + a_{2n}x_n, \\ \qquad \vdots \\ y_n = a_{n1}x_1 + a_{n2}x_2 + \cdots + a_{nn}x_n. \end{cases} \tag{3.23}$$

写成矩阵形式为 $\boldsymbol{y}=\boldsymbol{A}\boldsymbol{x}$，其中

$$\boldsymbol{y}=\begin{pmatrix} y_1 \\ y_2 \\ \vdots \\ y_n \end{pmatrix}, \quad \boldsymbol{A}=(a_{ij})_{n\times n}, \quad \boldsymbol{x}=\begin{pmatrix} x_1 \\ x_2 \\ \vdots \\ x_n \end{pmatrix}.$$

考虑在向量空间 $\mathbb{R}^n$ 中连续进行两次线性变换，即先进行线性变换 $\boldsymbol{y}=\boldsymbol{B}\boldsymbol{x}$，再进行线性变换 $\boldsymbol{z}=\boldsymbol{A}\boldsymbol{y}$，则 $\boldsymbol{z}=\boldsymbol{A}\boldsymbol{y}=\boldsymbol{A}(\boldsymbol{B}\boldsymbol{x})=(\boldsymbol{A}\boldsymbol{B})\boldsymbol{x}$，就要用到两个矩阵乘积.

例 3.27 设△ABC 的三个顶点分别为 $A(1,1)$，$B(0,1)$ 和 $C(1,0)$，在逆时针旋转 90° 的线性变换

$$\boldsymbol{y}=\boldsymbol{A}\boldsymbol{x}=\begin{pmatrix} 0 & -1 \\ 1 & 0 \end{pmatrix}\boldsymbol{x}$$

下，△ABC 的三个顶点分别变为

$$\begin{pmatrix} 0 & -1 \\ 1 & 0 \end{pmatrix}\begin{pmatrix} 1 \\ 1 \end{pmatrix}=\begin{pmatrix} -1 \\ 1 \end{pmatrix}, \quad \begin{pmatrix} 0 & -1 \\ 1 & 0 \end{pmatrix}\begin{pmatrix} 0 \\ 1 \end{pmatrix}=\begin{pmatrix} -1 \\ 0 \end{pmatrix} \quad 和 \quad \begin{pmatrix} 0 & -1 \\ 1 & 0 \end{pmatrix}\begin{pmatrix} 1 \\ 0 \end{pmatrix}=\begin{pmatrix} 0 \\ 1 \end{pmatrix},$$

即 $A'(-1,1)$，$B'(-1,0)$ 和 $C'(1,0)$，见图 3.5.

在缩放线性变换

$$\boldsymbol{y}=\boldsymbol{B}\boldsymbol{x}=\begin{pmatrix} \frac{1}{2} & 0 \\ 0 & \frac{1}{3} \end{pmatrix}\boldsymbol{x}$$

下，△ABC 的三个顶点分别变为

$$\begin{pmatrix} \frac{1}{2} & 0 \\ 0 & \frac{1}{3} \end{pmatrix}\begin{pmatrix} 1 \\ 1 \end{pmatrix}=\begin{pmatrix} \frac{1}{2} \\ \frac{1}{3} \end{pmatrix}, \quad \begin{pmatrix} \frac{1}{2} & 0 \\ 0 & \frac{1}{3} \end{pmatrix}\begin{pmatrix} 0 \\ 1 \end{pmatrix}=\begin{pmatrix} 0 \\ \frac{1}{3} \end{pmatrix} \quad 和 \quad \begin{pmatrix} \frac{1}{2} & 0 \\ 0 & \frac{1}{3} \end{pmatrix}\begin{pmatrix} 1 \\ 0 \end{pmatrix}=\begin{pmatrix} \frac{1}{2} \\ 0 \end{pmatrix},$$

即 $A'\left(\frac{1}{2},\frac{1}{3}\right)$，$B'\left(0,\frac{1}{3}\right)$和 $C'\left(\frac{1}{2},0\right)$，见图 3.6.

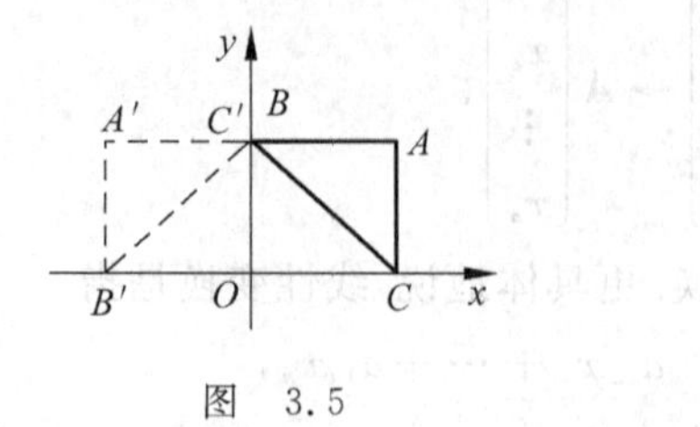

图 3.5

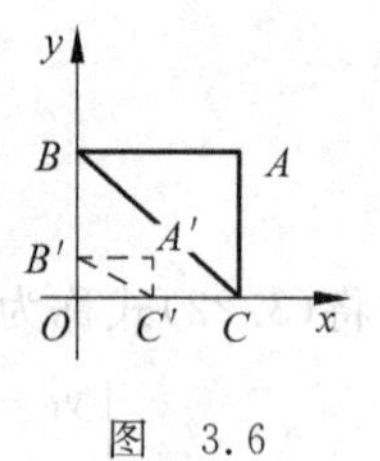

图 3.6

在本例中，先缩放 $\boldsymbol{y}=\boldsymbol{B}\boldsymbol{x}=\begin{pmatrix}\frac{1}{2} & 0\\ 0 & \frac{1}{3}\end{pmatrix}\boldsymbol{x}$，再旋转 $\boldsymbol{z}=\boldsymbol{A}\boldsymbol{y}=\begin{pmatrix}0 & -1\\ 1 & 0\end{pmatrix}\boldsymbol{x}$ 得到的线性变换为

$$\boldsymbol{z}=\boldsymbol{A}(\boldsymbol{B}\boldsymbol{x})=(\boldsymbol{A}\boldsymbol{B})\boldsymbol{x}=\begin{pmatrix}0 & -1\\ 1 & 0\end{pmatrix}\begin{pmatrix}\frac{1}{2} & 0\\ 0 & \frac{1}{3}\end{pmatrix}\boldsymbol{x}=\begin{pmatrix}0 & -\frac{1}{3}\\ \frac{1}{2} & 0\end{pmatrix}\boldsymbol{x},$$

先旋转 $\boldsymbol{y}=\boldsymbol{A}\boldsymbol{x}=\begin{pmatrix}0 & -1\\ 1 & 0\end{pmatrix}\boldsymbol{x}$，再缩放 $\boldsymbol{z}=\boldsymbol{B}\boldsymbol{y}=\begin{pmatrix}\frac{1}{2} & 0\\ 0 & \frac{1}{3}\end{pmatrix}\boldsymbol{y}$ 得到的线性变换为

$$\boldsymbol{z}=(\boldsymbol{B}\boldsymbol{A})\boldsymbol{x}=\begin{pmatrix}\frac{1}{2} & 0\\ 0 & \frac{1}{3}\end{pmatrix}\begin{pmatrix}0 & -1\\ 1 & 0\end{pmatrix}\boldsymbol{x}=\begin{pmatrix}0 & -\frac{1}{2}\\ \frac{1}{3} & 0\end{pmatrix}\boldsymbol{x},$$

于是，连续进行两次线性变换确需要用到矩阵的乘积，且通过上面的分析可知，先缩放再旋转不同于先旋转再缩放，即一般说来

$$\boldsymbol{A}\boldsymbol{B}\neq\boldsymbol{B}\boldsymbol{A}.$$

另外，在线性变换 $\boldsymbol{y}=\boldsymbol{A}\boldsymbol{x}$ 中，若 $\boldsymbol{A}$ 可逆，则称该线性变换是**可逆的线性变换**(invertible linear transformation). 上例中的旋转变换和压缩变换是两个可逆的线性变换. 在解析几何中，可逆线性变换不改变图形的特性，如椭圆经可逆线性变换后仍是椭圆，四边形经可逆线性变换后仍是四边形，椭球面经可逆线性变换后仍是椭球面等，不过轴的长度可能发生变化.

对于可逆线性变换 $\boldsymbol{y}=\boldsymbol{A}\boldsymbol{x}$，由 $\boldsymbol{y}$ 求 $\boldsymbol{x}$ 就要用到逆矩阵，这时 $\boldsymbol{x}=\boldsymbol{A}^{-1}\boldsymbol{y}$，它也是可逆的线性变换. 这意味着，若已经将 $\boldsymbol{x}$ 经线性变换得到 $\boldsymbol{y}$，而由 $\boldsymbol{y}$ 反过去求 $\boldsymbol{x}$，实际上是恢复以前的信息，就要用到逆矩阵. 在上例中，若已知线性变换后得到的三角形的三个顶点分别为 $A'(-1,1)$，$B'(-1,0)$和 $C'(1,0)$，按下列方式可以得到原三角形的三个顶点分别为

$$\begin{pmatrix}0&1\\-1&0\end{pmatrix}\begin{pmatrix}-1\\1\end{pmatrix}=\begin{pmatrix}1\\1\end{pmatrix},\quad \begin{pmatrix}0&1\\-1&0\end{pmatrix}\begin{pmatrix}-1\\0\end{pmatrix}=\begin{pmatrix}0\\1\end{pmatrix}\quad 和\quad \begin{pmatrix}0&1\\-1&0\end{pmatrix}\begin{pmatrix}0\\1\end{pmatrix}=\begin{pmatrix}1\\0\end{pmatrix},$$

其中

$$\begin{pmatrix}0&1\\-1&0\end{pmatrix}=\begin{pmatrix}0&-1\\1&0\end{pmatrix}^{-1},$$

即$\triangle ABC$的三个顶点分别为$A(1,1)$,$B(0,1)$和$C(1,0)$.

平移变换(translation transformation)为$\boldsymbol{y}=\boldsymbol{x}+\boldsymbol{t}$,其中$\boldsymbol{t}$是已知的非零向量.在平移变换$\boldsymbol{y}=\boldsymbol{x}+\boldsymbol{t}$中$\boldsymbol{t}$称为**平移向量**(translation vector),例如$\begin{cases}x'=x+2,\\y'=y-1,\\z'=z+3,\end{cases}$即$\begin{pmatrix}x'\\y'\\z'\end{pmatrix}=\begin{pmatrix}x\\y\\z\end{pmatrix}+\begin{pmatrix}2\\-1\\3\end{pmatrix}$.显然,平移变换不是线性变换.

理解这些变换,对大家今后学习计算机图形学是很有帮助的,见参考文献[8].

习题 3

1. 设$\boldsymbol{\alpha}_1=\begin{pmatrix}1\\-2\\1\\2\end{pmatrix}$,$\boldsymbol{\alpha}_2=\begin{pmatrix}-2\\1\\0\\3\end{pmatrix}$,$\boldsymbol{\alpha}_3=\begin{pmatrix}-1\\1\\1\\4\end{pmatrix}$,计算$3\boldsymbol{\alpha}_1-2\boldsymbol{\alpha}_2+\boldsymbol{\alpha}_3$.

2. 已知向量$\boldsymbol{\alpha}$满足$3(\boldsymbol{\alpha}_1-\boldsymbol{\alpha})-5(\boldsymbol{\alpha}_3+\boldsymbol{\alpha})=-2(\boldsymbol{\alpha}_2-\boldsymbol{\alpha})$,其中

$$\boldsymbol{\alpha}_1=\begin{pmatrix}2\\-3\\1\\3\end{pmatrix},\quad \boldsymbol{\alpha}_2=\begin{pmatrix}9\\1\\4\\-3\end{pmatrix},\quad \boldsymbol{\alpha}_3=\begin{pmatrix}-1\\4\\-1\\4\end{pmatrix}.$$

求向量$\boldsymbol{\alpha}$.

3. 设$\boldsymbol{\alpha}_1=\begin{pmatrix}2\\2\\1\\1\end{pmatrix}$,$\boldsymbol{\alpha}_2=\begin{pmatrix}3\\1\\2\\1\end{pmatrix}$,$\boldsymbol{\alpha}_3=\begin{pmatrix}0\\4\\-1\\1\end{pmatrix}$,$\boldsymbol{\beta}=\begin{pmatrix}1\\3\\0\\1\end{pmatrix}$,证明向量$\boldsymbol{\beta}$可由向量组$\boldsymbol{\alpha}_1,\boldsymbol{\alpha}_2,\boldsymbol{\alpha}_3$线性表示,并求出其中一个表达式.

4. 证明向量组

$$\boldsymbol{\alpha}_1=\begin{pmatrix}0\\3\\1\\-1\end{pmatrix},\quad \boldsymbol{\alpha}_2=\begin{pmatrix}6\\0\\5\\1\end{pmatrix},\quad \boldsymbol{\alpha}_3=\begin{pmatrix}4\\-7\\1\\3\end{pmatrix}$$

线性相关,并求出一个它们满足的线性关系式.

5. 证明向量组

$$\boldsymbol{\alpha}_1=\begin{pmatrix}1\\-1\\2\\-1\end{pmatrix},\quad \boldsymbol{\alpha}_2=\begin{pmatrix}3\\1\\6\\2\end{pmatrix},\quad \boldsymbol{\alpha}_3=\begin{pmatrix}1\\3\\-4\\4\end{pmatrix}$$

线性无关.

6. 判断下列向量组的线性相关性.

(1) $\boldsymbol{\alpha}_1=\begin{pmatrix}1\\2\\3\end{pmatrix},\boldsymbol{\alpha}_2=\begin{pmatrix}4\\5\\6\end{pmatrix},\boldsymbol{\alpha}_3=\begin{pmatrix}3\\3\\3\end{pmatrix}$;　　(2) $\boldsymbol{\alpha}_1=\begin{pmatrix}1\\0\\0\\2\end{pmatrix},\boldsymbol{\alpha}_2=\begin{pmatrix}0\\1\\0\\3\end{pmatrix},\boldsymbol{\alpha}_3=\begin{pmatrix}0\\0\\1\\4\end{pmatrix}$.

7. 证明:$m+1$ 个 m 维向量组必线性相关.

8. 设向量组$\boldsymbol{\alpha}_1,\boldsymbol{\alpha}_2,\boldsymbol{\alpha}_3$ 线性无关,且$\boldsymbol{\beta}_1=\boldsymbol{\alpha}_1+\boldsymbol{\alpha}_2,\boldsymbol{\beta}_2=\boldsymbol{\alpha}_2+\boldsymbol{\alpha}_3,\boldsymbol{\beta}_3=\boldsymbol{\alpha}_3+\boldsymbol{\alpha}_1$,证明$\boldsymbol{\beta}_1,\boldsymbol{\beta}_2,\boldsymbol{\beta}_3$线性无关.

9. 求出 λ 的取值,使得向量组

$$\boldsymbol{\alpha}_1=\begin{pmatrix}2\\1\\3\end{pmatrix},\quad \boldsymbol{\alpha}_2=\begin{pmatrix}2\\2\\2\end{pmatrix},\quad \boldsymbol{\alpha}_3=\begin{pmatrix}0\\3\\\lambda\end{pmatrix}$$

线性无关.

10. 设 $\boldsymbol{A}$ 是 n 阶矩阵,若存在正整数 k,使线性方程组 $\boldsymbol{A}^k\boldsymbol{x}=\boldsymbol{0}$ 有解向量$\boldsymbol{\alpha}$ 且 $\boldsymbol{A}^{k-1}\boldsymbol{\alpha}\neq\boldsymbol{0}$,证明向量组$\boldsymbol{\alpha},\boldsymbol{A}\boldsymbol{\alpha},\cdots,\boldsymbol{A}^{k-1}\boldsymbol{\alpha}$ 是线性无关的.

11. 设 $\boldsymbol{A}$ 是 $n\times m$ 矩阵,$\boldsymbol{B}$ 是 $m\times n$ 矩阵,其中 $n<m$,若 $\boldsymbol{AB}=\boldsymbol{E}$,则 $\boldsymbol{B}$ 的列向量组线性无关.

12. 判断下列命题的正确性,并给出理由:

(1) 由于 $0\boldsymbol{\alpha}_1+0\boldsymbol{\alpha}_2+\cdots+0\boldsymbol{\alpha}_n=\boldsymbol{0}$,所以向量组$\boldsymbol{\alpha}_1,\boldsymbol{\alpha}_2,\cdots,\boldsymbol{\alpha}_n$ 线性无关;

(2) 若向量组$\boldsymbol{\alpha}_1,\boldsymbol{\alpha}_2,\cdots,\boldsymbol{\alpha}_{n-1},\boldsymbol{\alpha}_n$ 线性相关,则$\boldsymbol{\alpha}_n$ 可由$\boldsymbol{\alpha}_1,\boldsymbol{\alpha}_2,\cdots,\boldsymbol{\alpha}_{n-1}$线性表示;

(3) 向量组$\boldsymbol{\alpha}_1,\boldsymbol{\alpha}_2,\cdots,\boldsymbol{\alpha}_n$ 存在一个向量不能由其余向量线性表示,则$\boldsymbol{\alpha}_1,\boldsymbol{\alpha}_2,\cdots,\boldsymbol{\alpha}_n$ 线性无关;

(4) 向量组$\boldsymbol{\alpha}_1,\boldsymbol{\alpha}_2,\boldsymbol{\alpha}_3$ 线性相关,则必有两个向量对应的分量成比例.

13. 设$\boldsymbol{\alpha}$ 和$\boldsymbol{\beta}$ 是三维向量,三阶方阵 $\boldsymbol{A}=\boldsymbol{\alpha}\boldsymbol{\alpha}^{\mathrm{T}}+\boldsymbol{\beta}\boldsymbol{\beta}^{\mathrm{T}}$,证明:

(1) $R(\boldsymbol{A})\leqslant 2$.　　(2) 若$\boldsymbol{\alpha}$ 和$\boldsymbol{\beta}$ 是线性相关的,则 $R(\boldsymbol{A})<2$.

14. 设有向量组

$$A:\boldsymbol{\alpha}_1=\begin{pmatrix}1\\0\\3\\2\end{pmatrix},\quad \boldsymbol{\alpha}_2=\begin{pmatrix}0\\3\\2\\1\end{pmatrix},\quad \boldsymbol{\alpha}_3=\begin{pmatrix}3\\2\\1\\0\end{pmatrix};\quad B:\boldsymbol{\beta}_1=\begin{pmatrix}1\\2\\2\\1\end{pmatrix},\quad \boldsymbol{\beta}_2=\begin{pmatrix}-2\\0\\1\\1\end{pmatrix},\quad \boldsymbol{\beta}_3=\begin{pmatrix}4\\4\\3\\1\end{pmatrix}.$$

证明向量组 B 可由向量组 A 线性表示，但向量组 A 不能由向量组 B 线性表示.

15. 证明以下两个向量组等价：

$$A: \boldsymbol{\alpha}_1 = \begin{pmatrix}1\\1\\0\end{pmatrix}, \quad \boldsymbol{\alpha}_2 = \begin{pmatrix}0\\1\\1\end{pmatrix}; \quad B: \boldsymbol{\beta}_1 = \begin{pmatrix}1\\0\\-1\end{pmatrix}, \quad \boldsymbol{\beta}_2 = \begin{pmatrix}1\\2\\1\end{pmatrix}, \quad \boldsymbol{\beta}_3 = \begin{pmatrix}-1\\2\\3\end{pmatrix}.$$

16. 设 $\boldsymbol{\alpha}_1, \boldsymbol{\alpha}_2, \alpha_3$ 是三维向量，令 $\boldsymbol{A}=(\boldsymbol{\alpha}_1, \boldsymbol{\alpha}_2, \boldsymbol{\alpha}_3)$，

$$\boldsymbol{B} = (\boldsymbol{\alpha}_1 + \boldsymbol{\alpha}_2 + \boldsymbol{\alpha}_3, \boldsymbol{\alpha}_1 + 2\boldsymbol{\alpha}_2 + 4\boldsymbol{\alpha}_3, \boldsymbol{\alpha}_1 + 3\boldsymbol{\alpha}_2 + 9\boldsymbol{\alpha}_3).$$

若 $|\boldsymbol{A}|=1$，求 $|\boldsymbol{B}|$.

17. 分别求出下列各向量组的极大无关组，同时指出向量组的秩，再用所得出的极大无关组表示其他向量：

(1) $\boldsymbol{\alpha}_1 = \begin{pmatrix}1\\-3\\2\\5\end{pmatrix}, \boldsymbol{\alpha}_2 = \begin{pmatrix}3\\-2\\1\\4\end{pmatrix}, \boldsymbol{\alpha}_3 = \begin{pmatrix}-2\\-1\\1\\1\end{pmatrix}, \boldsymbol{\alpha}_4 = \begin{pmatrix}2\\-1\\4\\3\end{pmatrix}$；

(2) $\boldsymbol{\alpha}_1 = \begin{pmatrix}1\\-2\\3\\-1\end{pmatrix}, \boldsymbol{\alpha}_2 = \begin{pmatrix}3\\-1\\5\\-3\end{pmatrix}, \boldsymbol{\alpha}_3 = \begin{pmatrix}2\\1\\2\\-2\end{pmatrix}, \boldsymbol{\alpha}_4 = \begin{pmatrix}1\\3\\-1\\-1\end{pmatrix}$.

18. 判断下列向量组是否构成向量空间：

(1) $V=\{(x_1, x_2, \cdots, x_n)^{\mathrm{T}} \mid x_i \in \mathbb{R}, x_1 + 2x_2 + \cdots + nx_n = 0, i=1,2,\cdots,n\}$.

(2) $V=\{(x_1, x_2, \cdots, x_n)^{\mathrm{T}} \mid x_i \in \mathbb{R}, x_1 x_2 \cdots x_n = 0, i=1,2,\cdots,n\}$.

19. 验证

$$\boldsymbol{\alpha}_1 = \begin{pmatrix}1\\1\\0\end{pmatrix}, \quad \boldsymbol{\alpha}_2 = \begin{pmatrix}1\\0\\1\end{pmatrix}, \quad \boldsymbol{\alpha}_3 = \begin{pmatrix}0\\1\\1\end{pmatrix}$$

是 $\mathbb{R}^3$ 的一个基，并求出向量 $\boldsymbol{\alpha} = \begin{pmatrix}2\\3\\-1\end{pmatrix}$ 在该基下的坐标.

20. 已知

$$\boldsymbol{\alpha}_1 = \begin{pmatrix}1\\1\\1\end{pmatrix}, \quad \boldsymbol{\alpha}_2 = \begin{pmatrix}1\\0\\-1\end{pmatrix}, \quad \boldsymbol{\alpha}_3 = \begin{pmatrix}1\\0\\1\end{pmatrix} \quad \text{和} \quad \boldsymbol{\beta}_1 = \begin{pmatrix}1\\2\\1\end{pmatrix}, \quad \boldsymbol{\beta}_2 = \begin{pmatrix}2\\3\\4\end{pmatrix}, \quad \boldsymbol{\beta}_3 = \begin{pmatrix}3\\4\\3\end{pmatrix}$$

是 $\mathbb{R}^3$ 的两个基，求 $\boldsymbol{\alpha}_1, \boldsymbol{\alpha}_2, \boldsymbol{\alpha}_3$ 到 $\boldsymbol{\beta}_1, \boldsymbol{\beta}_2, \boldsymbol{\beta}_3$ 的过渡矩阵.

21. 求下列齐次线性方程组的基础解系,并写出其结构解:

(1) $\begin{cases} x_1+x_2+x_5=0, \\ x_1+x_2-x_3=0, \\ x_3+x_4+x_5=0; \end{cases}$ (2) $\begin{cases} x_1-x_2+5x_3-x_4+x_5=0, \\ x_1+x_2-2x_3+3x_4-x_5=0, \\ 3x_1-x_2+8x_3+x_4+2x_5=0, \\ x_1+3x_2-9x_3+7x_4-3x_5=0. \end{cases}$

22. 设 $\boldsymbol{A}$ 是 $m\times n$ 矩阵,则存在非零的 $n\times k$ 矩阵 $\boldsymbol{B}$,使得 $\boldsymbol{AB}=\boldsymbol{0}$ 的充要条件是 $R(\boldsymbol{A})<n$.

23. 设 n 阶方阵 $\boldsymbol{A}$ 的各行元素之和均为 0,且 $R(\boldsymbol{A})=n-1$,求齐次线性方程组 $\boldsymbol{Ax}=\boldsymbol{0}$ 的通解.

24. 已知 $\boldsymbol{\alpha}_1,\boldsymbol{\alpha}_2,\cdots,\boldsymbol{\alpha}_s$ 是 $\boldsymbol{Ax}=\boldsymbol{0}$ 的基础解系,若 $\boldsymbol{\beta}_1=t_1\boldsymbol{\alpha}_1+t_2\boldsymbol{\alpha}_2$,$\boldsymbol{\beta}_2=t_1\boldsymbol{\alpha}_2+t_2\boldsymbol{\alpha}_3$,$\cdots$,$\boldsymbol{\beta}_s=t_1\boldsymbol{\alpha}_s+t_2\boldsymbol{\alpha}_1$,讨论实数 t_1,t_2 满足什么条件时,$\boldsymbol{\beta}_1,\boldsymbol{\beta}_2,\cdots,\boldsymbol{\beta}_s$ 也是 $\boldsymbol{Ax}=\boldsymbol{0}$ 的基础解系.

25. (1) 求齐次线性方程组

$$\begin{cases} 2x_1+3x_2-x_3=0, \\ x_1+2x_2+x_3-x_4=0 \end{cases} \qquad \text{(I)}$$

的基础解系.

(2) 当 a 取何值时,基础解系为 $\boldsymbol{\alpha}_1=\begin{pmatrix} 2 \\ -1 \\ a+2 \\ 1 \end{pmatrix}$,$\boldsymbol{\alpha}_2=\begin{pmatrix} -1 \\ 2 \\ 4 \\ a+8 \end{pmatrix}$ 的齐次线性方程组与方程组(I)有非零公共解?在有非零公共解时,求出所有非零公共解.

26. 求非齐次线性方程组的结构解:

(1) $\begin{cases} x_1+x_2-x_3+2x_4=3, \\ 2x_1+x_2-3x_4=1, \\ -2x_1-2x_3+10x_4=4; \end{cases}$ (2) $\begin{cases} 6x_1+4x_2+5x_3+2x_4+3x_5=1, \\ 3x_1+2x_2+4x_3+x_4+2x_5=3, \\ 3x_1+2x_2-2x_3+x_4=-7, \\ 9x_1+6x_2+x_3+3x_4+2x_5=2. \end{cases}$

27. 参数 λ 取何值时,非齐次线性方程组

$$\begin{cases} 2x_1+\lambda x_2-x_3=1, \\ \lambda x_1-x_2+x_3=2, \\ 4x_1+5x_2-5x_3=-1 \end{cases}$$

(1)无解;(2)有唯一解;(3)有无限多个解?在有无限多个解的情况下,求出其结构解.

28. 设非齐次线性方程组

$$\begin{cases} x_1+x_2-2x_3+3x_4=0, \\ 2x_1+x_2-6x_3+4x_4=-1, \\ 3x_1+2x_2+\mu x_3+7x_4=-1, \\ x_1-x_2-6x_3-x_4=\lambda. \end{cases}$$

问参数 λ,μ 取何值时,(1)无解;(2)有唯一解;(3)有无限多个解?在有解的情况下,求出其结构解.

29. 设 $\boldsymbol{\alpha}=\begin{pmatrix}1\\2\\1\end{pmatrix}$,$\boldsymbol{\beta}=\begin{pmatrix}1\\\frac{1}{2}\\0\end{pmatrix}$,$\gamma=\begin{pmatrix}0\\0\\8\end{pmatrix}$,且 $\boldsymbol{A}=\boldsymbol{\alpha}\boldsymbol{\beta}^{\mathrm{T}}$,$\boldsymbol{B}=\boldsymbol{\beta}^{\mathrm{T}}\boldsymbol{\alpha}$,求解非齐次线性方程组

$$2\boldsymbol{B}^2\boldsymbol{A}^2\boldsymbol{x}=\boldsymbol{A}^4\boldsymbol{x}+\boldsymbol{B}^4\boldsymbol{x}+\boldsymbol{\gamma}.$$

30. 设四元非齐次线性方程组的系数矩阵的秩为 3,已知 $\boldsymbol{\eta}_1,\boldsymbol{\eta}_2,\boldsymbol{\eta}_3$ 是它的 3 个解向量,且

$$\boldsymbol{\eta}_1=\begin{pmatrix}2\\3\\4\\5\end{pmatrix},\quad \boldsymbol{\eta}_2+\boldsymbol{\eta}_3=\begin{pmatrix}1\\2\\3\\4\end{pmatrix},$$

求该线性方程组的结构解.

31. 已知非齐次线性方程组

$$\begin{cases}x_1+x_2+x_3+x_4=-1,\\4x_1+3x_2+5x_3-x_4=-1,\\ax_1+x_2+3x_3+bx_4=1\end{cases}$$

有 3 个线性无关的解.

(1) 证明上述线性方程组系数矩阵 $\boldsymbol{A}$ 的秩 $R(\boldsymbol{A})=2$.

(2) 求 a 和 b 的值以及方程组的通解.

32. 设有齐次线性方程组($n\geqslant 2$)

$$\begin{cases}(1+a)x_1+x_2+\cdots+x_n=0,\\2x_1+(2+a)x_2+\cdots+2x_n=0,\\\qquad\qquad\vdots\\nx_1+nx_2+\cdots+(n+a)x_n=0.\end{cases}$$

试问 a 取何值时,该线性方程组有非零解,并求出其通解.

33. 已知 $\boldsymbol{\alpha}_1,\boldsymbol{\alpha}_2,\boldsymbol{\alpha}_3,\boldsymbol{\alpha}_4$ 为四维向量且 $\boldsymbol{A}=(\boldsymbol{\alpha}_1,\boldsymbol{\alpha}_2,\boldsymbol{\alpha}_3,\boldsymbol{\alpha}_4)$,其中 $\boldsymbol{\alpha}_2,\boldsymbol{\alpha}_3,\boldsymbol{\alpha}_4$ 线性无关,$\boldsymbol{\alpha}_1=2\boldsymbol{\alpha}_2-\boldsymbol{\alpha}_3$. 若 $\boldsymbol{b}=\boldsymbol{\alpha}_1+\boldsymbol{\alpha}_2+\boldsymbol{\alpha}_3+\boldsymbol{\alpha}_4$,求线性方程组 $\boldsymbol{A}\boldsymbol{x}=\boldsymbol{b}$ 的通解.

34. 已知关于未知量 $x_1,x_2,\cdots,x_{2n}$ 的线性方程组

$$\begin{cases}a_{11}x_1+a_{12}x_2+\cdots+a_{1,2n}x_{2n}=0,\\a_{21}x_1+a_{22}x_2+\cdots+a_{2,2n}x_{2n}=0,\\\qquad\qquad\vdots\\a_{n1}x_1+a_{n2}x_2+\cdots+a_{n,2n}x_{2n}=0\end{cases}$$

的一个基础解系为

$$\begin{pmatrix} b_{11} \\ b_{12} \\ \vdots \\ b_{1,2n} \end{pmatrix}, \begin{pmatrix} b_{21} \\ b_{22} \\ \vdots \\ b_{2,2n} \end{pmatrix}, \cdots, \begin{pmatrix} b_{n1} \\ b_{n2} \\ \vdots \\ b_{n,2n} \end{pmatrix}.$$

试写出线性方程组

$$\begin{cases} b_{11}x_1 + b_{12}x_2 + \cdots + b_{1,2n}x_{2n} = 0, \\ b_{21}x_1 + b_{22}x_2 + \cdots + b_{2,2n}x_{2n} = 0, \\ \qquad\vdots \\ b_{n1}x_1 + b_{n2}x_2 + \cdots + b_{n,2n}x_{2n} = 0 \end{cases}$$

的通解，并说明理由.

35. 设 n 阶方阵 $\boldsymbol{A}=\begin{pmatrix} 2a & 1 & & & \\ a^2 & 2a & 1 & & \\ & a^2 & \ddots & \ddots & \\ & & \ddots & \ddots & 1 \\ & & & a^2 & 2a \end{pmatrix}$ 且满足线性方程组 $\boldsymbol{Ax}=\boldsymbol{b}$，其中 $\boldsymbol{x}=(x_1, x_2, \cdots, x_n)^{\mathrm{T}}$，$\boldsymbol{b}=(1,0,\cdots,0)^{\mathrm{T}}$.

(1) 证明：$|\boldsymbol{A}|=(n+1)a^n$.

(2) a 取何值时，线性方程组 $\boldsymbol{Ax}=\boldsymbol{b}$ 有唯一解，并求出未知量 x_1 的取值.

(3) a 取何值时，线性方程组 $\boldsymbol{Ax}=\boldsymbol{b}$ 有无穷多个解，并求出其通解.

第 4 章　特征值与特征向量

特征值与特征向量是一个与线性变换密切相关的问题，属于线性代数的研究内容. 实际上，它是矩阵理论的主要内容之一. 在 18 世纪中叶利用行列式对二次曲线和二次曲面进行分类时，就出现了方阵的特征值问题，见第 5 章.

给定方阵 $\boldsymbol{A}$，对于某些非零向量 $\boldsymbol{x}$，通过线性变换得到的向量 $\boldsymbol{Ax}$ 与 $\boldsymbol{x}$ 是共线的，即存在数 λ 满足 $\boldsymbol{Ax}=\lambda\boldsymbol{x}$，这时 λ 就是 $\boldsymbol{A}$ 的特征值，$\boldsymbol{x}$ 就是 $\boldsymbol{A}$ 的对应于 λ 的特征向量. 方阵 $\boldsymbol{A}$ 的特征值也是反映方阵 $\boldsymbol{A}$ 的某种特征的数值，在计算 $\boldsymbol{A}^k\boldsymbol{x}$ 时也有着重要作用.

特征值与特征向量不仅在理论上非常重要，而且在方阵对角化、微分方程组、动力系统、经济问题分析以及最优控制等方面都有重要的应用. 由于其广泛的应用背景，科技工作者们对它的研究做了大量的工作，目前已研究出多种方法计算方阵的特征值和特征向量，特别是其经典数值计算方法和各种智能计算方法.

本章内容涉及线性方程组、矩阵和向量方面的诸多知识，要求读者具有一定的综合运用知识的能力.

本章在复数范围讨论.

4.1　特征值与特征向量的概念与计算

4.1.1　特征值与特征向量的概念

对于给定的方阵 $\boldsymbol{A}$ 和非零向量 $\boldsymbol{x}$，可以考虑通过线性变换得到的向量 $\boldsymbol{Ax}$. 例如取 $\boldsymbol{A}=\begin{pmatrix}1&1\\2&0\end{pmatrix}$，$\boldsymbol{x}=\begin{pmatrix}1\\1\end{pmatrix}$ 和 $\boldsymbol{y}=\begin{pmatrix}-1\\1\end{pmatrix}$，则 $\boldsymbol{Ax}=\begin{pmatrix}2\\2\end{pmatrix}=2\boldsymbol{x}$ 且对于任意实数 λ 均有 $\boldsymbol{Ay}=\begin{pmatrix}0\\-2\end{pmatrix}\neq\lambda\boldsymbol{y}$. 通过观察知道，$\boldsymbol{Ax}$ 与 $\boldsymbol{x}$ 是共线的，而 $\boldsymbol{Ay}$ 与 $\boldsymbol{y}$ 是不共线的（参见图 4.1），这时称 2 就是 $\boldsymbol{A}$ 的特征值，$\boldsymbol{x}$ 就是 $\boldsymbol{A}$ 的对应于 2 的特征向量.

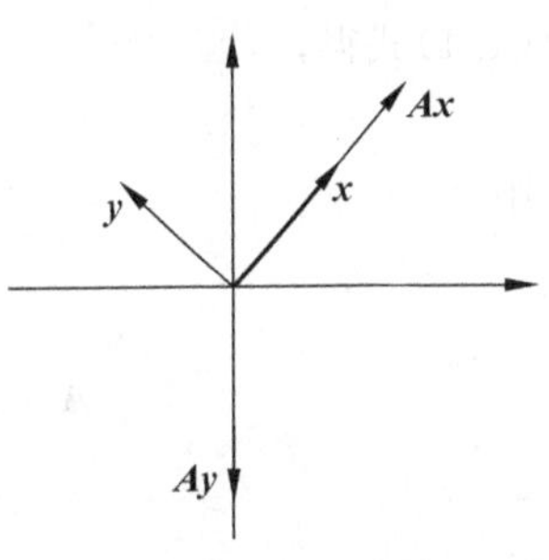

图　4.1

一般地，有下面的定义.

定义 4.1　设 $\boldsymbol{A}$ 是 n 阶方阵，若存在数 λ 和非零向量 $\boldsymbol{x}$ 使得

$$\boldsymbol{Ax}=\lambda\boldsymbol{x}, \tag{4.1}$$

则称 λ 为方阵 $\boldsymbol{A}$ 的**特征值**(eigenvalue)，$\boldsymbol{x}$ 是**对应于$\boldsymbol{\lambda}$ 的**

特征向量(eigenvector corresponding to the eigenvalue λ).

首先注意,特征向量是非零向量.

根据定义,有如下的一些结论.

(1) 若 $\boldsymbol{x}$ 是 $\boldsymbol{A}$ 的对应于 λ 的特征向量,则对于任意 $k\neq 0$,$k\boldsymbol{x}$ 也是 $\boldsymbol{A}$ 的对应于 λ 的特征向量.

因为由 $\boldsymbol{A}\boldsymbol{x}=\lambda\boldsymbol{x}$,可以推出

$$\boldsymbol{A}(k\boldsymbol{x})=k(\boldsymbol{A}\boldsymbol{x})=k(\lambda\boldsymbol{x})=\lambda(k\boldsymbol{x}).$$

这说明,方阵 $\boldsymbol{A}$ 的对应于 λ 的特征向量不是唯一的,而是有无限多个.

(2) 若 $\boldsymbol{x}_1,\boldsymbol{x}_2$ 是 $\boldsymbol{A}$ 的对应于 λ 的特征向量且 $\boldsymbol{x}_1+\boldsymbol{x}_2\neq\boldsymbol{0}$,则 $\boldsymbol{x}_1+\boldsymbol{x}_2$ 也是 $\boldsymbol{A}$ 的对应于 λ 的特征向量.

由于 $\boldsymbol{A}\boldsymbol{x}_1=\lambda\boldsymbol{x}_1,\boldsymbol{A}\boldsymbol{x}_2=\lambda\boldsymbol{x}_2$,于是

$$\boldsymbol{A}(\boldsymbol{x}_1+\boldsymbol{x}_2)=A\boldsymbol{x}_1+\boldsymbol{A}\boldsymbol{x}_2=\lambda\boldsymbol{x}_1+\lambda\boldsymbol{x}_2=\lambda(\boldsymbol{x}_1+\boldsymbol{x}_2).$$

由(1)和(2)知,对于方阵 $\boldsymbol{A}$ 的对应于 λ 的特征向量 $\boldsymbol{x}_1,\boldsymbol{x}_2,\cdots,\boldsymbol{x}_m$,其非零的线性组合

$$k_1\boldsymbol{x}_1+k_2\boldsymbol{x}_2+\cdots+k_m\boldsymbol{x}_m\ (\neq\boldsymbol{0})$$

也是 $\boldsymbol{A}$ 的对应于 λ 的特征向量.

令 $V=\{\boldsymbol{x}\mid\boldsymbol{A}\boldsymbol{x}=\lambda\boldsymbol{x}\}$,类似地可以验证 V 是一个向量空间,称为 $\boldsymbol{A}$ 的对应于 λ 的特征空间(eigenspace of $\boldsymbol{A}$ corresponding to λ).

4.1.2 特征值与特征向量的计算

根据特征值与特征向量的定义知,若线性方程组 $\boldsymbol{A}\boldsymbol{x}=\lambda\boldsymbol{x}$ 有非零解 $\boldsymbol{x}$,则 λ 就是 $\boldsymbol{A}$ 的特征值,$\boldsymbol{x}$ 就是 $\boldsymbol{A}$ 的对应于 λ 的特征向量.

设

$$\boldsymbol{A}=\begin{pmatrix} a_{11} & a_{12} & \cdots & a_{1n}\\ a_{21} & a_{22} & \cdots & a_{2n}\\ \vdots & \vdots & & \vdots\\ a_{n1} & a_{n2} & \cdots & a_{nn}\end{pmatrix},\quad \boldsymbol{x}=\begin{pmatrix}\boldsymbol{x}_1\\ \boldsymbol{x}_2\\ \vdots\\ \boldsymbol{x}_n\end{pmatrix},$$

由(4.1)式得,

$$(\boldsymbol{A}-\lambda\boldsymbol{E})\boldsymbol{x}=\boldsymbol{0},\tag{4.2}$$

其中

$$\boldsymbol{A}-\lambda\boldsymbol{E}=\begin{pmatrix} a_{11}-\lambda & a_{12} & \cdots & a_{1n}\\ a_{21} & a_{22}-\lambda & \cdots & a_{2n}\\ \vdots & \vdots & & \vdots\\ a_{n1} & a_{n2} & \cdots & a_{nn}-\lambda\end{pmatrix}.$$

齐次线性方程组(4.2)有非零解的充要条件是 $|\boldsymbol{A}-\lambda\boldsymbol{E}|=0$. 为了方便,将

$$|\boldsymbol{A}-\lambda\boldsymbol{E}|=\begin{vmatrix} a_{11}-\lambda & a_{12} & \cdots & a_{1n} \\ a_{21} & a_{22}-\lambda & \cdots & a_{2n} \\ \vdots & \vdots & & \vdots \\ a_{n1} & a_{n2} & \cdots & a_{nn}-\lambda \end{vmatrix}$$

称为方阵 $\boldsymbol{A}$ 的**特征多项式**(characteristic polynomial),它是一个关于 λ 的 n 次多项式,可记为 $f(\lambda)$,称 $|\boldsymbol{A}-\lambda\boldsymbol{E}|=0$ 为 $\boldsymbol{A}$ 的**特征方程**(characteristic equation).

根据以上的分析知,方阵 $\boldsymbol{A}$ 的特征值就是其特征方程 $|\boldsymbol{A}-\lambda\boldsymbol{E}|=0$ 的根. 因为在复数范围内,n 次多项式必有 n 个复数根(重根按重数计算),例如关于 λ 的 6 次多项式 $(\lambda+1)^2\left(\lambda-\frac{1}{2}\right)(\lambda-5)^3$ 的根为 -1(二重根)、$\frac{1}{2}$(单根)和 5(三重根),所以任意 n 阶方阵均存在 n 个特征值,进而方阵 $\boldsymbol{A}$ 的特征值是一些特殊的数值. 例如对角方阵

$$\begin{pmatrix} \lambda_1 & & & \\ & \lambda_2 & & \\ & & \ddots & \\ & & & \lambda_n \end{pmatrix}$$

的特征方程为

$$\begin{vmatrix} \lambda_1-\lambda & & & \\ & \lambda_2-\lambda & & \\ & & \ddots & \\ & & & \lambda_n-\lambda \end{vmatrix}=(\lambda_1-\lambda)(\lambda_2-\lambda)\cdots(\lambda_n-\lambda)=0,$$

其特征值分别为 $\lambda_1,\lambda_2,\cdots,\lambda_n$,即对角方阵的特征值为其对角线上的元素.

同样,若 $|\boldsymbol{A}|=0$,则 $|\boldsymbol{A}-0\boldsymbol{E}|=0$,于是 $\boldsymbol{A}$ 有一个特征值 0. 若 $\boldsymbol{Ax}=\boldsymbol{0}$ 有非零解,则 $\lambda=0$ 是 $\boldsymbol{A}$ 的一个特征值.

当得出方阵 $\boldsymbol{A}$ 的特征值 λ 后,方阵 $\boldsymbol{A}$ 的对应于 λ 的特征向量就是齐次线性方程组

$$(\boldsymbol{A}-\lambda\boldsymbol{E})\boldsymbol{x}=\boldsymbol{0}$$

的所有非零解.

由此可知,计算方阵 $\boldsymbol{A}$ 的特征值与特征向量的步骤如下:

第 1 步 计算 $\boldsymbol{A}$ 的特征多项式 $|\boldsymbol{A}-\lambda\boldsymbol{E}|$.

第 2 步 令 $|\boldsymbol{A}-\lambda\boldsymbol{E}|=0$ 得出 $\boldsymbol{A}$ 的所有不同的特征值.

第 3 步 对于每个不同的特征值 λ,求出齐次线性方程组 $(\boldsymbol{A}-\lambda\boldsymbol{E})\boldsymbol{x}=\boldsymbol{0}$ 的所有非零解即得 $\boldsymbol{A}$ 的对应于 λ 的全部特征向量. 更具体地说,先求出 $(\boldsymbol{A}-\lambda\boldsymbol{E})\boldsymbol{x}=\boldsymbol{0}$ 的一个基础解系

$$\boldsymbol{\xi}_1,\quad \boldsymbol{\xi}_2,\quad \cdots,\quad \boldsymbol{\xi}_{n-r},$$

其所有非零的线性组合

$$k_1\boldsymbol{\xi}_1+k_2\boldsymbol{\xi}_2+\cdots+k_{n-r}\boldsymbol{\xi}_{n-r},$$

(只要 $k_1,k_2,\cdots,k_{n-r}$ 不全为 0)就是 $\boldsymbol{A}$ 的对应于 λ 的全部特征向量,其中 $R(\boldsymbol{A}-\lambda\boldsymbol{E})=r$.

例 4.1 设

$$A=\begin{pmatrix}3&2&2\\2&3&2\\2&2&3\end{pmatrix},$$

求 A 的特征值与特征向量.

解 先计算 A 的特征多项式 $|A-\lambda E|$.

$$|A-\lambda E|=\begin{vmatrix}3-\lambda&2&2\\2&3-\lambda&2\\2&2&3-\lambda\end{vmatrix}\xlongequal[1c_3+c_1]{1c_2+c_1}\begin{vmatrix}7-\lambda&2&2\\7-\lambda&3-\lambda&2\\7-\lambda&2&3-\lambda\end{vmatrix}$$

$$\xlongequal{c_1\to 7-\lambda}(7-\lambda)\begin{vmatrix}1&2&2\\1&3-\lambda&2\\1&2&3-\lambda\end{vmatrix}\xlongequal[-1r_1+r_3]{-1r_1+r_2}(7-\lambda)\begin{vmatrix}1&2&2\\0&1-\lambda&0\\0&0&1-\lambda\end{vmatrix}$$

$$=(7-\lambda)(1-\lambda)^2.$$

令 $|A-\lambda E|=0$ 得出 A 的所有不同的特征值为 $\lambda=1$(二重根)和 $\lambda=7$(单根).

当 $\lambda=1$ 时,齐次线性方程组 $(A-1E)x=0$ 为

$$\begin{cases}(3-1)x_1+2x_2+2x_3=0,\\2x_1+(3-1)x_2+2x_3=0,\\2x_1+2x_2+(3-1)x_3=0,\end{cases}\quad 即\ x_1+x_2+x_3=0.$$

令 $\begin{pmatrix}x_2\\x_3\end{pmatrix}=\begin{pmatrix}1\\0\end{pmatrix},\begin{pmatrix}0\\1\end{pmatrix}$,得基础解系为 $\boldsymbol{\xi}_1=\begin{pmatrix}-1\\1\\0\end{pmatrix}$,$\boldsymbol{\xi}_2=\begin{pmatrix}-1\\0\\1\end{pmatrix}$,于是 A 的对应于 1 的全部特征向量为

$$k_1\boldsymbol{\xi}_1+k_2\boldsymbol{\xi}_2=k_1\begin{pmatrix}-1\\1\\0\end{pmatrix}+k_2\begin{pmatrix}-1\\0\\1\end{pmatrix},\quad 其中\ k_1,k_2\ 不全为\ 0.$$

当 $\lambda=7$ 时,齐次线性方程组 $(A-7E)x=0$ 为

$$\begin{cases}(3-7)x_1+2x_2+2x_3=0,\\2x_1+(3-7)x_2+2x_3=0,\\2x_1+2x_2+(3-7)x_3=0,\end{cases}$$

其系数矩阵的行最简形为

$$\begin{pmatrix}-4&2&2\\2&-4&2\\2&2&-4\end{pmatrix}\xrightarrow{r_1\leftrightarrow r_2}\begin{pmatrix}2&-4&2\\-4&2&2\\2&2&-4\end{pmatrix}\xrightarrow[-1r_1+r_3]{2r_1+r_2}\begin{pmatrix}2&-4&2\\0&-6&6\\0&6&-6\end{pmatrix}$$

$$\xrightarrow[\frac{1}{6}r_3]{\substack{\frac{1}{2}r \\ -\frac{1}{6}{}_1 r_2}} \begin{pmatrix} 1 & -2 & 1 \\ 0 & 1 & -1 \\ 0 & 1 & -1 \end{pmatrix} \xrightarrow{-1r_2+r_3} \begin{pmatrix} 1 & -2 & 1 \\ 0 & 1 & -1 \\ 0 & 0 & 0 \end{pmatrix} \xrightarrow{2r_2+r_1} \begin{pmatrix} 1 & 0 & -1 \\ 0 & 1 & -1 \\ 0 & 0 & 0 \end{pmatrix},$$

同解的齐次线性方程组为

$$\begin{cases} x_1 - x_3 = 0, \\ x_2 - x_3 = 0. \end{cases}$$

令 $x_3=1$,得基础解系为 $\boldsymbol{\xi}_3=\begin{pmatrix}1\\1\\1\end{pmatrix}$,于是 $\boldsymbol{A}$ 的对应于 7 的全部特征向量为

$$k_3\boldsymbol{\xi}_3 = k_3\begin{pmatrix}1\\1\\1\end{pmatrix}, \quad \text{其中 } k_3 \text{ 不为 } 0.$$

例 4.2 设

$$\boldsymbol{A} = \begin{pmatrix} 4 & 2 & -5 \\ 6 & 4 & -9 \\ 5 & 3 & -7 \end{pmatrix},$$

求 $\boldsymbol{A}$ 的特征值与特征向量.

解 $\boldsymbol{A}$ 的特征多项式 $|\boldsymbol{A}-\lambda\boldsymbol{E}|$ 为

$$|\boldsymbol{A}-\lambda\boldsymbol{E}| = \begin{vmatrix} 4-\lambda & 2 & -5 \\ 6 & 4-\lambda & -9 \\ 5 & 3 & -7-\lambda \end{vmatrix} \overset{\substack{1c_2+c_1 \\ 1c_3+c_1}}{=\!=\!=} \begin{vmatrix} 1-\lambda & 2 & -5 \\ 1-\lambda & 4-\lambda & -9 \\ 1-\lambda & 3 & -7-\lambda \end{vmatrix}$$

$$\overset{c_1\to 1-\lambda}{=\!=\!=} (1-\lambda)\begin{vmatrix} 1 & 2 & -5 \\ 1 & 4-\lambda & -9 \\ 1 & 3 & -7-\lambda \end{vmatrix} \overset{\substack{-1r_1+r_2 \\ -1r_1+r_3}}{=\!=\!=} (1-\lambda)\begin{vmatrix} 1 & 2 & -5 \\ 0 & 2-\lambda & -4 \\ 0 & 1 & -2-\lambda \end{vmatrix}$$

$$= (1-\lambda)[(2-\lambda)(-2-\lambda) - 1\cdot(-4)] = (1-\lambda)\lambda^2.$$

令 $|\boldsymbol{A}-\lambda\boldsymbol{E}|=0$ 得出 $\boldsymbol{A}$ 的所有不同的特征值为 $\lambda=0$(二重根)和 $\lambda=1$(单根).

当 $\lambda=0$ 时,齐次线性方程组 $(\boldsymbol{A}-0\boldsymbol{E})\boldsymbol{x}=\boldsymbol{0}$ 为

$$\begin{cases} (4-0)x_1 + 2x_2 - 5x_3 = 0, \\ 6x_1 + (4-0)x_2 - 9x_3 = 0, \\ 5x_1 + 3x_2 + (-7-0)x_3 = 0, \end{cases}$$

其系数矩阵的行最简形为

$$\begin{pmatrix}4&2&-5\\6&4&-9\\5&3&-7\end{pmatrix}\xrightarrow{-1r_3+r_1}\begin{pmatrix}-1&-1&2\\6&4&-9\\5&3&-7\end{pmatrix}\xrightarrow[5r_1+r_3]{6r_1+r_2}\begin{pmatrix}-1&-1&2\\0&-2&3\\0&-2&3\end{pmatrix}$$

$$\xrightarrow{-1r_2+r_3}\begin{pmatrix}-1&-1&2\\0&-2&3\\0&0&0\end{pmatrix}\xrightarrow{-\frac{1}{2}r_2}\begin{pmatrix}-1&-1&2\\0&1&-\frac{3}{2}\\0&0&0\end{pmatrix}$$

$$\xrightarrow{1r_2+r_1}\begin{pmatrix}-1&0&\frac{1}{2}\\0&1&-\frac{3}{2}\\0&0&0\end{pmatrix}\xrightarrow{-1r_1}\begin{pmatrix}1&0&-\frac{1}{2}\\0&1&-\frac{3}{2}\\0&0&0\end{pmatrix},$$

同解的齐次线性方程组为

$$\begin{cases}x_1 \quad -\frac{1}{2}x_3=0,\\ \quad x_2-\frac{3}{2}x_3=0.\end{cases}$$

令 $x_3=2$，得基础解系为 $\boldsymbol{\xi}_1=\begin{pmatrix}1\\3\\2\end{pmatrix}$，于是 $\boldsymbol{A}$ 的对应于 0 的全部特征向量为

$$k_1\boldsymbol{\xi}_1=k_1\begin{pmatrix}1\\3\\2\end{pmatrix},\quad \text{其中 } k_1 \text{ 不为 } 0.$$

当 $\lambda=1$ 时，齐次线性方程组 $(\boldsymbol{A}-1\boldsymbol{E})\boldsymbol{x}=\boldsymbol{0}$ 为

$$\begin{cases}(4-1)x_1+2x_2-5x_3=0,\\6x_1+(4-1)x_2-9x_3=0,\\5x_1+3x_2+(-7-1)x_3=0,\end{cases}$$

其系数矩阵的行最简形为

$$\begin{pmatrix}3&2&-5\\6&3&-9\\5&3&-8\end{pmatrix}\xrightarrow{-1r_3+r_3}\begin{pmatrix}3&2&-5\\6&3&-9\\-1&0&1\end{pmatrix}\xrightarrow{r_1\leftrightarrow r_3}\begin{pmatrix}-1&0&1\\6&3&-9\\3&2&-5\end{pmatrix}$$

$$\xrightarrow[3r_1+r_3]{6r_1+r_2}\begin{pmatrix}-1&0&1\\0&3&-3\\0&2&-2\end{pmatrix}\xrightarrow[-2r_2+r_3]{\frac{1}{3}r_2}\begin{pmatrix}-1&0&1\\0&1&-1\\0&0&0\end{pmatrix}\xrightarrow{-1r_1}\begin{pmatrix}1&0&-1\\0&1&-1\\0&0&0\end{pmatrix},$$

同解的齐次线性方程组为

$$\begin{cases} x_1 \quad - x_3 = 0, \\ x_2 - x_3 = 0. \end{cases}$$

令 $x_3=1$,得基础解系为$\boldsymbol{\xi}_2=\begin{pmatrix}1\\1\\1\end{pmatrix}$,于是 $\boldsymbol{A}$ 的对应于 1 的全部特征向量为

$$k_2\boldsymbol{\xi}_2 = k_2\begin{pmatrix}1\\1\\1\end{pmatrix}, \quad \text{其中 } k_2 \text{ 不为 } 0.$$

注意 一般地,若 λ 是 $\boldsymbol{A}$ 的 k 重特征值,则齐次线性方程$(\boldsymbol{A}-\lambda\boldsymbol{E})\boldsymbol{x}=\boldsymbol{0}$ 的基础解系中至多含 k 个解向量.

例 4.3 设

$$\boldsymbol{A} = \begin{pmatrix} -1 & 0 & 0 \\ 0 & 0 & 1 \\ 0 & -1 & 0 \end{pmatrix},$$

求 $\boldsymbol{A}$ 的特征值与特征向量.

解 $\boldsymbol{A}$ 的特征多项式$|\boldsymbol{A}-\lambda\boldsymbol{E}|$为

$$|\boldsymbol{A}-\lambda\boldsymbol{E}| = \begin{vmatrix} -1-\lambda & 0 & 0 \\ 0 & -\lambda & 1 \\ 0 & -1 & -\lambda \end{vmatrix} = -(1+\lambda)(\lambda^2+1).$$

令$|\boldsymbol{A}-\lambda\boldsymbol{E}|=0$ 得出 $\boldsymbol{A}$ 的所有不同的特征值为$\lambda=-1$,$\lambda=\mathrm{i}$ 和 $\lambda=-\mathrm{i}$.

当$\lambda=-1$ 时,齐次线性方程组$(\boldsymbol{A}-(-1)\boldsymbol{E})\boldsymbol{x}=\boldsymbol{0}$ 为

$$\begin{cases} (-1+1)x_1 = 0, \\ x_2 + x_3 = 0, \\ -x_2 + x_3 = 0, \end{cases} \quad \text{即} \quad \begin{cases} x_2 = 0, \\ x_3 = 0. \end{cases}$$

令 $x_1=1$,得基础解系为$\boldsymbol{\xi}_1=\begin{pmatrix}1\\0\\0\end{pmatrix}$,于是 $\boldsymbol{A}$ 的对应于-1 的全部特征向量为

$$k_1\boldsymbol{\xi}_1 = k_1\begin{pmatrix}1\\0\\0\end{pmatrix}, \quad \text{其中 } k_1 \text{ 不为 } 0.$$

当$\lambda=\mathrm{i}$ 时,齐次线性方程组$(\boldsymbol{A}-\mathrm{i}\boldsymbol{E})\boldsymbol{x}=\boldsymbol{0}$ 为

$$\begin{cases} (-1-\mathrm{i})x_1 = 0, \\ -\mathrm{i}x_2 + x_3 = 0, \\ -x_2 - \mathrm{i}x_3 = 0, \end{cases}$$

其系数矩阵的行最简形为

$$\begin{pmatrix} -1-\mathrm{i} & 0 & 0 \\ 0 & -\mathrm{i} & 1 \\ 0 & -1 & -\mathrm{i} \end{pmatrix} \xrightarrow{\mathrm{i}r_3+r_3} \begin{pmatrix} -1-\mathrm{i} & 0 & 0 \\ 0 & -\mathrm{i} & 1 \\ 0 & 0 & 0 \end{pmatrix} \xrightarrow[\mathrm{i}r_2]{-\frac{1}{1+\mathrm{i}}r_1} \begin{pmatrix} 1 & 0 & 0 \\ 0 & 1 & \mathrm{i} \\ 0 & 0 & 0 \end{pmatrix},$$

同解的齐次线性方程组为

$$\begin{cases} x_1 = 0, \\ x_2 + \mathrm{i}x_3 = 0. \end{cases}$$

令 $x_3=1$，得基础解系为 $\boldsymbol{\xi}_2=\begin{pmatrix} 0 \\ -\mathrm{i} \\ 1 \end{pmatrix}$，于是 $\boldsymbol{A}$ 的对应于 i 的全部特征向量为

$$k_2\boldsymbol{\xi}_2 = k_2\begin{pmatrix} 0 \\ -\mathrm{i} \\ 1 \end{pmatrix}, \quad \text{其中 } k_2 \text{ 不为 } 0.$$

当 $\lambda=-\mathrm{i}$ 时，齐次线性方程组 $(\boldsymbol{A}-(-\mathrm{i})\boldsymbol{E})\boldsymbol{x}=\boldsymbol{0}$ 为

$$\begin{cases} (-1+\mathrm{i})x_1 = 0, \\ \mathrm{i}x_2 + x_3 = 0, \\ -x_2 + \mathrm{i}x_3 = 0, \end{cases}$$

其系数矩阵的行最简形为

$$\begin{pmatrix} -1+\mathrm{i} & 0 & 0 \\ 0 & \mathrm{i} & 1 \\ 0 & -1 & \mathrm{i} \end{pmatrix} \xrightarrow{-\mathrm{i}r_3+r_3} \begin{pmatrix} -1+\mathrm{i} & 0 & 0 \\ 0 & \mathrm{i} & 1 \\ 0 & 0 & 0 \end{pmatrix} \xrightarrow[-\mathrm{i}r_2]{-\frac{1}{-1+\mathrm{i}}r_1} \begin{pmatrix} 1 & 0 & 0 \\ 0 & 1 & -\mathrm{i} \\ 0 & 0 & 0 \end{pmatrix},$$

同解的齐次线性方程组为

$$\begin{cases} x_1 = 0, \\ x_2 - \mathrm{i}x_3 = 0. \end{cases}$$

令 $x_3=1$，得基础解系为 $\boldsymbol{\xi}_3=\begin{pmatrix} 0 \\ \mathrm{i} \\ 1 \end{pmatrix}$，于是 $\boldsymbol{A}$ 的对应于 $-\mathrm{i}$ 的全部特征向量为

$$k_3\boldsymbol{\xi}_3 = k_3\begin{pmatrix} 0 \\ \mathrm{i} \\ 1 \end{pmatrix}, \quad \text{其中 } k_3 \text{ 不为 } 0.$$

由以上三例可知，任意 n 阶方阵均存在 n 个特征值，可能有些特征值是虚数，其对应的特征向量的分量中一般含有虚数. 若实矩阵的特征值为实数，其特征向量可选为实向量.

在 MATLAB 命令窗口输入矩阵 $\boldsymbol{A}$，使用命令 eig(A)就可以得到 $\boldsymbol{A}$ 的所有特征值，使

用命令[p,d]=eig(A)就可以得到 $\boldsymbol{A}$ 的所有特征值及特征向量,其中 p 是特征向量构成的矩阵,d 是特征值构成的对角矩阵.

例 4.4 设

$$\boldsymbol{A}=\begin{pmatrix} a & -1 & c \\ 5 & b & 3 \\ 1-c & 0 & -a \end{pmatrix},$$

其行列式 $|\boldsymbol{A}|=-1$,又 $\boldsymbol{A}^*$ 存在一个对应于 λ 的特征向量

$$\boldsymbol{\alpha}=\begin{pmatrix} -1 \\ -1 \\ 1 \end{pmatrix},$$

求 a,b,c 和 λ.

解 根据题意知,$\boldsymbol{A}^*\boldsymbol{\alpha}=\lambda\boldsymbol{\alpha}$,于是 $\boldsymbol{A}(\boldsymbol{A}^*\boldsymbol{\alpha})=\boldsymbol{A}(\lambda\boldsymbol{\alpha})$. 因为 $\boldsymbol{A}\boldsymbol{A}^*=|\boldsymbol{A}|\boldsymbol{E}=-\boldsymbol{E}$,所以 $\lambda(\boldsymbol{A}\boldsymbol{\alpha})=-\boldsymbol{\alpha}$,即

$$\lambda\begin{pmatrix} a & -1 & c \\ 5 & b & 3 \\ 1-c & 0 & -a \end{pmatrix}\begin{pmatrix} -1 \\ -1 \\ 1 \end{pmatrix}=\begin{pmatrix} 1 \\ 1 \\ -1 \end{pmatrix},$$

由此可得

$$\begin{cases} \lambda(-a+1+c)=1, \\ \lambda(-5-b+3)=1, \\ \lambda(-1+c-a)=-1. \end{cases}$$

将第 1 个方程加上第 3 个方程并化简,得 $\lambda(c-a)=0$. 显然 $\lambda\neq 0$,于是 $a=c$,代入第 1 个方程得 $\lambda=1$,再代入第 2 个方程得 $b=-3$.

而当 $a=c$ 且 $b=-3$ 时,

$$|\boldsymbol{A}|=\begin{vmatrix} a & -1 & a \\ 5 & -3 & 3 \\ 1-a & 0 & -a \end{vmatrix}=a-3=-1,$$

从而得 $a=2$. 故 $a=2,b=-3,c=2$ 和 $\lambda=1$.

4.2 特征值与特征向量的性质

特征值与特征向量的性质在解决某些问题时至关重要,需要记住.

性质 1 设 n 阶方阵 $\boldsymbol{A}=(a_{ij})_{n\times n}$ 的 n 个特征值为 $\lambda_1,\lambda_2,\cdots,\lambda_n$(重根按重数计算),则:

(1) $\lambda_1+\lambda_2+\cdots+\lambda_n=a_{11}+a_{22}+\cdots+a_{nn}$;

(2) $\lambda_1\lambda_2\cdots\lambda_n=|\boldsymbol{A}|$.

在 n 阶方阵 $\boldsymbol{A}=(a_{ij})_{n\times n}$ 中，$a_{11}+a_{22}+\cdots+a_{nn}$ 称为 $\boldsymbol{A}$ 的**迹**(trace)，记为 $\mathrm{tr}(\boldsymbol{A})$. 性质1(1)表明，$\boldsymbol{A}$ 的所有特征值的和等于方阵 $\boldsymbol{A}$ 的迹.

例如二阶方阵 $\boldsymbol{A}=(a_{ij})_{2\times 2}$ 的特征方程为

$$f(\lambda)=|\boldsymbol{A}-\lambda\boldsymbol{E}|=\begin{vmatrix} a_{11}-\lambda & a_{12} \\ a_{21} & a_{22}-\lambda \end{vmatrix}=(a_{11}-\lambda)(a_{22}-\lambda)-a_{12}a_{21}$$

$$=\lambda^2-(a_{11}+a_{22})\lambda+(a_{11}a_{22}-a_{12}a_{21})=\lambda^2-(a_{11}+a_{22})\lambda+|\boldsymbol{A}|=0,$$

其特征值为 λ_1,λ_2，则由一元二次方程根与系数的关系有

$$\lambda_1+\lambda_2=a_{11}+a_{22},$$

$$\lambda_1\lambda_2=|\boldsymbol{A}|.$$

如果知道 n 阶方阵 $\boldsymbol{A}=(a_{ij})_{n\times n}$ 的 n 个特征值为 $\lambda_1,\lambda_2,\cdots,\lambda_n$，则可由(2)得出 $|\boldsymbol{A}|$. 特别地，方阵 $\boldsymbol{A}$ 有一个特征值为0当且仅当 $|\boldsymbol{A}|=0$.

性质2 设 λ 为方阵 $\boldsymbol{A}$ 的特征值，则：

(1) 对于任意数 l，有 $l\lambda$ 是 $l\boldsymbol{A}$ 的特征值；

(2) 对于任意自然数 k，有 λ^k 是 $\boldsymbol{A}^k$ 的特征值.

证 设 $\boldsymbol{x}$ 是 $\boldsymbol{A}$ 的对应于 λ 的特征向量，即 $\boldsymbol{Ax}=\lambda\boldsymbol{x}$.

(1) 由于 $(l\boldsymbol{A})\boldsymbol{x}=l(\boldsymbol{Ax})=l(\lambda\boldsymbol{x})=(l\lambda)\boldsymbol{x}$，于是 $l\lambda$ 是 $l\boldsymbol{A}$ 的特征值.

(2) 当 $k=0,1$ 时，结论显然成立.

假设对于自然数 k 时，λ^k 是 $\boldsymbol{A}^k$ 的特征值. 在 $k+1$ 时，由于

$$\boldsymbol{A}^{k+1}\boldsymbol{x}=(\boldsymbol{A}\boldsymbol{A}^k)\boldsymbol{x}=\boldsymbol{A}(\boldsymbol{A}^k\boldsymbol{x})=\boldsymbol{A}(\lambda^k\boldsymbol{x})=\lambda^k(\boldsymbol{Ax})=\lambda^k(\lambda\boldsymbol{x})=\lambda^{k+1}\boldsymbol{x},$$

所以 λ^{k+1} 是 $\boldsymbol{A}^{k+1}$ 的特征值. 根据数学归纳法知，结论成立.

设 $\varphi(x)=a_0+a_1x+\cdots+a_mx^m$ 是关于 x 的 m 次多项式，对于任意 n 阶方阵 $\boldsymbol{A}$，称

$$\varphi(\boldsymbol{A})=a_0\boldsymbol{E}+a_1\boldsymbol{A}+\cdots+a_m\boldsymbol{A}^m \tag{4.3}$$

是矩阵 $\boldsymbol{A}$ 的 m 次多项式，其值是 n 阶方阵.

例如，取 $\varphi(x)=5+6x-7x^2+8x^3$ 且 $\boldsymbol{A}=\begin{pmatrix} 1 & -1 \\ 0 & 1 \end{pmatrix}$，则

$$\varphi(\boldsymbol{A})=5E+6\boldsymbol{A}-7\boldsymbol{A}^2+8\boldsymbol{A}^3=5\begin{pmatrix} 1 & 0 \\ 0 & 1 \end{pmatrix}+6\begin{pmatrix} 1 & -1 \\ 0 & 1 \end{pmatrix}-7\begin{pmatrix} 1 & -1 \\ 0 & 1 \end{pmatrix}^2+8\begin{pmatrix} 1 & -1 \\ 0 & 1 \end{pmatrix}^3$$

$$=5\begin{pmatrix} 1 & 0 \\ 0 & 1 \end{pmatrix}+6\begin{pmatrix} 1 & -1 \\ 0 & 1 \end{pmatrix}-7\begin{pmatrix} 1 & -2 \\ 0 & 1 \end{pmatrix}+8\begin{pmatrix} 1 & -3 \\ 0 & 1 \end{pmatrix}$$

$$=\begin{pmatrix} 12 & -16 \\ 0 & 12 \end{pmatrix}.$$

若 λ 为方阵 $\boldsymbol{A}$ 的特征值，$\boldsymbol{x}$ 是 $\boldsymbol{A}$ 的对应于 λ 的特征向量，即 $\boldsymbol{Ax}=\lambda\boldsymbol{x}$. 则根据性质2的证明过程可知

$$\varphi(\boldsymbol{A})\boldsymbol{x}=(a_0E+a_1\boldsymbol{A}+\cdots+a_m\boldsymbol{A}^m)\boldsymbol{x}=a_0\boldsymbol{x}+a_1\boldsymbol{Ax}+\cdots+a_m\boldsymbol{A}^m\boldsymbol{x}$$

$$=a_0\boldsymbol{x}+a_1\lambda\boldsymbol{x}+\cdots+a_m\lambda^m\boldsymbol{x}=(a_0+a_1\lambda+\cdots+a_m\lambda^m)\boldsymbol{x}=\varphi(\lambda)\boldsymbol{x},$$

于是 $\varphi(\lambda)$ 是 $\varphi(\boldsymbol{A})$ 的特征值且 $\boldsymbol{x}$ 是 $\varphi(\boldsymbol{A})$ 的对应于 $\varphi(\lambda)$ 的特征向量.

事实上,可以证明：若 n 阶方阵 $\boldsymbol{A}$ 的全部特征值为 $\lambda_1,\lambda_2,\cdots,\lambda_n$,则 $\varphi(\boldsymbol{A})$ 的全部特征值为 $\varphi(\lambda_1),\varphi(\lambda_2),\cdots,\varphi(\lambda_n)$.

性质 3 设 λ 为方阵 $\boldsymbol{A}$ 的特征值,若 $\boldsymbol{A}$ 可逆,则 $\lambda\neq 0$ 且 $\dfrac{1}{\lambda}$ 是 $\boldsymbol{A}^{-1}$ 的特征值.

证 设 $\boldsymbol{x}$ 是 $\boldsymbol{A}$ 的对应于 λ 的特征向量,即 $\boldsymbol{Ax}=\lambda\boldsymbol{x}$. 因为 $\boldsymbol{A}$ 可逆,于是

$$\boldsymbol{A}^{-1}(\boldsymbol{Ax}) = \boldsymbol{A}^{-1}(\lambda\boldsymbol{x}),$$

进而 $\boldsymbol{x}=\lambda(\boldsymbol{A}^{-1}\boldsymbol{x})$. 因为 $\boldsymbol{x}\neq\boldsymbol{0}$,所以 $\lambda\neq 0$.

由 $\boldsymbol{x}=\lambda(\boldsymbol{A}^{-1}\boldsymbol{x})$ 可得 $\boldsymbol{A}^{-1}\boldsymbol{x}=\dfrac{1}{\lambda}\boldsymbol{x}$,故 $\dfrac{1}{\lambda}$ 是 $\boldsymbol{A}^{-1}$ 的特征值.

对于可逆矩阵 $\boldsymbol{A}$,对于正整数 k,定义

$$\boldsymbol{A}^{-k} = (\boldsymbol{A}^{-1})^{k}. \tag{4.4}$$

设 $\phi(x)=a_{-k}x^{-k}+\cdots+a_{-1}x^{-1}+a_0+a_1x+\cdots+a_mx^m$,其中 m,k 是自然数,对于可逆矩阵 $\boldsymbol{A}$,规定

$$\phi(\boldsymbol{A}) = a_{-k}\boldsymbol{A}^{-k} + \cdots + a_{-1}\boldsymbol{A}^{-1} + a_0\boldsymbol{E} + a_1\boldsymbol{A} + \cdots + a_m\boldsymbol{A}^m. \tag{4.5}$$

由类似于性质 3 上方的推理过程可知：若 λ 为可逆方阵 $\boldsymbol{A}$ 的特征值,$\boldsymbol{x}$ 是 $\boldsymbol{A}$ 的对应于 λ 的特征向量,则 $\phi(\lambda)$ 是 $\phi(\boldsymbol{A})$ 的特征值,$\boldsymbol{x}$ 是 $\phi(\boldsymbol{A})$ 的对应于 $\phi(\lambda)$ 的特征向量. 事实上,可以证明：若 n 阶可逆方阵 $\boldsymbol{A}$ 的全部特征值为 $\lambda_1,\lambda_2,\cdots,\lambda_n$,则 $\phi(\boldsymbol{A})$ 的全部特征值为 $\phi(\lambda_1),\phi(\lambda_2),\cdots,\phi(\lambda_n)$.

特别地,若 λ 为方阵 $\boldsymbol{A}$ 的特征值且 $\boldsymbol{A}$ 可逆,由于 $\boldsymbol{A}^{-1}=\dfrac{1}{|\boldsymbol{A}|}\boldsymbol{A}^*$,于是 $\boldsymbol{A}^*=|\boldsymbol{A}|\boldsymbol{A}^{-1}$,则 $|\boldsymbol{A}|\lambda^{-1}$ 是 $\boldsymbol{A}^*$ 的特征值,$\boldsymbol{x}$ 是 $\boldsymbol{A}^*$ 的对应于 $|\boldsymbol{A}|\lambda^{-1}$ 的特征向量.

例 4.5 设方阵 $\boldsymbol{A}$ 满足 $\boldsymbol{A}^2=\boldsymbol{E}$,证明：

(1) $\boldsymbol{A}$ 的特征值为 1 或 -1.

(2) $4\boldsymbol{E}-3\boldsymbol{A}$ 可逆.

证 (1) 设 λ 为方阵 $\boldsymbol{A}$ 的特征值,则 λ^2 是 $\boldsymbol{A}^2$ 的特征值. 由于 $\boldsymbol{A}^2=\boldsymbol{E}$ 且 $\boldsymbol{E}$ 的特征值为 1,于是 $\lambda^2=1$,这时 $\lambda=1$ 或 $\lambda=-1$.

(2) 因为 $4\boldsymbol{E}-3\boldsymbol{A}$ 的特征值为 $4-3\times1=1$ 或 $4-3\times(-1)=7$,由性质 1 知 $|4\boldsymbol{E}-3\boldsymbol{A}|\neq0$,所以 $4\boldsymbol{E}-3\boldsymbol{A}$ 可逆.

例 4.6 设三阶方阵 $\boldsymbol{A}$ 的特征值为 $1,-2,4$,求 $|\boldsymbol{A}^*+3\boldsymbol{A}-2\boldsymbol{E}|$.

解 因为 $\boldsymbol{A}$ 的特征值 λ 为 $1,-2,4$,则 $|\boldsymbol{A}|=1\times(-2)\times4=-8\neq0$,因此 $\boldsymbol{A}$ 可逆且由于 $\boldsymbol{AA}^*=|\boldsymbol{A}|\boldsymbol{E}$,有 $\boldsymbol{A}^*=|\boldsymbol{A}|\boldsymbol{A}^{-1}=-8\boldsymbol{A}^{-1}$. 这时

$$\boldsymbol{A}^* + 3\boldsymbol{A} - 2\boldsymbol{E} = -8\boldsymbol{A}^{-1} + 3\boldsymbol{A} - 2\boldsymbol{E},$$

其特征值为 $\phi(\lambda)=-8\lambda^{-1}+3\lambda-2=-7,-4,8$,进而

$$|\boldsymbol{A}^*+3\boldsymbol{A}-2\boldsymbol{E}|=-7\times(-4)\times 8=224.$$

性质4　对应于不同特征值的特征向量线性无关.

证　设 $\lambda_1,\lambda_2,\cdots,\lambda_m$ 是方阵 $\boldsymbol{A}$ 的 m 个不同特征值，$\boldsymbol{p}_1,\boldsymbol{p}_2,\cdots,\boldsymbol{p}_m$ 分别是与之对应的特征向量，即 $\boldsymbol{A}\boldsymbol{p}_i=\lambda_i\boldsymbol{p}_i,i=1,2,\cdots,m$. 又设存在 $k_1,k_2,\cdots,k_m$ 使得

$$k_1\boldsymbol{p}_1+k_2\boldsymbol{p}_2+\cdots+k_m\boldsymbol{p}_m=\boldsymbol{0},\tag{4.6}$$

由于 $\boldsymbol{A}(k_1\boldsymbol{p}_1+k_2\boldsymbol{p}_2+\cdots+k_m\boldsymbol{p}_m)=\boldsymbol{A}\boldsymbol{0}=\boldsymbol{0}$，根据已知有

$$k_1\lambda_1\boldsymbol{p}_1+k_2\lambda_2\boldsymbol{p}_2+\cdots+k_m\lambda_m\boldsymbol{p}_m=\boldsymbol{0},\tag{4.7}$$

依此类推，有

$$k_1\lambda_1^k\boldsymbol{p}_1+k_2\lambda_2^k\boldsymbol{p}_2+\cdots+k_m\lambda_m^k\boldsymbol{p}_m=\boldsymbol{0},\tag{4.8}$$

其中 $k=2,3,\cdots,m-1$. 根据(4.6)式～(4.8)式，利用分块矩阵乘法，有

$$(k_1\boldsymbol{p}_1,k_2\boldsymbol{p}_2,\cdots,k_m\boldsymbol{p}_m)\begin{pmatrix}1&\lambda_1&\cdots&\lambda_1^{m-1}\\1&\lambda_2&\cdots&\lambda_2^{m-1}\\\vdots&\vdots&&\vdots\\1&\lambda_m&\cdots&\lambda_m^{m-1}\end{pmatrix}=(\boldsymbol{0},\boldsymbol{0},\cdots,\boldsymbol{0}).$$

根据范德蒙德行列式，知

$$\begin{vmatrix}1&\lambda_1&\cdots&\lambda_1^{m-1}\\1&\lambda_2&\cdots&\lambda_2^{m-1}\\\vdots&\vdots&&\vdots\\1&\lambda_m&\cdots&\lambda_m^{m-1}\end{vmatrix}=\prod_{1\leqslant j<i\leqslant m}(\lambda_i-\lambda_j)\neq 0,$$

所以 $(k_1\boldsymbol{p}_1,k_2\boldsymbol{p}_2,\cdots,k_m\boldsymbol{p}_m)=(\boldsymbol{0},\boldsymbol{0},\cdots,\boldsymbol{0})$，进而 $k_i\boldsymbol{p}_i=\boldsymbol{0}$. 由此得出 $k_i=0,i=1,2,\cdots,m$. 故 $\boldsymbol{p}_1,\boldsymbol{p}_2,\cdots,\boldsymbol{p}_m$ 线性无关.

例4.7　设 λ_1,λ_2 是方阵 $\boldsymbol{A}$ 的两个不同特征值，$\boldsymbol{p}_1,\boldsymbol{p}_2$ 分别是与之对应的特征向量，则 $\boldsymbol{p}_1+\boldsymbol{p}_2$ 不是 $\boldsymbol{A}$ 的特征向量.

证　假设 $\boldsymbol{p}_1+\boldsymbol{p}_2$ 是 $\boldsymbol{A}$ 的对应于 λ 的特征向量，即 $\boldsymbol{A}(\boldsymbol{p}_1+\boldsymbol{p}_2)=\lambda(\boldsymbol{p}_1+\boldsymbol{p}_2)$. 由于

$$\boldsymbol{A}(\boldsymbol{p}_1+\boldsymbol{p}_2)=\boldsymbol{A}\boldsymbol{p}_1+\boldsymbol{A}\boldsymbol{p}_2=\lambda_1\boldsymbol{p}_1+\lambda_2\boldsymbol{p}_2,$$

所以 $\lambda_1\boldsymbol{p}_1+\lambda_2\boldsymbol{p}_2=\lambda(\boldsymbol{p}_1+\boldsymbol{p}_2)$，于是 $(\lambda_1-\lambda)\boldsymbol{p}_1+(\lambda_2-\lambda)\boldsymbol{p}_2=\boldsymbol{0}$. 根据性质4，知 $\lambda_1-\lambda=\lambda_2-\lambda=0$，进而 $\lambda_1=\lambda_2$，矛盾.

性质5　实对称矩阵的特征值是实数.

证　设 λ 是实对称矩阵 $\boldsymbol{A}_{n\times n}$ 的特征值，$\boldsymbol{x}$ 是 $\boldsymbol{A}$ 的对应于 λ 的特征向量，即 $\boldsymbol{A}\boldsymbol{x}=\lambda\boldsymbol{x}$. 用 $\bar{\lambda}$ 表示 λ 的共轭复数，$\bar{\boldsymbol{x}}$ 表示 $\boldsymbol{x}$ 的每个分量取共轭复数得到的向量，$\bar{\boldsymbol{A}}$ 表示 $\boldsymbol{A}$ 的每个元素取共轭复数得到的矩阵. 由于 $\boldsymbol{A}$ 是实对称矩阵，有 $\bar{\boldsymbol{A}}=\boldsymbol{A}$ 且 $\boldsymbol{A}^{\mathrm{T}}=\boldsymbol{A}$. 考虑 $\bar{\boldsymbol{x}}^{\mathrm{T}}\boldsymbol{A}\boldsymbol{x}$.

显然，有

$$\bar{\boldsymbol{x}}^{\mathrm{T}}\boldsymbol{A}\boldsymbol{x}=\bar{\boldsymbol{x}}^{\mathrm{T}}(\lambda\boldsymbol{x})=\lambda\,\bar{\boldsymbol{x}}^{\mathrm{T}}\boldsymbol{x}.\tag{4.9}$$

由于 $\boldsymbol{A}\bar{\boldsymbol{x}}=\bar{\boldsymbol{A}}\bar{\boldsymbol{x}}=\overline{\boldsymbol{A}\boldsymbol{x}}=\overline{\lambda\boldsymbol{x}}=\bar{\lambda}\bar{\boldsymbol{x}}$，于是

$$\bar{\boldsymbol{x}}^{\mathrm{T}}\boldsymbol{A}\boldsymbol{x} = (\bar{\boldsymbol{x}}^{\mathrm{T}}\boldsymbol{A}^{\mathrm{T}})\boldsymbol{x} = (\boldsymbol{A}\bar{\boldsymbol{x}})^{\mathrm{T}}\boldsymbol{x} = (\bar{\lambda}\bar{\boldsymbol{x}})^{\mathrm{T}}\boldsymbol{x} = \bar{\lambda}\bar{\boldsymbol{x}}^{\mathrm{T}}\boldsymbol{x}. \tag{4.10}$$

由(4.9)式和(4.10)式,得

$$\bar{\lambda}\bar{\boldsymbol{x}}^{\mathrm{T}}\boldsymbol{x} = \lambda\bar{\boldsymbol{x}}^{\mathrm{T}}\boldsymbol{x}.$$

因为 $\boldsymbol{x}\neq\boldsymbol{0}$,所以$\bar{\boldsymbol{x}}^{\mathrm{T}}\boldsymbol{x}\neq 0$,进而 $\bar{\lambda}=\lambda$. 故 λ 是实数.

由于特征值与特征向量是在复数范围内讨论的,在性质 5 的证明过程中,利用了 $\boldsymbol{A}$ 是实矩阵的条件. 下面再看一个实特征向量的例子.

例 4.8 设方阵 $\boldsymbol{A}$ 满足 $\boldsymbol{A}^{\mathrm{T}}\boldsymbol{A}=\boldsymbol{E}$,实特征向量 $\boldsymbol{x}$ 是 $\boldsymbol{A}$ 的对应于 λ 的特征向量,则 $\lambda^2=1$.

证 由题意有 $\boldsymbol{A}\boldsymbol{x}=\lambda\boldsymbol{x}$,两边取转置得 $\boldsymbol{x}^{\mathrm{T}}\boldsymbol{A}^{\mathrm{T}}=\lambda\boldsymbol{x}^{\mathrm{T}}$,将两式相乘得

$$\boldsymbol{x}^{\mathrm{T}}\boldsymbol{A}^{\mathrm{T}}\cdot\boldsymbol{A}\boldsymbol{x} = \lambda\boldsymbol{x}^{\mathrm{T}}\cdot\lambda\boldsymbol{x}.$$

由于 $\boldsymbol{A}^{\mathrm{T}}\boldsymbol{A}=\boldsymbol{E}$,于是 $\boldsymbol{x}^{\mathrm{T}}\boldsymbol{x}=\lambda^2\boldsymbol{x}^{\mathrm{T}}\boldsymbol{x}$. 因为 $\boldsymbol{x}$ 是实向量且 $\boldsymbol{x}\neq\boldsymbol{0}$,所以 $\boldsymbol{x}^{\mathrm{T}}\boldsymbol{x}\neq 0$,进而 $\lambda^2=1$.

4.3 相似矩阵与方阵的对角化

与方阵特征值和特征向量密切相关的是方阵的对角化问题,先讨论较对角化更一般的相似矩阵的概念.

4.3.1 相似矩阵

定义 4.2 设 $\boldsymbol{A}$ 和 $\boldsymbol{B}$ 为 n 阶方阵,若存在可逆矩阵 $\boldsymbol{P}$,使得

$$\boldsymbol{P}^{-1}\boldsymbol{A}\boldsymbol{P} = \boldsymbol{B}, \tag{4.11}$$

则称 $\boldsymbol{B}$ 是 $\boldsymbol{A}$ 的**相似矩阵**(similar matrices),又称 $\boldsymbol{A}$ 和 $\boldsymbol{B}$ 相似(similar),记为 $\boldsymbol{A}\sim\boldsymbol{B}$.

根据相似矩阵的定义,容易证明如下的结论.

(1) 任意方阵 $\boldsymbol{A}$,有 $\boldsymbol{A}\sim\boldsymbol{A}$.(自反性)

这是因为 $\boldsymbol{E}^{-1}\boldsymbol{A}\boldsymbol{E}=\boldsymbol{A}$.

(2) 对于任意方阵 $\boldsymbol{A}$ 和 $\boldsymbol{B}$,若 $\boldsymbol{A}\sim\boldsymbol{B}$,则 $\boldsymbol{B}\sim\boldsymbol{A}$.(对称性)

若 $\boldsymbol{A}\sim\boldsymbol{B}$,则存在可逆矩阵 $\boldsymbol{P}$,使得 $\boldsymbol{P}^{-1}\boldsymbol{A}\boldsymbol{P}=\boldsymbol{B}$,这时

$$\boldsymbol{P}\boldsymbol{B}\boldsymbol{P}^{-1} = (\boldsymbol{P}^{-1})^{-1}\boldsymbol{B}\boldsymbol{P}^{-1} = \boldsymbol{A}.$$

(3) 对于任意方阵 $\boldsymbol{A}$,$\boldsymbol{B}$ 和 $\boldsymbol{C}$,若 $\boldsymbol{A}\sim\boldsymbol{B}$ 且 $\boldsymbol{B}\sim\boldsymbol{C}$,则 $\boldsymbol{A}\sim\boldsymbol{C}$.(传递性)

因为 $\boldsymbol{A}\sim\boldsymbol{B}$,存在可逆矩阵 $\boldsymbol{P}$,使得 $\boldsymbol{P}^{-1}\boldsymbol{A}\boldsymbol{P}=\boldsymbol{B}$. 又因为 $\boldsymbol{B}\sim\boldsymbol{C}$,存在可逆矩阵 $\boldsymbol{Q}$,使得 $\boldsymbol{Q}^{-1}\boldsymbol{B}\boldsymbol{Q}=\boldsymbol{C}$. 于是

$$\boldsymbol{C} = \boldsymbol{Q}^{-1}\boldsymbol{B}\boldsymbol{Q} = \boldsymbol{Q}^{-1}(\boldsymbol{P}^{-1}\boldsymbol{A}\boldsymbol{P})\boldsymbol{Q} = (\boldsymbol{Q}^{-1}\boldsymbol{P}^{-1})\boldsymbol{A}(\boldsymbol{P}\boldsymbol{Q}) = (\boldsymbol{P}\boldsymbol{Q})^{-1}\boldsymbol{A}(\boldsymbol{P}\boldsymbol{Q}).$$

下述定理是两个矩阵相似的必要条件.

定理 4.1 若 $\boldsymbol{A}\sim\boldsymbol{B}$,则 $|\boldsymbol{A}-\lambda\boldsymbol{E}|=|\boldsymbol{B}-\lambda\boldsymbol{E}|$,即相似矩阵有相同的特征多项式,进而有相同的特征值.

证　由于 $A\sim B$，存在可逆矩阵 P，使得 $P^{-1}AP=B$. 因此，

$$
\begin{aligned}
|B-\lambda E| &= |P^{-1}AP-P^{-1}(\lambda E)P| = |P^{-1}(A-\lambda E)P| \\
&= |P^{-1}|\cdot|A-\lambda E|\cdot|P| = |P^{-1}|\cdot|P|\cdot|A-\lambda E| = |A-\lambda E|.
\end{aligned}
$$

注意　有相同特征多项式的两个矩阵不一定相似. 例如，取 $A=\begin{pmatrix}1&0\\0&1\end{pmatrix}=E$，$B=\begin{pmatrix}1&0\\1&1\end{pmatrix}$，则

$$|A-\lambda E|=|B-\lambda E|=(1-\lambda)^2,$$

但不存在可逆矩阵 P，使得 $P^{-1}EP=B$.

由于相似矩阵有相同的特征值，所以相似矩阵有相同的行列式.

例 4.9　设三阶方阵 A 相似于

$$B=\begin{pmatrix}3&0&0\\-1&-2&1\\2&4&-1\end{pmatrix},$$

求 $|A|$.

解　由于相似矩阵有相同的行列式，于是

$$|A|=|B|=\begin{vmatrix}3&0&0\\-1&-2&1\\2&4&-1\end{vmatrix}=3\times(-1)^{1+1}\begin{vmatrix}-2&1\\4&-1\end{vmatrix}=-6.$$

例 4.10　设 A 为二阶方阵，$\boldsymbol{\alpha}_1$ 和 $\boldsymbol{\alpha}_2$ 为线性无关的二维向量，且 $A\boldsymbol{\alpha}_1=\mathbf{0}$，$A\boldsymbol{\alpha}_2=2\boldsymbol{\alpha}_1+\boldsymbol{\alpha}_2$，求 A 的特征值.

解　取 $P=(\boldsymbol{\alpha}_1,\boldsymbol{\alpha}_2)$，由于 $\boldsymbol{\alpha}_1$ 和 $\boldsymbol{\alpha}_2$ 线性无关，因此 P 可逆. 又因为

$$A(\boldsymbol{\alpha}_1,\boldsymbol{\alpha}_2)=(A\boldsymbol{\alpha}_1,A\boldsymbol{\alpha}_2)=(\mathbf{0},2\boldsymbol{\alpha}_1+\boldsymbol{\alpha}_2)=(\boldsymbol{\alpha}_1,\boldsymbol{\alpha}_2)\begin{pmatrix}0&2\\0&1\end{pmatrix},$$

于是 $AP=P\begin{pmatrix}0&2\\0&1\end{pmatrix}$，即 $P^{-1}AP=\begin{pmatrix}0&2\\0&1\end{pmatrix}$，由此可知 $A\sim B=\begin{pmatrix}0&2\\0&1\end{pmatrix}$.

由于 $|B-\lambda E|=\begin{vmatrix}-\lambda&2\\0&1-\lambda\end{vmatrix}=-\lambda(1-\lambda)$，所以 B 的特征值为 0 和 1. 根据定理 4.1 知，A 的特征值为 0 和 1.

根据定理 4.1 知，相似矩阵有相同的特征值. 对应于同一个特征值的特征向量有什么关系？设 $A\sim B$ 且 x 是 A 的对应于特征值 λ 的特征向量，由于 $A\sim B$，根据定义存在可逆矩阵 P，使得 $P^{-1}AP=B$. 于是 $BP^{-1}=P^{-1}A$，因此

$$B(P^{-1}x)=(BP^{-1})x=(P^{-1}A)x=P^{-1}(Ax)=P^{-1}(\lambda x)=\lambda(P^{-1}x),$$

这说明 $P^{-1}x$ 是 B 的对应于特征值 λ 的特征向量.

例 4.11 设方阵

$$A=\begin{pmatrix}3&2&2\\2&3&2\\2&2&3\end{pmatrix},\quad P=\begin{pmatrix}0&1&0\\1&0&1\\0&0&1\end{pmatrix},$$

且 $B=P^{-1}A^{*}P$,求 $B+2E$ 的特征值和特征向量.

解 先计算 A 的特征值和特征向量(见例 4.1).

A 的所有不同的特征值为 $\lambda=1$(二重根)和 $\lambda=7$(单根).

当 $\lambda=1$ 时,A 的对应于 1 的全部特征向量为

$$k_1\xi_1+k_2\xi_2=k_1\begin{pmatrix}-1\\1\\0\end{pmatrix}+k_2\begin{pmatrix}-1\\0\\1\end{pmatrix},\quad \text{其中 } k_1,k_2 \text{ 不全为 } 0.$$

当 $\lambda=7$ 时,A 的对应于 7 的全部特征向量为

$$k_3\xi_3=k_3\begin{pmatrix}1\\1\\1\end{pmatrix},\quad \text{其中 } k_3 \text{ 不为 } 0.$$

由此可知 $|A|=1\times1\times7=7$,由于 $AA^{*}=|A|E$,于是 $A^{*}=7A^{-1}$. 因此,A^{*} 的特征值为 7(二重根),1 且 A^{*} 的对应于这些特征值的特征向量与 A 对应的特征向量相同. 由此可知,B 的特征值为 7(二重根),1. 下面计算 B 的对应于这些特征值的特征向量.

因为 $B=P^{-1}A^{*}P$ 且 $P^{-1}=\begin{pmatrix}0&1&-1\\1&0&0\\0&0&1\end{pmatrix}$,从而

$$P^{-1}\xi_1=\begin{pmatrix}1\\-1\\0\end{pmatrix},\quad P^{-1}\xi_2=\begin{pmatrix}-1\\-1\\1\end{pmatrix},\quad P^{-1}\xi_3=\begin{pmatrix}0\\1\\1\end{pmatrix}.$$

根据前面的分析知,B 的对应于特征值 7 的特征向量为

$$k_1\begin{pmatrix}1\\-1\\0\end{pmatrix}+k_2\begin{pmatrix}-1\\-1\\1\end{pmatrix},\quad \text{其中 } k_1,k_2 \text{ 不全为 } 0;$$

B 的对应于特征值 1 的特征向量为

$$k_3\begin{pmatrix}0\\1\\1\end{pmatrix},\quad \text{其中 } k_3 \text{ 不为 } 0.$$

所以 $B+2E$ 的特征值分别为 9(二重根),3 且 $B+2E$ 的对应于这些特征值的特征向量与 B 对应的特征向量相同.

4.3.2　方阵的对角化

在方阵 $\boldsymbol{A}$ 的相似矩阵中，是否存在对角矩阵？这是我们考虑的主要问题，因为对角矩阵具有良好的性质.

给定方阵 $\boldsymbol{A}$，若

$$\boldsymbol{A} \sim \boldsymbol{\Lambda} = \begin{pmatrix} \lambda_1 & & & \\ & \lambda_2 & & \\ & & \ddots & \\ & & & \lambda_n \end{pmatrix}$$

则称 $\boldsymbol{A}$ **能对角化**(diagonalizable).

定理 4.2　设 $\boldsymbol{A}$ 是 n 阶方阵，则 $\boldsymbol{A}$ 能对角化的充要条件是 $\boldsymbol{A}$ 有 n 个线性无关的特征向量.

证　($\Rightarrow$)若存在可逆矩阵 $\boldsymbol{P}$，使得 $\boldsymbol{P}^{-1}\boldsymbol{A}\boldsymbol{P}=\boldsymbol{\Lambda}$，则 $\boldsymbol{A}\boldsymbol{P}=\boldsymbol{P}\boldsymbol{\Lambda}$. 将矩阵 $\boldsymbol{P}$ 按列分块，得 $\boldsymbol{P}=(\boldsymbol{p}_1,\boldsymbol{p}_2,\cdots,\boldsymbol{p}_n)$，因为 $\boldsymbol{P}$ 可逆，于是 $\boldsymbol{p}_1,\boldsymbol{p}_2,\cdots,\boldsymbol{p}_n$ 线性无关. 又由于

$$\boldsymbol{A}(\boldsymbol{p}_1,\boldsymbol{p}_2,\cdots,\boldsymbol{p}_n) = (\boldsymbol{p}_1,\boldsymbol{p}_2,\cdots,\boldsymbol{p}_n)\begin{pmatrix} \lambda_1 & & & \\ & \lambda_2 & & \\ & & \ddots & \\ & & & \lambda_n \end{pmatrix},$$

根据分块矩阵乘法有

$$\boldsymbol{A}\boldsymbol{p}_i = \lambda_i \boldsymbol{p}_i, \quad i = 1,2,\cdots,n,$$

于是 $\boldsymbol{p}_i(i=1,2,\cdots,n)$ 是 $\boldsymbol{A}$ 的对应于特征值 λ_i 的特征向量，所以 $\boldsymbol{A}$ 有 n 个线性无关的特征向量.

($\Leftarrow$) 假设 $\boldsymbol{A}$ 有 n 个线性无关的特征向量 $\boldsymbol{p}_i(i=1,2,\cdots,n)$ 对应的特征值分别为 λ_1，$\lambda_2,\cdots,\lambda_n$，即 $\boldsymbol{A}\boldsymbol{p}_i=\lambda_i\boldsymbol{p}_i(i=1,2,\cdots,n)$ 令

$$\boldsymbol{P} = (\boldsymbol{p}_1,\boldsymbol{p}_2,\cdots,\boldsymbol{p}_n),$$

则 $\boldsymbol{P}$ 可逆且 $\boldsymbol{A}\boldsymbol{P}=\boldsymbol{\Lambda}\boldsymbol{P}$，其中

$$\boldsymbol{\Lambda} = \begin{pmatrix} \lambda_1 & & & \\ & \lambda_2 & & \\ & & \ddots & \\ & & & \lambda_n \end{pmatrix},$$

故 $\boldsymbol{P}^{-1}\boldsymbol{A}\boldsymbol{P}=\boldsymbol{\Lambda}$，即 $\boldsymbol{A}$ 能对角化.

根据证明过程可知，若 $\boldsymbol{A}$ 能对角化，则取 $\boldsymbol{P}$ 为 $\boldsymbol{A}$ 的 n 个线性无关的特征向量 $\boldsymbol{p}_1,\boldsymbol{p}_2,\cdots,\boldsymbol{p}_n$ 作为列向量构成的矩阵，即 $\boldsymbol{P}=(\boldsymbol{p}_1,\boldsymbol{p}_2,\cdots,\boldsymbol{p}_n)$，显然这样的 $\boldsymbol{P}$ 是不唯一的，而对角矩阵

$$\boldsymbol{\Lambda}=\begin{pmatrix}\lambda_1&&&\\&\lambda_2&&\\&&\ddots&\\&&&\lambda_n\end{pmatrix}$$ 中 λ_i 分别与 $\boldsymbol{p}_i$ 对应($i=1,2,\cdots,n$).

由定理 4.2 知,有些方阵可对角化(见例 4.1),而有些方阵不能对角化(见例 4.2).根据对应于不同特征值的特征向量线性无关的结论,可得下面的推论.

推论 设 $\boldsymbol{A}$ 是 n 阶方阵,若 $\boldsymbol{A}$ 有 n 个不同特征值,则 $\boldsymbol{A}$ 能对角化.

例 4.12 设方阵

$$\boldsymbol{A}=\begin{pmatrix}5&-3&2\\6&-4&4\\4&-4&5\end{pmatrix},$$

问 $\boldsymbol{A}$ 能否对角化,并求出 $\boldsymbol{A}^k$.

解 先求出 $\boldsymbol{A}$ 的所有特征值和特征向量.令

$$|\boldsymbol{A}-\lambda\boldsymbol{E}|=\begin{vmatrix}5-\lambda&-3&2\\6&-4-\lambda&4\\4&-4&5-\lambda\end{vmatrix}=(1-\lambda)(2-\lambda)(3-\lambda)=0,$$

得出 $\boldsymbol{A}$ 的所有特征值为 1,2,3.

当 $\lambda=1$ 时,齐次线性方程组 $(\boldsymbol{A}-1\boldsymbol{E})\boldsymbol{x}=\boldsymbol{0}$ 的基础解系为

$$\boldsymbol{p}_1=\begin{pmatrix}1\\2\\1\end{pmatrix}.$$

当 $\lambda=2$ 时,齐次线性方程组 $(\boldsymbol{A}-2\boldsymbol{E})\boldsymbol{x}=\boldsymbol{0}$ 的基础解系为

$$\boldsymbol{p}_2=\begin{pmatrix}1\\1\\0\end{pmatrix}.$$

当 $\lambda=3$ 时,齐次线性方程组 $(\boldsymbol{A}-3\boldsymbol{E})\boldsymbol{x}=\boldsymbol{0}$ 的基础解系为

$$\boldsymbol{p}_3=\begin{pmatrix}1\\2\\2\end{pmatrix}.$$

于是,$\boldsymbol{A}$ 存在 3 个线性无关的特征向量 $\boldsymbol{p}_1,\boldsymbol{p}_2,\boldsymbol{p}_3$,根据定理 4.2 知 $\boldsymbol{A}$ 可对角化.令

$$\boldsymbol{P}=(\boldsymbol{p}_1,\boldsymbol{p}_2,\boldsymbol{p}_3)=\begin{pmatrix}1&1&1\\2&1&2\\1&0&2\end{pmatrix},$$

则

$$\boldsymbol{P}^{-1}\boldsymbol{A}\boldsymbol{P}=\boldsymbol{\Lambda}=\begin{pmatrix}1&&\\&2&\\&&3\end{pmatrix},$$

于是 $\boldsymbol{A}=\boldsymbol{P}\begin{pmatrix}1&&\\&2&\\&&3\end{pmatrix}\boldsymbol{P}^{-1}$，所以

$$\boldsymbol{A}^k=\boldsymbol{P}\begin{pmatrix}1&&\\&2&\\&&3\end{pmatrix}^k\boldsymbol{P}^{-1}=\boldsymbol{P}\begin{pmatrix}1&&\\&2^k&\\&&3^k\end{pmatrix}\boldsymbol{P}^{-1}.$$

因为

$$\boldsymbol{P}^{-1}=\begin{pmatrix}1&1&1\\2&1&2\\1&0&2\end{pmatrix}^{-1}=\begin{pmatrix}-2&2&-1\\2&-1&0\\1&-1&1\end{pmatrix},$$

因此

$$\boldsymbol{A}^k=\begin{pmatrix}1&1&1\\2&1&2\\1&0&2\end{pmatrix}\begin{pmatrix}1&&\\&2^k&\\&&3^k\end{pmatrix}\begin{pmatrix}-2&2&-1\\2&-1&0\\1&-1&1\end{pmatrix}$$

$$=\begin{pmatrix}-2+2^{k+1}+3^k&2-2^k-3^k&-1+3^k\\-4+2^{k+1}+2\times3^k&4-2^k-2\times3^k&-2+2\times3^k\\-2+2\times3^k&2-2\times3^k&-1+2\times3^k\end{pmatrix}.$$

这就是前面谈到的问题，若 $\boldsymbol{A}$ 能对角化，则计算 $\boldsymbol{A}^k$ 较方便.

例 4.13　设方阵

$$\boldsymbol{A}=\begin{pmatrix}1&2&-3\\-1&4&-3\\1&a&5\end{pmatrix}$$

的特征方程有一个二重根，讨论 a 取何值时 $\boldsymbol{A}$ 能对角化，并给出一个可逆矩阵 $\boldsymbol{P}$ 使得 $\boldsymbol{P}^{-1}\boldsymbol{AP}$ 为对角矩阵.

解　由于

$$|\boldsymbol{A}-\lambda\boldsymbol{E}|=\begin{vmatrix}1-\lambda&2&-3\\-1&4-\lambda&-3\\1&a&5-\lambda\end{vmatrix}=(2-\lambda)(\lambda^2-8\lambda+3a+18),$$

(1) 若 $\lambda=2$ 为二重根，则 $2^2-8\times2+3a+18=0$，于是 $a=-2$，这时另一个特征值为 $\lambda=6$.

当 $\lambda=2$ 时，齐次线性方程组 $(\boldsymbol{A}-2\boldsymbol{E})\boldsymbol{x}=\boldsymbol{0}$ 的基础解系为

$$\boldsymbol{p}_1=\begin{pmatrix}2\\1\\0\end{pmatrix},\boldsymbol{p}_2=\begin{pmatrix}-3\\0\\1\end{pmatrix}.$$

当 $\lambda=6$ 时，齐次线性方程组 $(\boldsymbol{A}-6\boldsymbol{E})\boldsymbol{x}=\boldsymbol{0}$ 的基础解系为

$$\boldsymbol{p}_3 = \begin{pmatrix} -1 \\ -1 \\ 1 \end{pmatrix}.$$

由于 $\boldsymbol{A}$ 有 3 个线性无关的特征向量，故 $\boldsymbol{A}$ 可对角化. 取

$$\boldsymbol{P} = (\boldsymbol{p}_1, \boldsymbol{p}_2, \boldsymbol{p}_3) = \begin{pmatrix} 2 & -3 & -1 \\ 1 & 0 & -1 \\ 0 & 1 & 1 \end{pmatrix},$$

则

$$\boldsymbol{P}^{-1}\boldsymbol{A}\boldsymbol{P} = \boldsymbol{\Lambda} = \begin{pmatrix} 2 & & \\ & 2 & \\ & & 6 \end{pmatrix}.$$

(2) 若 $\lambda=2$ 不是二重根，则 $\lambda^2-8\lambda+3a+18$ 是一个完全平方数，于是 $3a+18=16$，进而 $a=-\dfrac{2}{3}$，因此 $\boldsymbol{A}$ 的特征值为 2,4,4.

当 $\lambda=2$ 时，齐次线性方程组 $(\boldsymbol{A}-2\boldsymbol{E})\boldsymbol{x}=\boldsymbol{0}$ 的基础解系为

$$\boldsymbol{p}_1 = \begin{pmatrix} 12 \\ 3 \\ -2 \end{pmatrix}.$$

当 $\lambda=4$ 时，齐次线性方程组 $(\boldsymbol{A}-4\boldsymbol{E})\boldsymbol{x}=\boldsymbol{0}$ 的基础解系为

$$\boldsymbol{p}_2 = \begin{pmatrix} -3 \\ -3 \\ 1 \end{pmatrix}.$$

由于 $\boldsymbol{A}$ 只能找到两个线性无关的特征向量，故 $\boldsymbol{A}$ 不能对角化.

故只在 $a=-2$ 时，$\boldsymbol{A}$ 可对角化，这时取

$$\boldsymbol{P} = \begin{pmatrix} 2 & -3 & -1 \\ 1 & 0 & -1 \\ 0 & 1 & 1 \end{pmatrix}, \quad \text{则有 } \boldsymbol{P}^{-1}\boldsymbol{A}\boldsymbol{P} = \begin{pmatrix} 2 & & \\ & 2 & \\ & & 6 \end{pmatrix}.$$

例 4.14 若方阵

$$\boldsymbol{A} = \begin{pmatrix} 1 & 1 & a \\ 4 & 1 & -6 \\ 0 & 0 & 3 \end{pmatrix},$$

在 a 取何值时 $\boldsymbol{A}$ 能否对角化? 并给出一个可逆矩阵 $\boldsymbol{P}$ 使得 $\boldsymbol{P}^{-1}\boldsymbol{A}\boldsymbol{P}$ 为对角矩阵.

解 由于

$$|\boldsymbol{A}-\lambda\boldsymbol{E}| = \begin{vmatrix} 1-\lambda & 1 & a \\ 4 & 1-\lambda & -6 \\ 0 & 0 & 3-\lambda \end{vmatrix} = -(3-\lambda)^2(1+\lambda),$$

得出 $\boldsymbol{A}$ 的所有特征值为 $-1,3$(二重).

当 $\lambda=-1$ 时,齐次线性方程组 $(\boldsymbol{A}+\boldsymbol{E})\boldsymbol{x}=\boldsymbol{0}$ 的基础解系为

$$\boldsymbol{p}_1=\begin{pmatrix}1\\-2\\0\end{pmatrix}.$$

当 $\lambda=3$ 时,齐次线性方程组 $(\boldsymbol{A}-3\boldsymbol{E})\boldsymbol{x}=\boldsymbol{0}$ 为

$$\begin{cases}-2x_1+x_2+ax_3=0,\\4x_1-2x_2-6x_3=0.\end{cases}$$

$\boldsymbol{A}$ 能得出 3 个线性无关的特征向量,必须 $R(\boldsymbol{A}-3\boldsymbol{E})=1$,于是 $a=3$,这时得到 $(\boldsymbol{A}-3\boldsymbol{E})\boldsymbol{x}=\boldsymbol{0}$ 的基础解系为

$$\boldsymbol{p}_2=\begin{pmatrix}1\\2\\0\end{pmatrix},\quad \boldsymbol{p}_3=\begin{pmatrix}0\\-3\\1\end{pmatrix}.$$

由于 $\boldsymbol{A}$ 有 3 个线性无关的特征向量,故 $\boldsymbol{A}$ 可对角化.取

$$\boldsymbol{P}=(\boldsymbol{p}_1,\boldsymbol{p}_2,\boldsymbol{p}_3)=\begin{pmatrix}1&1&0\\-2&2&-3\\0&0&1\end{pmatrix},$$

则

$$\boldsymbol{P}^{-1}\boldsymbol{A}\boldsymbol{P}=\boldsymbol{\Lambda}=\begin{pmatrix}-1&&\\&3&\\&&3\end{pmatrix}.$$

最后,给出一个应用特征值理论的例子.

例 4.15 设方阵 $\boldsymbol{A}=\begin{pmatrix}0.9&0.4\\0.1&0.6\end{pmatrix}$ 且 $\boldsymbol{x}_k=\boldsymbol{A}\boldsymbol{x}_{k-1},k=1,2,\cdots$. 当 $\boldsymbol{x}_0=\begin{pmatrix}0.5\\0.5\end{pmatrix}$ 时,计算 $\boldsymbol{x}_k$,并确定当 $k\to\infty$ 时,$\boldsymbol{x}_k$ 的变化趋势.

解 由 $|\boldsymbol{A}-\lambda\boldsymbol{E}|=\begin{vmatrix}0.9-\lambda&0.4\\0.1&0.6-\lambda\end{vmatrix}=(\lambda-1)(\lambda-0.5)=0$,得 $\boldsymbol{A}$ 的特征值为 $1,0.5$.

当 $\lambda=1$ 时,齐次线性方程组 $(\boldsymbol{A}-1\boldsymbol{E})\boldsymbol{x}=\boldsymbol{0}$ 的基础解系为 $\boldsymbol{p}_1=\begin{pmatrix}4\\1\end{pmatrix}$.

当 $\lambda=0.5$ 时,齐次线性方程组 $(\boldsymbol{A}-0.5\boldsymbol{E})\boldsymbol{x}=\boldsymbol{0}$ 的基础解系为 $\boldsymbol{p}_2=\begin{pmatrix}-1\\1\end{pmatrix}$.

取 $\boldsymbol{P}=(\boldsymbol{p}_1,\boldsymbol{p}_2)=\begin{pmatrix}4&-1\\1&1\end{pmatrix}$,则 $\boldsymbol{P}^{-1}=\frac{1}{5}\begin{pmatrix}1&1\\-1&4\end{pmatrix}$ 且

$$\boldsymbol{P}^{-1}\boldsymbol{A}\boldsymbol{P}=\begin{pmatrix}1&\\&0.5\end{pmatrix},$$

于是 $\boldsymbol{A}=\boldsymbol{P}\begin{pmatrix}1 & \\ & 0.5\end{pmatrix}\boldsymbol{P}^{-1}$，进而 $\boldsymbol{A}^k=\boldsymbol{P}\begin{pmatrix}1 & \\ & 0.5\end{pmatrix}^k\boldsymbol{P}^{-1}=\boldsymbol{P}\begin{pmatrix}1 & \\ & 0.5^k\end{pmatrix}\boldsymbol{P}^{-1}$，即

$$\boldsymbol{A}^k=\begin{pmatrix}4 & -1\\ 1 & 1\end{pmatrix}\begin{pmatrix}1 & \\ & 0.5^k\end{pmatrix}\times\frac{1}{5}\begin{pmatrix}1 & 1\\ -1 & 4\end{pmatrix}=\frac{1}{5}\begin{bmatrix}4+0.5^k & 4-4\times 0.5^k\\ 1-0.5^k & 1+4\times 0.5^k\end{bmatrix}.$$

因为 $\boldsymbol{x}_k=\boldsymbol{A}\boldsymbol{x}_{k-1}$，所以 $\boldsymbol{x}_k=\boldsymbol{A}^k\boldsymbol{x}_0$，于是

$$\boldsymbol{x}_k=\boldsymbol{A}^k\boldsymbol{x}_0=\frac{1}{5}\begin{bmatrix}4+0.5^k & 4-4\times 0.5^k\\ 1-0.5^k & 1+4\times 0.5^k\end{bmatrix}\begin{pmatrix}0.5\\ 0.5\end{pmatrix}=\frac{1}{10}\begin{bmatrix}8-3\times 0.5^k\\ 2-3\times 0.5^k\end{bmatrix}.$$

当 $k\to\infty$ 时，由于 $0.5^k\to 0$，因此 $\boldsymbol{x}_k\to\begin{pmatrix}0.8\\ 0.2\end{pmatrix}$.

说明 由于 $\boldsymbol{x}_0=\begin{pmatrix}0.5\\ 0.5\end{pmatrix}=0.2\begin{pmatrix}4\\ 1\end{pmatrix}+0.3\begin{pmatrix}-1\\ 1\end{pmatrix}$，而 $\boldsymbol{x}_k=\boldsymbol{A}\boldsymbol{x}_{k-1}$，因此

$$\boldsymbol{x}_k=\boldsymbol{A}^k\boldsymbol{x}_0=\boldsymbol{A}^k\left[0.2\begin{pmatrix}4\\ 1\end{pmatrix}+0.3\begin{pmatrix}-1\\ 1\end{pmatrix}\right]=0.2\boldsymbol{A}^k\begin{pmatrix}4\\ 1\end{pmatrix}+0.3\boldsymbol{A}^k\begin{pmatrix}-1\\ 1\end{pmatrix}$$

$$=0.2\times 1^k\begin{pmatrix}4\\ 1\end{pmatrix}+0.3\times 0.5^k\begin{pmatrix}-1\\ 1\end{pmatrix}=\begin{bmatrix}0.8-0.3\times 0.5^k\\ 0.2-0.3\times 0.5^k\end{bmatrix}\to\begin{pmatrix}0.8\\ 0.2\end{pmatrix}\quad(k\to\infty).$$

最后指出，在具体实际应用中，要精确得出一个方阵的特征值是很困难的，甚至是不可能的，因为一元五次及以上方程没有求根公式. 对于整系数多项式 $a_n\lambda^n+a_{n-1}\lambda^{n-1}+\cdots+a_1\lambda+a_0$，其有理根为 $\frac{r}{s}$，其中 r 和 s 是互素的整数且 $r\mid a_0$，$s\mid a_n$. 特别地，对于首 1 整系数多项式，其有理根均为整数根且是 a_0 的因子. 值得庆幸的是，有很多较满意的数值计算方法. 实际上，在某些应用中，只需要粗略估计出最大的特征值即可.

习题 4

1. 设 λ 是数，$\boldsymbol{A}$ 是 n 阶矩阵，$V=\{\boldsymbol{x}\mid\boldsymbol{A}\boldsymbol{x}=\lambda\boldsymbol{x}\}$，证明 V 是向量空间.

2. 求下列方阵的特征值与特征向量：

(1) $\begin{bmatrix}-1 & 1 & 0\\ -4 & 3 & 0\\ 1 & 0 & 2\end{bmatrix}$； (2) $\begin{bmatrix}-2 & 1 & 1\\ 0 & 2 & 0\\ -4 & 1 & 3\end{bmatrix}$； (3) $\begin{bmatrix}1 & 1 & 1 & 1\\ 1 & 1 & -1 & -1\\ 1 & -1 & 1 & -1\\ 1 & -1 & -1 & 1\end{bmatrix}$.

3. 设三阶方阵 $\boldsymbol{A}$ 的特征值为 $\lambda_1=1$，$\lambda_2=2$，$\lambda_3=3$，对应的特征向量依次为

$$\boldsymbol{p}_1=\begin{pmatrix}1\\ 1\\ 1\end{pmatrix},\quad\boldsymbol{p}_2=\begin{pmatrix}1\\ 2\\ 4\end{pmatrix},\quad\boldsymbol{p}_3=\begin{pmatrix}1\\ 3\\ 9\end{pmatrix},$$

又$\boldsymbol{\beta}=(1,1,3)^{\mathrm{T}}$.

(1) 将$\boldsymbol{\beta}$用$\boldsymbol{p}_1,\boldsymbol{p}_2,\boldsymbol{p}_3$线性表示.

(2) 对于正整数k,计算$\boldsymbol{A}^k\boldsymbol{\beta}$.

4. 已知向量$\boldsymbol{\alpha}=\begin{pmatrix}1\\k\\1\end{pmatrix}$是矩阵$\boldsymbol{A}=\begin{pmatrix}2&1&1\\1&2&1\\1&1&2\end{pmatrix}$的逆矩阵$\boldsymbol{A}^{-1}$的特征向量,试求出$k$的值.

5. 设矩阵$\boldsymbol{A}=\begin{pmatrix}2&1&1\\1&2&1\\1&1&a\end{pmatrix}$可逆且向量$\boldsymbol{\alpha}=\begin{pmatrix}1\\b\\1\end{pmatrix}$是矩阵$\boldsymbol{A}^*$的对应于$\lambda$的特征向量,试计算$a,b$和$\lambda$的值.

6. 设三阶方阵$\boldsymbol{A}$的特征值为$\lambda_1=2,\lambda_2=-2,\lambda_3=1$,对应的特征向量依次为

$$\boldsymbol{p}_1=\begin{pmatrix}0\\1\\1\end{pmatrix},\quad \boldsymbol{p}_2=\begin{pmatrix}1\\1\\1\end{pmatrix},\quad \boldsymbol{p}_3=\begin{pmatrix}1\\1\\0\end{pmatrix},$$

求$\boldsymbol{A}$.

7. 设$\boldsymbol{\alpha}=\begin{pmatrix}a_1\\a_2\\\vdots\\a_n\end{pmatrix}$,$a_1\neq 0,\boldsymbol{A}=\boldsymbol{\alpha}\boldsymbol{\alpha}^{\mathrm{T}}$,

(1) 证明$\lambda=0$是$\boldsymbol{A}$的$n-1$重特征值.

(2) 求$\boldsymbol{A}$的非零特征值及n个线性无关的特征向量.

8. 设$\boldsymbol{A}$为n阶可逆方阵,λ为$\boldsymbol{A}$的特征值,则$\dfrac{|\boldsymbol{A}|^2}{\lambda^2}+1$是$(\boldsymbol{A}^*)^2+\boldsymbol{E}$的特征值.

9. 设三阶方阵$\boldsymbol{A}$的特征值为1,2,−3,求:

(1) $|\boldsymbol{A}^3-3\boldsymbol{A}^2-2\boldsymbol{E}|$; (2) $|\boldsymbol{A}^*+3\boldsymbol{A}+2\boldsymbol{E}|$.

10. 设$\boldsymbol{A}$是n阶方阵且满足$\boldsymbol{A}^2=\boldsymbol{A}$,证明$\boldsymbol{A}$的特征值只能为0或1.

11. 设$\boldsymbol{A}$是n阶方阵,证明$\boldsymbol{A}^{\mathrm{T}}$与$\boldsymbol{A}$有相同的特征值.

12. 设$\boldsymbol{A}$和$\boldsymbol{B}$是同阶方阵,证明$\boldsymbol{AB}$与$\boldsymbol{BA}$有相同的特征值.

13. 设$\boldsymbol{\alpha}=\begin{pmatrix}a_1\\a_2\\\vdots\\a_n\end{pmatrix}$,$\boldsymbol{\beta}=\begin{pmatrix}b_1\\b_2\\\vdots\\b_n\end{pmatrix}$均为非零向量且$\boldsymbol{\alpha}^{\mathrm{T}}\boldsymbol{\beta}=0$,记$\boldsymbol{A}=\boldsymbol{\alpha}\boldsymbol{\beta}^{\mathrm{T}}$,计算

(1) $\boldsymbol{A}^2$; (2) $\boldsymbol{A}$的特征值及特征向量.

14. 设$\boldsymbol{A}=\begin{pmatrix}2&0&0\\0&0&1\\0&1&a\end{pmatrix}\sim\boldsymbol{B}=\begin{pmatrix}2&&\\&b&\\&&-1\end{pmatrix}$,求$a$和$b$.

15. 设 $\boldsymbol{A}$ 是三阶方阵且 $\boldsymbol{A}-\boldsymbol{E},\boldsymbol{A}+2\boldsymbol{E},5\boldsymbol{A}-3\boldsymbol{E}$ 不可逆，则 $\boldsymbol{A}$ 可对角化.

16. 设 n 阶方阵 $\boldsymbol{A}$ 和 $\boldsymbol{B}$ 满足 $R(\boldsymbol{A})+R(\boldsymbol{B})<n$，则 $\boldsymbol{A}$ 和 $\boldsymbol{B}$ 均有特征值 0 以及对应于 0 的公共的特征向量.

17. 设方阵 $\boldsymbol{A}=\begin{pmatrix}2&0&1\\3&1&a\\4&0&5\end{pmatrix}$ 可对角化，求 a 以及可逆矩阵 $\boldsymbol{P}$ 使得 $\boldsymbol{P}^{-1}\boldsymbol{A}\boldsymbol{P}$ 为对角矩阵.

18. 已知三阶方阵 $\boldsymbol{A}$ 和三维向量 $\boldsymbol{x}$ 满足 $\boldsymbol{A}^3\boldsymbol{x}=3\boldsymbol{A}\boldsymbol{x}-2\boldsymbol{A}^2\boldsymbol{x}$ 且向量组 $\boldsymbol{x},\boldsymbol{A}\boldsymbol{x},\boldsymbol{A}^2\boldsymbol{x}$ 线性无关.

(1) 记 $\boldsymbol{P}=(\boldsymbol{x},\boldsymbol{A}\boldsymbol{x},\boldsymbol{A}^2\boldsymbol{x})$，求三阶方阵 $\boldsymbol{B}$ 使得 $\boldsymbol{A}=\boldsymbol{P}\boldsymbol{B}\boldsymbol{P}^{-1}$；

(2) 计算行列式 $|\boldsymbol{A}+\boldsymbol{E}|$.

19. 设矩阵 $\boldsymbol{A}=\begin{pmatrix}2&0&0\\0&0&1\\0&1&0\end{pmatrix}$，$\boldsymbol{B}=\begin{pmatrix}1&0&0\\0&-1&0\\0&-6&2\end{pmatrix}$，试判断 $\boldsymbol{A}$ 和 $\boldsymbol{B}$ 是否相似，若相似，求一个可逆矩阵 $\boldsymbol{P}$ 使得 $\boldsymbol{B}=\boldsymbol{P}^{-1}\boldsymbol{A}\boldsymbol{P}$.

20. 已知 $\boldsymbol{x}=\begin{pmatrix}1\\1\\-1\end{pmatrix}$ 是方阵 $\boldsymbol{A}=\begin{pmatrix}2&-1&2\\5&a&3\\-1&b&-2\end{pmatrix}$ 的一个特征向量.

(1) 试确定参数 a 和 b 以及 $\boldsymbol{x}$ 所对应的特征值；

(2) 问 $\boldsymbol{A}$ 能否相似于对角阵？说明理由.

21. 设矩阵 $\boldsymbol{A}=\begin{pmatrix}1&-1&1\\2&4&-2\\-3&-3&a\end{pmatrix}$，$\boldsymbol{B}=\begin{pmatrix}2&0&0\\0&2&0\\0&0&b\end{pmatrix}$，且 $\boldsymbol{A}\sim\boldsymbol{B}$.

(1) 求 a 和 b；

(2) 求可逆矩阵 $\boldsymbol{P}$ 使得 $\boldsymbol{P}^{-1}\boldsymbol{A}\boldsymbol{P}=\boldsymbol{B}$.

22. 设 $\boldsymbol{A}$ 为三阶方阵，向量组 $\boldsymbol{\alpha}_1,\boldsymbol{\alpha}_2,\boldsymbol{\alpha}_3$ 线性无关，且满足

$$\boldsymbol{A}\boldsymbol{\alpha}_1=\boldsymbol{\alpha}_1+\boldsymbol{\alpha}_2+\boldsymbol{\alpha}_3,\quad \boldsymbol{A}\boldsymbol{\alpha}_2=2\boldsymbol{\alpha}_2+\boldsymbol{\alpha}_3,\quad \boldsymbol{A}\boldsymbol{\alpha}_3=2\boldsymbol{\alpha}_2+3\boldsymbol{\alpha}_3.$$

(1) 求矩阵 $\boldsymbol{B}$ 使得 $\boldsymbol{A}(\boldsymbol{\alpha}_1,\boldsymbol{\alpha}_2,\boldsymbol{\alpha}_3)=(\boldsymbol{\alpha}_1,\boldsymbol{\alpha}_2,\boldsymbol{\alpha}_3)\boldsymbol{B}$；

(2) 求矩阵 $\boldsymbol{A}$ 的特征值；

(3) 求可逆矩阵 $\boldsymbol{P}$ 使得 $\boldsymbol{P}^{-1}\boldsymbol{A}\boldsymbol{P}$ 为对角矩阵.

23. 设向量 $\boldsymbol{\alpha}=\begin{pmatrix}a_1\\a_2\\\vdots\\a_n\end{pmatrix}$，$a_1\neq 0$.

(1) 若 $\boldsymbol{A}=\boldsymbol{\alpha}\boldsymbol{\alpha}^{\mathrm{T}}$，则对于任意正整数 k 均存在数 m 使得 $\boldsymbol{A}^k=m\boldsymbol{A}$；

(2) 求可逆矩阵 $\boldsymbol{P}$ 使得 $\boldsymbol{P}^{-1}\boldsymbol{A}\boldsymbol{P}$ 为对角矩阵.

第5章　二　次　型

在18世纪中叶利用行列式对二次曲线和二次曲面进行分类时，就在讨论一些特殊的二次型，见本章第4节的主轴定理.

线性函数是线性空间之间的保持线性运算的一种映射，而二次型是线性空间上的一种特殊的双线性函数. 因此，二次型也是线性代数内容之一.

对于二次型，主要讨论其标准化的问题，这与方阵的对角化又是密切相关的. 二次型在几何曲线和曲面分类以及多元函数极值等问题中有具体的应用.

5.1　二次型的有关概念

5.1.1　二次型的定义和矩阵

在中学的平面解析几何中，要考虑二次曲线

$$ax^2+bxy+cy^2=1 \tag{5.1}$$

的形状，可以通过适当的坐标旋转变换

$$\begin{cases} x = x'\cos\theta - y'\sin\theta, \\ y = x'\sin\theta + y'\cos\theta \end{cases}$$

将其化成标准形式

$$mx'^2+ny'^2=1,$$

就可以根据 m 和 n 的情况进行讨论了.

在空间直角坐标系中，要讨论二次曲面

$$ax^2+bxy+cxz+dy^2+eyz+fz^2=1 \tag{5.2}$$

的形状，只需要化成标准形式

$$mx'^2+ny'^2+kz'^2=1,$$

即可根据 m,n 和 k 的情况进行讨论.

(5.1)式和(5.2)式的左边都是一个二次齐次函数，它就是二次型的特例. 对于二次型，其标准形式问题在许多理论和实际问题中多会出现.

定义 5.1　含 n 个变量 $x_1,x_2,\cdots,x_n$ 的二次齐次函数

$$\begin{aligned} f(x_1,x_2,\cdots,x_n) = & a_{11}x_1^2+2a_{12}x_1x_2+2a_{13}x_1x_3+\cdots+2a_{1n}x_1x_n \\ & +a_{22}x_2^2+2a_{23}x_2x_3+\cdots+2a_{2n}x_2x_n \end{aligned}$$

$$+\cdots$$
$$+a_{nn}x_n^2 \tag{5.3}$$

称为关于 $x_1,x_2,\cdots,x_n$ 的 ***n* 元二次型**(quadratic form with n variables),记为 f.

我们只讨论系数全为实数的二次型—实二次型.

之所以在两个不同变量乘积 x_ix_j 的系数前面出现 $2a_{ij}\ (i\neq j)$,是因为可以方便地写成 $2a_{ij}x_ix_j=a_{ij}x_ix_j+a_{ji}x_jx_i$ 的形式,其中 $a_{ij}=a_{ji}$,这时

$$\begin{aligned} f=&a_{11}x_1^2+a_{12}x_1x_2+a_{13}x_1x_3+\cdots+a_{1n}x_1x_n\\ &+a_{21}x_2x_1+a_{22}x_2^2+a_{23}x_2x_3+\cdots+a_{2n}x_2x_n\\ &+\cdots\\ &+a_{n1}x_nx_1+a_{n2}x_nx_2+a_{n3}x_nx_3+\cdots+a_{nn}x_n^2. \end{aligned}$$

采用求和"$\sum$"符号,可将 f 记为

$$f=\sum_{i,j=1}^{n}a_{ij}x_ix_j \quad 或 \quad f=\sum_{i=1}^{n}\sum_{j=1}^{n}a_{ij}x_ix_j. \tag{5.4}$$

如果将 f 进一步写成

$$\begin{aligned} f=&x_1(a_{11}x_1+a_{12}x_2+a_{13}x_3+\cdots+a_{1n}x_n)\\ &+x_2(a_{21}x_1+a_{22}x_2+a_{23}x_3+\cdots+a_{2n}x_n)\\ &+\cdots\\ &+x_n(a_{n1}x_1+a_{n2}x_2+a_{n3}x_3+\cdots+a_{nn}x_n)\\ =&(x_1,x_2,\cdots,x_n)\begin{pmatrix}a_{11}x_1+a_{12}x_2+\cdots+a_{1n}x_n\\ a_{21}x_1+a_{22}x_2+\cdots+a_{2n}x_n\\ \vdots\\ a_{n1}x_1+a_{n2}x_2+\cdots+a_{nn}x_n\end{pmatrix}\\ =&(x_1,x_2,\cdots,x_n)\begin{pmatrix}a_{11}&a_{12}&\cdots&a_{1n}\\ a_{21}&a_{22}&\cdots&a_{2n}\\ \vdots&\vdots&&\vdots\\ a_{n1}&a_{n2}&\cdots&a_{nn}\end{pmatrix}\begin{pmatrix}x_1\\ x_2\\ \vdots\\ x_n\end{pmatrix}. \end{aligned}$$

令

$$\boldsymbol{A}=\begin{pmatrix}a_{11}&a_{12}&\cdots&a_{1n}\\ a_{21}&a_{22}&\cdots&a_{2n}\\ \vdots&\vdots&&\vdots\\ a_{n1}&a_{n2}&\cdots&a_{nn}\end{pmatrix},\quad \boldsymbol{x}=\begin{pmatrix}x_1\\ x_2\\ \vdots\\ x_n\end{pmatrix},$$

其中 $a_{ij}=a_{ji}\ (i,j=1,2,\cdots,n)$,即 $\boldsymbol{A}$ 为实对称矩阵,则二次型(5.3)用矩阵表示为

$$f=\boldsymbol{x}^{\mathrm{T}}\boldsymbol{A}\boldsymbol{x}. \tag{5.5}$$

这样得到的矩阵 $\boldsymbol{A}$ 称为**二次型 f 的矩阵**(matrix of the quadratic form f),矩阵 $\boldsymbol{A}$ 的秩

称为是**二次型 f 的秩**(rank of the quadratic form f). 显然,一个二次型 f 是由其对应的实对称矩阵 $\boldsymbol{A}$ 唯一确定的.

之所以说 $f=\boldsymbol{x}^{\mathrm{T}}\boldsymbol{A}\boldsymbol{x}$ 是双线性函数,是因为对于任意的 n 维向量 $\boldsymbol{\alpha}$ 和 $\boldsymbol{\beta}$, $f=\boldsymbol{\alpha}^{\mathrm{T}}\boldsymbol{A}\boldsymbol{x}$ 和 $f=\boldsymbol{x}^{\mathrm{T}}\boldsymbol{A}\boldsymbol{\beta}$ 均是向量空间 $\mathbb{R}^n$ 到向量空间 $\mathbb{R}$ 的线性函数.

当给定了二次型 f 时,要求能准确写出其对应的实对称矩阵 $\boldsymbol{A}$,其中 $\boldsymbol{A}$ 中对角线上的元素 $a_{11},a_{22},\cdots,a_{nn}$ 依次为 $x_1^2,x_2^2,\cdots,x_n^2$ 的系数;对于 $i\neq j$, $a_{ij}=a_{ji}$ 为 x_ix_j 的系数的 $\frac{1}{2}$, $i,j=1,2,\cdots,n$.

例 5.1 设二次型

$$f=2x_1^2-5x_2^2-6x_2x_3+x_1x_3$$

写出其矩阵形式.

解 令

$$\boldsymbol{A}=\begin{pmatrix}2&0&\frac{1}{2}\\0&-5&-3\\\frac{1}{2}&-3&0\end{pmatrix},\quad \boldsymbol{x}=\begin{pmatrix}x_1\\x_2\\x_3\end{pmatrix},$$

则有 $f=\boldsymbol{x}^{\mathrm{T}}\boldsymbol{A}\boldsymbol{x}$.

注意 因为 $f=\boldsymbol{x}^{\mathrm{T}}\begin{pmatrix}-1&1\\0&2\end{pmatrix}\boldsymbol{x}=(x_1,x_2)\begin{pmatrix}-1&1\\0&2\end{pmatrix}\begin{pmatrix}x_1\\x_2\end{pmatrix}=-x_1^2+x_1x_2+2x_2^2$ 是二次型,但 $\begin{pmatrix}-1&1\\0&2\end{pmatrix}$ 不是 f 的矩阵, f 的矩阵应为 $\begin{pmatrix}-1&\frac{1}{2}\\\frac{1}{2}&2\end{pmatrix}$,因为我们定义的实二次型的矩阵必须是实对称矩阵.这样做的目的是为了借助于实对称矩阵更方便地讨论二次型.

5.1.2 合同矩阵

设 $f=\boldsymbol{x}^{\mathrm{T}}\boldsymbol{A}\boldsymbol{x}$ 是二次型,其矩阵为 $\boldsymbol{A}$. 若有一个可逆的线性变换

$$\begin{cases}x_1=p_{11}y_1+p_{12}y_2+\cdots+p_{1n}y_n,\\x_2=p_{21}y_1+p_{22}y_2+\cdots+p_{2n}y_n,\\\qquad\vdots\\x_n=p_{n1}y_1+p_{n2}y_2+\cdots+p_{nn}y_n,\end{cases}\tag{5.6}$$

用矩阵表示为

$$\boldsymbol{x}=\boldsymbol{P}\boldsymbol{y},\tag{5.7}$$

其中

$$x=\begin{pmatrix}x_1\\x_2\\\vdots\\x_n\end{pmatrix},\quad P=\begin{pmatrix}p_{11}&p_{12}&\cdots&p_{1n}\\p_{21}&p_{22}&\cdots&p_{2n}\\\vdots&\vdots&&\vdots\\p_{n1}&p_{n2}&\cdots&c_{nn}\end{pmatrix},\quad y=\begin{pmatrix}y_1\\y_2\\\vdots\\y_n\end{pmatrix},$$

且 $\boldsymbol{P}$ 可逆.此线性变换将关于 $\boldsymbol{x}$ 二次型 $f=\boldsymbol{x}^{\mathrm{T}}\boldsymbol{A}\boldsymbol{x}$ 化成一个关于 $\boldsymbol{y}$ 二次型 $f=\boldsymbol{y}^{\mathrm{T}}\boldsymbol{B}\boldsymbol{y}$.下面考虑 $\boldsymbol{A}$ 与 $\boldsymbol{B}$ 之间的关系.

将可逆线性变换 $\boldsymbol{x}=\boldsymbol{P}\boldsymbol{y}$ 代入 $f=\boldsymbol{x}^{\mathrm{T}}\boldsymbol{A}\boldsymbol{x}$,得

$$f=\boldsymbol{x}^{\mathrm{T}}\boldsymbol{A}\boldsymbol{x}=(\boldsymbol{P}\boldsymbol{y})^{\mathrm{T}}\boldsymbol{A}(\boldsymbol{P}\boldsymbol{y})=\boldsymbol{y}^{\mathrm{T}}(\boldsymbol{P}^{\mathrm{T}}\boldsymbol{A}\boldsymbol{P})\boldsymbol{y}=\boldsymbol{y}^{\mathrm{T}}\boldsymbol{B}\boldsymbol{y},$$

于是 $\boldsymbol{B}=\boldsymbol{P}^{\mathrm{T}}\boldsymbol{A}\boldsymbol{P}$.一般地,有下面的定义.

定义 5.2　设 $\boldsymbol{A}$ 和 $\boldsymbol{B}$ 是 n 阶方阵,若存在可逆矩阵 $\boldsymbol{P}$,使得

$$\boldsymbol{B}=\boldsymbol{P}^{\mathrm{T}}\boldsymbol{A}\boldsymbol{P},$$

则称 $\boldsymbol{A}$ 与 $\boldsymbol{B}$ **合同**(contractible),可记为 $\boldsymbol{A}\approx\boldsymbol{B}$ 或 $\boldsymbol{A}\simeq\boldsymbol{B}$.

根据定义知,一个二次型的矩阵与在可逆线性变换下得到的二次型的矩阵是合同的.

注意　$\boldsymbol{A}$ 与 $\boldsymbol{B}$ 合同和 $\boldsymbol{A}$ 与 $\boldsymbol{B}$ 相似是两个不同的概念.例如设

$$\boldsymbol{A}=\begin{pmatrix}-1&\\&2\end{pmatrix},\quad\boldsymbol{B}=\begin{pmatrix}-4&\\&2\end{pmatrix},$$

取 $\boldsymbol{P}=\begin{pmatrix}2&\\&1\end{pmatrix}$,这时 $\boldsymbol{B}=\boldsymbol{P}^{\mathrm{T}}\boldsymbol{A}\boldsymbol{P}$,但由于 $\boldsymbol{A}$ 与 $\boldsymbol{B}$ 的特征值不同,所以 $\boldsymbol{A}$ 与 $\boldsymbol{B}$ 不相似.

设 $\boldsymbol{A}$ 与 $\boldsymbol{B}$ 合同,则存在可逆矩阵 $\boldsymbol{P}$,使得 $\boldsymbol{B}=\boldsymbol{P}^{\mathrm{T}}\boldsymbol{A}\boldsymbol{P}$.根据定理 2.12 知,存在初等矩阵 $\boldsymbol{P}_1,\boldsymbol{P}_2,\cdots,\boldsymbol{P}_k$ 使得 $\boldsymbol{P}=\boldsymbol{P}_1\boldsymbol{P}_2\cdots\boldsymbol{P}_k$,于是

$$(\boldsymbol{P}_1\boldsymbol{P}_2\cdots\boldsymbol{P}_k)^{\mathrm{T}}\boldsymbol{A}(\boldsymbol{P}_1\boldsymbol{P}_2\cdots\boldsymbol{P}_k)=\boldsymbol{B},$$

即

$$(\boldsymbol{P}_k^{\mathrm{T}}\cdots\boldsymbol{P}_2^{\mathrm{T}}\boldsymbol{P}_1^{\mathrm{T}})\boldsymbol{A}(\boldsymbol{P}_1\boldsymbol{P}_2\cdots\boldsymbol{P}_k)=\boldsymbol{B},$$

因此

$$\boldsymbol{P}_k^{\mathrm{T}}\cdots(\boldsymbol{P}_2^{\mathrm{T}}(\boldsymbol{P}_1^{\mathrm{T}}\boldsymbol{A}\boldsymbol{P}_1)\boldsymbol{P}_2)\cdots\boldsymbol{P}_k=\boldsymbol{B}.$$

由于 $\boldsymbol{P}_i$ 和 $\boldsymbol{P}_i^{\mathrm{T}}(i=1,2,\cdots,k)$ 是同种类型的初等矩阵,根据定理 2.11 知,经过若干次对 $\boldsymbol{A}$ 实施初等行变换,然后对所得到的矩阵实施同种类型的初等列变换,$\boldsymbol{A}$ 就变成 $\boldsymbol{B}$.例如,对于矩阵 $\boldsymbol{A}=\begin{pmatrix}1&2\\2&1\end{pmatrix}$,将 $\boldsymbol{A}$ 的第 1 行乘以 -1 得到 $\begin{pmatrix}-1&-2\\2&1\end{pmatrix}$,然后将 $\begin{pmatrix}-1&-2\\2&1\end{pmatrix}$ 的第 1 列乘以 -1 得到 $\boldsymbol{B}=\begin{pmatrix}1&-2\\-2&1\end{pmatrix}$,这时 $\boldsymbol{A}$ 与 $\boldsymbol{B}$ 合同.

5.1.3　二次型的标准形

称只含有平方项(即不含交叉项)的二次型为**标准二次型**(standard quadratic form),系数为 0,1 或 -1 的标准二次型称为**规范二次型**(normal quadratic form).

对于任意的二次型 $f=\boldsymbol{x}^{\mathrm{T}}\boldsymbol{A}\boldsymbol{x}$，主要关心的是二次型的标准化问题，即找出一个可逆的线性变换 $\boldsymbol{x}=\boldsymbol{P}\boldsymbol{y}$，将其化成只含有平方项的标准二次型

$$f=k_1y_1^2+k_2y_2^2+\cdots+k_ny_n^2. \tag{5.8}$$

称(5.8)式为二次型 $f=\boldsymbol{x}^{\mathrm{T}}\boldsymbol{A}\boldsymbol{x}$ 的**标准形**(standardized form).

在二次型 f 的标准形中，如果平方项的系数为 0,1 或 −1，称这样的规范二次型为二次型 f 的**规范形**(normalized form).

很容易将二次型的标准形进一步化成规范形. 例如二次型 f 的标准形为

$$f=4y_1^2-3y_2^2+2y_3^2-y_4^2,$$

令

$$\begin{cases} y_1=\dfrac{1}{2}z_1, \\ y_2=\dfrac{1}{\sqrt{3}}z_2, \\ y_3=\dfrac{1}{\sqrt{2}}z_3, \\ y_4=z_4, \end{cases}$$

则化为规范形 $f=z_1^2-z_2^2+z_3^2-z_4^2$.

因此，我们主要考虑如何将二次型标准化的问题.

5.2　用配方法求二次型的标准形

配方法就是将二次多项式配成完全平方的方法，这种方法在中学数学大量使用过，需要记住

$$\begin{aligned}(x_1+x_2+\cdots+x_n)^2=&\underline{x_1^2+x_2^2+\cdots+x_n^2}+\underline{2x_1x_2+2x_1x_3+\cdots+2x_1x_n} \\ &+\underline{2x_2x_3+2x_2x_4+\cdots+2x_2x_n}+\cdots+\underline{2x_{n-1}x_n}.\end{aligned} \tag{5.9}$$

下面通过例子说明，如何用配方法得出二次型的标准形.

例 5.2　用配方法求二次型

$$f=2x_1^2+5x_2^2+5x_3^2+4x_1x_2-4x_1x_3-8x_2x_3$$

的标准形，并写出相应的可逆线性变换.

解　首先将含有 x_1 的项归并后配方，得

$$\begin{aligned}f&=(2x_1^2+4x_1x_2-4x_1x_3)+5x_2^2+5x_3^2-8x_2x_3 \\ &=2(x_1+x_2-x_3)^2-2(x_2^2+x_3^2-2x_2x_3)+5x_2^2+5x_3^2-8x_2x_3.\end{aligned}$$

再对 x_2 进行配方，得

$$f=2(x_1+x_2-x_3)^2+3\left(x_2^2-\frac{4}{3}x_2x_3\right)+3x_3^2$$

$$= 2(x_1 + x_2 - x_3)^2 + 3\left(x_2 - \frac{2}{3}x_3\right)^2 + \frac{5}{3}x_3^2.$$

令

$$\begin{cases} y_1 = x_1 + x_2 - x_3, \\ y_2 = \quad\ x_2 - \frac{2}{3}x_3, \\ y_3 = \qquad\quad x_3, \end{cases}$$

即

$$\begin{cases} x_1 = y_1 - y_2 + \frac{1}{3}y_3, \\ x_2 = \quad\ y_2 + \frac{2}{3}y_3, \\ x_3 = \qquad\quad y_3. \end{cases}$$

所采用的可逆线性变换写成矩阵形式为

$$\begin{pmatrix} x_1 \\ x_2 \\ x_3 \end{pmatrix} = \begin{pmatrix} 1 & -1 & \frac{1}{3} \\ 0 & 1 & \frac{2}{3} \\ 0 & 0 & 1 \end{pmatrix} \begin{pmatrix} y_1 \\ y_2 \\ y_3 \end{pmatrix},$$

则 f 的标准形为

$$f = 2y_1^2 + 3y_2^2 + \frac{5}{3}y_3^2.$$

例 5.3 用配方法求二次型

$$f = x_1x_2 - x_2x_3$$

的标准形,并写出相应的可逆线性变换.

解 由于 f 不含平方项,不能直接配方. 观察 x_1x_2 项,为了出现平方项,令

$$\begin{cases} x_1 = y_1 + y_2, \\ x_2 = y_1 - y_2, \\ x_3 = y_3, \end{cases}$$

即

$$\begin{pmatrix} x_1 \\ x_2 \\ x_3 \end{pmatrix} = \begin{pmatrix} 1 & 1 & 0 \\ 1 & -1 & 0 \\ 0 & 0 & 1 \end{pmatrix} \begin{pmatrix} y_1 \\ y_2 \\ y_3 \end{pmatrix}, \tag{5.10}$$

得 $f=(y_1+y_2)(y_1-y_2)-(y_1-y_2)y_3=y_1^2-y_2^2-y_1y_3+y_2y_3$.

再配方,得

$$f=\left(y_1 - \frac{1}{2}y_3\right)^2 - y_2^2 - \frac{1}{4}y_3^2 + y_2y_3$$

$$= \left(y_1 - \frac{1}{2}y_3\right)^2 - \left(y_2 - \frac{1}{2}y_3\right)^2.$$

令

$$\begin{cases} z_1 = y_1 - \frac{1}{2}y_3, \\ z_2 = y_2 - \frac{1}{2}y_3, \\ z_3 = \quad\quad y_3, \end{cases}$$

即

$$\begin{cases} y_1 = z_1 + \frac{1}{2}z_3, \\ y_2 = z_2 + \frac{1}{2}z_3, \\ y_3 = z_3, \end{cases} \quad \text{或} \quad \begin{pmatrix} y_1 \\ y_2 \\ y_3 \end{pmatrix} = \begin{pmatrix} 1 & 0 & \frac{1}{2} \\ 0 & 1 & \frac{1}{2} \\ 0 & 0 & 1 \end{pmatrix} \begin{pmatrix} z_1 \\ z_2 \\ z_3 \end{pmatrix}, \tag{5.11}$$

得 f 的标准形为

$$f = z_1^2 - z_2^2.$$

由(5.10)式和(5.11)式知,所采用的可逆线性变换为

$$\begin{pmatrix} x_1 \\ x_2 \\ x_3 \end{pmatrix} = \begin{pmatrix} 1 & 1 & 0 \\ 1 & -1 & 0 \\ 0 & 0 & 1 \end{pmatrix} \begin{pmatrix} 1 & 0 & \frac{1}{2} \\ 0 & 1 & \frac{1}{2} \\ 0 & 0 & 1 \end{pmatrix} \begin{pmatrix} z_1 \\ z_2 \\ z_3 \end{pmatrix} = \begin{pmatrix} 1 & 1 & 1 \\ 1 & -1 & 0 \\ 0 & 0 & 1 \end{pmatrix} \begin{pmatrix} z_1 \\ z_2 \\ z_3 \end{pmatrix}.$$

5.3　欧氏空间

借助于正交变换讨论二次型的标准形,需要在欧氏空间中进行.定义了实向量内积进而有向量长度以及两向量夹角概念的向量空间就是欧氏空间.

5.3.1　向量的内积

在空间解析几何[5]中,给定两个 $\mathbb{R}^3$ 中三维向量

$$\boldsymbol{\alpha} = \begin{pmatrix} x_1 \\ x_2 \\ x_3 \end{pmatrix}, \quad \boldsymbol{\beta} = \begin{pmatrix} y_1 \\ y_2 \\ y_3 \end{pmatrix},$$

称数 $\boldsymbol{\alpha} \cdot \boldsymbol{\beta} = x_1y_1 + x_2y_2 + x_3y_3$ 为向量 α 与 β 的内积(或数量积).将其推广到 $\mathbb{R}^n$ 中,有下面的定义

定义 5.3 给定两个 n 维实向量

$$\boldsymbol{\alpha}=\begin{pmatrix}x_1\\x_2\\\vdots\\x_n\end{pmatrix},\quad \boldsymbol{\beta}=\begin{pmatrix}y_1\\y_2\\\vdots\\y_n\end{pmatrix},$$

称 $x_1y_1+x_2y_2+\cdots+x_ny_n$ 为向量 α 与 β 的**内积**(**或点积**)(inner/scalar/dot product),记为 $(\boldsymbol{\alpha},\boldsymbol{\beta})$($\langle\boldsymbol{\alpha},\boldsymbol{\beta}\rangle$或$\boldsymbol{\alpha}\cdot\boldsymbol{\beta}$).显然,写成矩阵形式有$(\boldsymbol{\alpha},\boldsymbol{\beta})=\boldsymbol{\alpha}^{\mathrm{T}}\boldsymbol{\beta}$.

在 MATLAB 命令窗口,输入向量 $\boldsymbol{a}$ 与 $\boldsymbol{b}$ 后,再键入 dot(a,b)即可得到向量 $\boldsymbol{a}$ 与 $\boldsymbol{b}$ 的内积.

根据内积的定义,容易验证内积满足下列性质,其中$\boldsymbol{\alpha}$,$\boldsymbol{\beta}$,$\boldsymbol{\gamma}$是 n 维向量,λ 是实数.

(1) 交换性:$(\boldsymbol{\alpha},\boldsymbol{\beta})=(\boldsymbol{\beta},\boldsymbol{\alpha})$.

(2) 数乘性:$(\lambda\boldsymbol{\alpha},\boldsymbol{\beta})=\lambda(\boldsymbol{\alpha},\boldsymbol{\beta})$.

(3) 可加性:$(\boldsymbol{\alpha}+\boldsymbol{\beta},\boldsymbol{\gamma})=(\boldsymbol{\alpha},\boldsymbol{\gamma})+(\boldsymbol{\beta},\boldsymbol{\gamma})$.

(4) 非负性:$(\boldsymbol{\alpha},\boldsymbol{\alpha})\geqslant 0$ 且$(\boldsymbol{\alpha},\boldsymbol{\alpha})=0\Leftrightarrow\boldsymbol{\alpha}=\mathbf{0}$.

最前面的 3 条性质在今后计算内积的过程中常用到,而非负性是定义向量长度的依据.有很多的书将数乘性称为齐次性[3],实际上,它是一条关于向量数乘与内积的性质.

定义了向量内积,就可以类似于空间解析几何去定义向量长度以及两向量夹角.

定义 5.4 给定 n 维向量

$$\boldsymbol{\alpha}=\begin{pmatrix}x_1\\x_2\\\vdots\\x_n\end{pmatrix},$$

称 $\sqrt{(\boldsymbol{\alpha},\boldsymbol{\alpha})}=\sqrt{x_1^2+x_2^2+\cdots+x_n^2}$ 为向量$\boldsymbol{\alpha}$ 的**长度**(length/norm of the vector α),记为 $\|\boldsymbol{\alpha}\|$,也可以记为$|\boldsymbol{\alpha}|$.

在$\mathbb{R}^2$ 及$\mathbb{R}^3$ 中,$\sqrt{(\alpha,\alpha)}$确为向量的长度,而在$\mathbb{R}^n$ 中已经没有这种直观含义了,正因为这样,n 维向量的长度通常称为向量的范数.范数是长度和距离概念的一种推广.我们还是沿用长度概念,可以结合解析几何中相关内容去直观理解.

向量的长度满足下面的 3 条性质,它们是公理化定义向量范数的 3 个条件.

(1) 非负性:$\|\boldsymbol{\alpha}\|\geqslant 0$ 且 $\|\boldsymbol{\alpha}\|=0\Leftrightarrow\boldsymbol{\alpha}=\mathbf{0}$.

(2) 数乘性:$\|\lambda\boldsymbol{\alpha}\|=|\lambda|\cdot\|\boldsymbol{\alpha}\|$.

(3) 三角不等式:$\|\boldsymbol{\alpha}+\boldsymbol{\beta}\|\leqslant\|\boldsymbol{\alpha}\|+\|\boldsymbol{\beta}\|$.

在(2)中,$|\lambda|$是数 λ 的绝对值.当把 λ 看作一维向量时,$|\lambda|$就是向量 λ 的长度.

长度为 1 的向量称为**单位向量**(unit vector).给定非零向量$\boldsymbol{\alpha}$,因为向量

$$\frac{1}{\|\boldsymbol{\alpha}\|}\boldsymbol{\alpha} \tag{5.12}$$

的长度为

$$\left\| \frac{1}{\|\boldsymbol{\alpha}\|}\boldsymbol{\alpha} \right\| = \frac{1}{\|\boldsymbol{\alpha}\|} \cdot \|\boldsymbol{\alpha}\| = 1,$$

所以它是一个与向量$\boldsymbol{\alpha}$方向一致的单位向量,通过这种方式可以将向量$\boldsymbol{\alpha}$**单位化**(normalizing).

对于两个非零向量$\boldsymbol{\alpha}$和$\boldsymbol{\beta}$,由于对于任意数λ,有

$$(\boldsymbol{\alpha}+\lambda\boldsymbol{\beta},\boldsymbol{\alpha}+\lambda\boldsymbol{\beta}) = \lambda^2(\boldsymbol{\beta},\boldsymbol{\beta})+2\lambda(\boldsymbol{\alpha},\boldsymbol{\beta})+(\boldsymbol{\alpha},\boldsymbol{\alpha}) \geqslant 0,$$

其关于λ的二次代数方程的判别式应小于等于0,于是有 Cauchy-Schwarz 不等式

$$(\boldsymbol{\alpha},\boldsymbol{\beta})^2 \leqslant (\boldsymbol{\alpha},\boldsymbol{\alpha})(\boldsymbol{\beta},\boldsymbol{\beta}),$$

进而

$$\left| \frac{(\boldsymbol{\alpha},\boldsymbol{\beta})}{\|\boldsymbol{\alpha}\| \cdot \|\boldsymbol{\beta}\|} \right| \leqslant 1.$$

因此,可以给出下面的定义.

定义 5.5　给定两个n维非零向量$\boldsymbol{\alpha}$和$\boldsymbol{\beta}$,称

$$\arccos \frac{(\boldsymbol{\alpha},\boldsymbol{\beta})}{\|\boldsymbol{\alpha}\| \cdot \|\boldsymbol{\beta}\|}$$

为**向量$\boldsymbol{\alpha}$和$\boldsymbol{\beta}$的夹角**(angle between $\boldsymbol{\alpha}$ and $\boldsymbol{\beta}$).

这与解析几何中定义$\boldsymbol{\alpha}\cdot\boldsymbol{\beta}=|\boldsymbol{\alpha}|\cdot|\boldsymbol{\beta}|\cos\theta$时出现的$\boldsymbol{\alpha}$和$\boldsymbol{\beta}$的夹角$\theta$一致.因此,在一定的意义上说,$\cos\theta=\frac{(\boldsymbol{\alpha},\boldsymbol{\beta})}{\|\boldsymbol{\alpha}\| \cdot \|\boldsymbol{\beta}\|}$表示向量$\boldsymbol{\alpha}$和向量$\boldsymbol{\beta}$的相似程度.由定义5.5知,

$$\arccos \frac{(\boldsymbol{\alpha},\boldsymbol{\beta})}{\|\boldsymbol{\alpha}\| \cdot \|\boldsymbol{\beta}\|} = \frac{\pi}{2} \Leftrightarrow (\boldsymbol{\alpha},\boldsymbol{\beta}) = 0.$$

当$(\boldsymbol{\alpha},\boldsymbol{\beta})=0$时,称$\boldsymbol{\alpha}$和$\boldsymbol{\beta}$**正交**(orthogonal),这时$\boldsymbol{\alpha}$和$\boldsymbol{\beta}$之间的夹角为$\frac{\pi}{2}$,因此正交即垂直之意.例如向量$\boldsymbol{\alpha}=(1,2)$和$\boldsymbol{\beta}=(-2,1)$正交,其夹角为$\frac{\pi}{2}$,见图5.1.

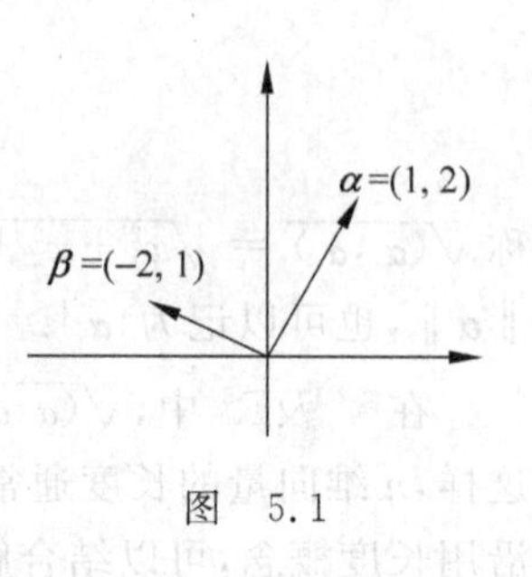

图　5.1

显然,零向量与任何向量正交.根据内积的性质可知,若$(\boldsymbol{\alpha},\boldsymbol{\beta})=0$,则$(\lambda\boldsymbol{\alpha},\mu\boldsymbol{\beta})=0$.特别地,对于非零向量$\boldsymbol{\alpha}$和$\boldsymbol{\beta}$,若$\boldsymbol{\alpha}$和$\boldsymbol{\beta}$正交,则$\frac{1}{\|\boldsymbol{\alpha}\|}\boldsymbol{\alpha}$和$\frac{1}{\|\boldsymbol{\beta}\|}\boldsymbol{\beta}$正交.

两两正交的向量组称为**正交向量组**(orthogonal vector set),按这种较自然的一种定义方式,正交向量组中可以含零向量.但可以证明下面的定理.

定理 5.1　不含零向量的正交向量组是线性无关的.

证　设$\boldsymbol{\alpha}_1,\boldsymbol{\alpha}_2,\cdots,\boldsymbol{\alpha}_r$是正交向量组,$\boldsymbol{\alpha}_i\neq\mathbf{0}(i=1,2,\cdots,r)$.若存在一组数$k_1,k_2,\cdots,k_r$使得$k_1\boldsymbol{\alpha}_1+k_2\boldsymbol{\alpha}_2+\cdots+k_r\boldsymbol{\alpha}_r=\mathbf{0}$,于是$(k_1\boldsymbol{\alpha}_1+k_2\boldsymbol{\alpha}_2+\cdots+k_r\boldsymbol{\alpha}_r,\boldsymbol{\alpha}_1)=(\mathbf{0},\boldsymbol{\alpha}_1)$.根据内积的性质,有

$$k_1(\boldsymbol{\alpha}_1,\boldsymbol{\alpha}_1)+k_2(\boldsymbol{\alpha}_2,\boldsymbol{\alpha}_1)+\cdots+k_r(\boldsymbol{\alpha}_r,\boldsymbol{\alpha}_1) = 0.$$

由已知条件知,$k_1(\boldsymbol{\alpha}_1,\boldsymbol{\alpha}_1)=0$.因为$\boldsymbol{\alpha}_1$非零,$(\boldsymbol{\alpha}_1,\boldsymbol{\alpha}_1)>0$,所以$k_1=0$.同理可证$k_2=0,k_3=0,\cdots$,

$k_r=0$,因此$\boldsymbol{\alpha}_1,\boldsymbol{\alpha}_2,\cdots,\boldsymbol{\alpha}_r$ 线性无关.

例 5.4 已知向量

$$\boldsymbol{\alpha}_1=\begin{pmatrix}1\\-1\\-1\end{pmatrix},\quad \boldsymbol{\alpha}_2=\begin{pmatrix}0\\1\\-1\end{pmatrix},$$

验证$\boldsymbol{\alpha}_1$ 与$\boldsymbol{\alpha}_2$ 正交,并求一个非零向量$\boldsymbol{\alpha}_3$ 使$\boldsymbol{\alpha}_1,\boldsymbol{\alpha}_2,\boldsymbol{\alpha}_3$ 为正交向量组.

解 因为$(\boldsymbol{\alpha}_1,\boldsymbol{\alpha}_2)=1\times0+(-1)\times1+(-1)\times(-1)=0$,所以$\boldsymbol{\alpha}_1$ 与$\boldsymbol{\alpha}_2$ 正交.

设$\boldsymbol{\alpha}_3=\begin{pmatrix}x_1\\x_2\\x_3\end{pmatrix}$,且同时满足$(\boldsymbol{\alpha}_1,\boldsymbol{\alpha}_3)=0$,$(\boldsymbol{\alpha}_2,\boldsymbol{\alpha}_3)=0$,从而有

$$\begin{cases}x_1-x_2-x_3=0,\\ x_2-x_3=0.\end{cases}$$

令 $x_3=1$,得一个非零解

$$\boldsymbol{\alpha}_3=\begin{pmatrix}2\\1\\1\end{pmatrix},$$

这时$\boldsymbol{\alpha}_1,\boldsymbol{\alpha}_2,\boldsymbol{\alpha}_3$ 为正交向量组.

5.3.2 欧氏空间的定义

定义 5.6 设 V 是向量空间,若在 V 上定义了两个向量的内积,则称 V 为**欧氏空间**(Euclidean space).

由于在欧氏空间 V 中定义了两个向量的内积,进而有向量长度以及两向量夹角概念.

设$\boldsymbol{\alpha}_1,\boldsymbol{\alpha}_2,\cdots,\boldsymbol{\alpha}_n$ 是欧氏空间 V 的一组基,若满足下列两个条件,则称$\boldsymbol{\alpha}_1,\boldsymbol{\alpha}_2,\cdots,\boldsymbol{\alpha}_n$ 是欧氏空间 V 的一组**单位正交基**(unit orthonormal basis)或标准正交基或规范正交基.

(1) $\boldsymbol{\alpha}_1,\boldsymbol{\alpha}_2,\cdots,\boldsymbol{\alpha}_n$ 是正交向量组;

(2) $\boldsymbol{\alpha}_1,\boldsymbol{\alpha}_2,\cdots,\boldsymbol{\alpha}_n$ 均为单位向量.

例如 $\boldsymbol{i}=\begin{pmatrix}1\\0\\0\end{pmatrix}$,$\boldsymbol{j}=\begin{pmatrix}0\\1\\0\end{pmatrix}$,$\boldsymbol{k}=\begin{pmatrix}0\\0\\1\end{pmatrix}$ 是$\mathbb{R}^3$ 的一组单位正交基.

又如 $\boldsymbol{p}_1=\begin{pmatrix}\frac{1}{\sqrt{2}}\\\frac{1}{\sqrt{2}}\\0\\0\end{pmatrix}$,$\boldsymbol{p}_2=\begin{pmatrix}\frac{1}{\sqrt{2}}\\-\frac{1}{\sqrt{2}}\\0\\0\end{pmatrix}$,$\boldsymbol{p}_3=\begin{pmatrix}0\\0\\\frac{1}{\sqrt{2}}\\\frac{1}{\sqrt{2}}\end{pmatrix}$,$\boldsymbol{p}_4=\begin{pmatrix}0\\0\\\frac{1}{\sqrt{2}}\\-\frac{1}{\sqrt{2}}\end{pmatrix}$ 是$\mathbb{R}^4$ 的一组单位正交基.

为何要考虑欧氏空间 V 的单位正交基？假设 $\boldsymbol{\alpha}_1,\boldsymbol{\alpha}_2,\cdots,\boldsymbol{\alpha}_n$ 是欧氏空间 V 的一组单位正交基，对于任意向量 $\boldsymbol{\beta}$ 有

$$\boldsymbol{\beta}=k_1\boldsymbol{\alpha}_1+k_2\boldsymbol{\alpha}_2+\cdots+k_n\boldsymbol{\alpha}_n,$$

对于任意 $i(i=1,2,\cdots,n)$，因为

$$\begin{aligned}(\boldsymbol{\beta},\boldsymbol{\alpha}_i)&=(k_1\boldsymbol{\alpha}_1+k_2\boldsymbol{\alpha}_2+\cdots+k_n\boldsymbol{\alpha}_n,\boldsymbol{\alpha}_i)\\&=k_1(\boldsymbol{\alpha}_1,\boldsymbol{\alpha}_i)+\cdots+k_{i-1}(\boldsymbol{\alpha}_{i-1},\boldsymbol{\alpha}_i)+k_i(\boldsymbol{\alpha}_i,\boldsymbol{\alpha}_i)+k_{i+1}(\boldsymbol{\alpha}_{i+1},\boldsymbol{\alpha}_i)+\cdots+k_n(\boldsymbol{\alpha}_n,\boldsymbol{\alpha}_i)\\&=k_1 0+\cdots+k_{i-1}0+k_i 1+k_{i+1}0+\cdots+k_n 0=k_i,\end{aligned}$$

所以 $k_1,k_2,\cdots,k_n$ 的计算较简单.若 $\boldsymbol{\alpha}_1,\boldsymbol{\alpha}_2,\cdots,\boldsymbol{\alpha}_n$ 是 V 的基而不是 V 的单位正交基，要得出 $k_1,k_2,\cdots,k_n$ 需要求解线性方程组.

设 $\boldsymbol{\alpha}_1,\boldsymbol{\alpha}_2,\cdots,\boldsymbol{\alpha}_r$ 是线性无关的向量组，则由 $\boldsymbol{\alpha}_1,\boldsymbol{\alpha}_2,\cdots,\boldsymbol{\alpha}_r$ 生成一个向量空间 V，假定在 V 上定义了两个向量的内积，显然 $\boldsymbol{\alpha}_1,\boldsymbol{\alpha}_2,\cdots,\boldsymbol{\alpha}_r$ 是 V 的基.如何根据 $\boldsymbol{\alpha}_1,\boldsymbol{\alpha}_2,\cdots,\boldsymbol{\alpha}_r$ 得出 V 的单位正交基？

简言之，就是要根据线性无关的向量组 $\boldsymbol{\alpha}_1,\boldsymbol{\alpha}_2,\cdots,\boldsymbol{\alpha}_r$，得出一个单位正交向量组 $\boldsymbol{e}_1,\boldsymbol{e}_2,\cdots,\boldsymbol{e}_r$，使其与 $\boldsymbol{\alpha}_1,\boldsymbol{\alpha}_2,\cdots,\boldsymbol{\alpha}_r$ 等价.

现对 $\mathbb{R}^2$ 中两个线性无关的向量组 $\boldsymbol{\alpha}_1,\boldsymbol{\alpha}_2$ 做一个简单的分析如下：关键是找出与 $\boldsymbol{\alpha}_1,\boldsymbol{\alpha}_2$ 等价的正交向量组 $\boldsymbol{\beta}_1,\boldsymbol{\beta}_2$.再分别将 $\boldsymbol{\beta}_1,\boldsymbol{\beta}_2$ 单位化得 $\boldsymbol{e}_1,\boldsymbol{e}_2$.由于 $\boldsymbol{\alpha}_1,\boldsymbol{\alpha}_2$ 与 $\boldsymbol{\beta}_1,\boldsymbol{\beta}_2$ 等价，容易知道 $\boldsymbol{e}_1,\boldsymbol{e}_2$ 与 $\boldsymbol{\alpha}_1,\boldsymbol{\alpha}_2$ 等价.

不妨取 $\boldsymbol{\beta}_1=\boldsymbol{\alpha}_1$.由于 $\boldsymbol{\alpha}_1,\boldsymbol{\alpha}_2$ 线性无关，$\boldsymbol{\beta}_1$ 和 $\boldsymbol{\alpha}_2$ 确定一个平面，与 $\boldsymbol{\beta}_1$ 正交的向量 $\boldsymbol{\beta}_2$ 可在该平面内与 $\boldsymbol{\beta}_1$ 垂直的方向上找.为了保证 $\boldsymbol{\alpha}_2$ 可由 $\boldsymbol{\beta}_1,\boldsymbol{\beta}_2$ 线性表示，将 $\boldsymbol{\alpha}_2$ 往 $\boldsymbol{\beta}_1,\boldsymbol{\beta}_2$ 这两个互相垂直的方向上分解.

设 $\boldsymbol{\alpha}_2$ 在 $\boldsymbol{\beta}_1$ 上的投影为 $k\boldsymbol{\beta}_1$，$\boldsymbol{\alpha}_2$ 在 $\boldsymbol{\beta}_2$ 上的投影就是 $\boldsymbol{\beta}_2$，于是 $\boldsymbol{\alpha}_2=k\boldsymbol{\beta}_1+\boldsymbol{\beta}_2$，即 $\boldsymbol{\beta}_2=\boldsymbol{\alpha}_2-k\boldsymbol{\beta}_1$.根据条件 $(\boldsymbol{\beta}_1,\boldsymbol{\beta}_2)=0$，得 $0=(\boldsymbol{\alpha}_2,\boldsymbol{\beta}_1)-k(\boldsymbol{\beta}_1,\boldsymbol{\beta}_1)$，因而 $k=\dfrac{(\boldsymbol{\alpha}_2,\boldsymbol{\beta}_1)}{(\boldsymbol{\beta}_1,\boldsymbol{\beta}_1)}$，即 $\boldsymbol{\alpha}_2$ 在 $\boldsymbol{\beta}_1$ 上的投影为

$$\frac{(\boldsymbol{\alpha}_2,\boldsymbol{\beta}_1)}{(\boldsymbol{\beta}_1,\boldsymbol{\beta}_1)}\boldsymbol{\beta}_1,\tag{5.13}$$

它是 $\boldsymbol{\alpha}_2$ 到 $\boldsymbol{\beta}_1$ 最近的点，见图 5.2.因此，$\boldsymbol{\beta}_2=\boldsymbol{\alpha}_2-\dfrac{(\boldsymbol{\alpha}_2,\boldsymbol{\beta}_1)}{(\boldsymbol{\beta}_1,\boldsymbol{\beta}_1)}\boldsymbol{\beta}_1$.这时，$\boldsymbol{\beta}_1,\boldsymbol{\beta}_2$ 与 $\boldsymbol{\alpha}_1,\boldsymbol{\alpha}_2$ 等价且 $\boldsymbol{\beta}_1,\boldsymbol{\beta}_2$ 是正交向量组.再分别将 $\boldsymbol{\beta}_1,\boldsymbol{\beta}_2$ 单位化得 $\boldsymbol{e}_1,\boldsymbol{e}_2$.

$\boldsymbol{\beta}_2$ $\boldsymbol{\alpha}_2$ $k\boldsymbol{\beta}_1$ $\boldsymbol{\alpha}_1=\boldsymbol{\beta}_1$

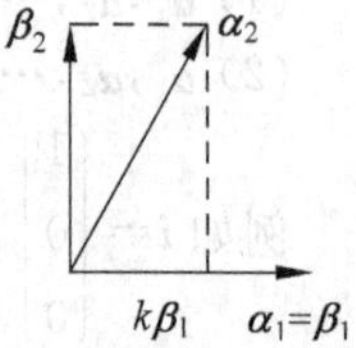

图 5.2

推而广之，对于线性无关的向量组 $\boldsymbol{\alpha}_1,\boldsymbol{\alpha}_2,\cdots,\boldsymbol{\alpha}_r$，得出一个单位正交向量组 $\boldsymbol{e}_1,\boldsymbol{e}_2,\cdots,\boldsymbol{e}_r$，使其与 $\boldsymbol{\alpha}_1,\boldsymbol{\alpha}_2,\cdots,\boldsymbol{\alpha}_r$ 等价的步骤如下.

第1步 正交化.取

$$\boldsymbol{\beta}_1=\boldsymbol{\alpha}_1,$$

$$\boldsymbol{\beta}_2=\boldsymbol{\alpha}_2-\frac{(\boldsymbol{\alpha}_2,\boldsymbol{\beta}_1)}{(\boldsymbol{\beta}_1,\boldsymbol{\beta}_1)}\boldsymbol{\beta}_1,$$

$$\boldsymbol{\beta}_3=\boldsymbol{\alpha}_3-\frac{(\boldsymbol{\alpha}_3,\boldsymbol{\beta}_1)}{(\boldsymbol{\beta}_1,\boldsymbol{\beta}_1)}\boldsymbol{\beta}_1-\frac{(\boldsymbol{\alpha}_3,\boldsymbol{\beta}_2)}{(\boldsymbol{\beta}_2,\boldsymbol{\beta}_2)}\boldsymbol{\beta}_2,$$

$$\vdots$$

$$\boldsymbol{\beta}_k=\boldsymbol{\alpha}_k-\frac{(\boldsymbol{\alpha}_k,\boldsymbol{\beta}_1)}{(\boldsymbol{\beta}_1,\boldsymbol{\beta}_1)}\boldsymbol{\beta}_1-\frac{(\boldsymbol{\alpha}_k,\boldsymbol{\beta}_2)}{(\boldsymbol{\beta}_2,\boldsymbol{\beta}_2)}\boldsymbol{\beta}_2-\cdots-\frac{(\boldsymbol{\alpha}_k,\boldsymbol{\beta}_{k-1})}{(\boldsymbol{\beta}_{k-1},\boldsymbol{\beta}_{k-1})}\boldsymbol{\beta}_{k-1}.$$

$$\vdots$$

$$\boldsymbol{\beta}_r=\boldsymbol{\alpha}_r-\frac{(\boldsymbol{\alpha}_r,\boldsymbol{\beta}_1)}{(\boldsymbol{\beta}_1,\boldsymbol{\beta}_1)}\boldsymbol{\beta}_1-\frac{(\boldsymbol{\alpha}_r,\boldsymbol{\beta}_2)}{(\boldsymbol{\beta}_2,\boldsymbol{\beta}_2)}\boldsymbol{\beta}_2-\cdots-\frac{(\boldsymbol{\alpha}_r,\boldsymbol{\beta}_{r-1})}{(\boldsymbol{\beta}_{r-1},\boldsymbol{\beta}_{r-1})}\boldsymbol{\beta}_{r-1}.$$

第 2 步　单位化. 将 $\boldsymbol{\beta}_1,\boldsymbol{\beta}_2,\cdots,\boldsymbol{\beta}_r$ 单位化，得

$$\boldsymbol{p}_1=\frac{1}{\|\boldsymbol{\beta}_1\|}\boldsymbol{\beta}_1.$$

$$\boldsymbol{p}_2=\frac{1}{\|\boldsymbol{\beta}_2\|}\boldsymbol{\beta}_2.$$

$$\vdots$$

$$\boldsymbol{p}_r=\frac{1}{\|\boldsymbol{\beta}_r\|}\boldsymbol{\beta}_r.$$

上述方法称为**格拉姆-施密特方法**(Gram-Schmidt method)，简称为施密特方法，包括了正交化和单位化两个步骤，与其他教材中的格拉姆-施密特正交化方法不尽一致.

根据上述讨论可知，$\boldsymbol{\alpha}_2$ 在 $\boldsymbol{\beta}_1$ 上的投影为 $\frac{(\boldsymbol{\alpha}_2,\boldsymbol{\beta}_1)}{(\boldsymbol{\beta}_1,\boldsymbol{\beta}_1)}\boldsymbol{\beta}_1$. 在正交化时，$\boldsymbol{\beta}_1=\boldsymbol{\alpha}_1$. 由于 $\boldsymbol{\beta}_2=\boldsymbol{\alpha}_2-\frac{(\boldsymbol{\alpha}_2,\boldsymbol{\beta}_1)}{(\boldsymbol{\beta}_1,\boldsymbol{\beta}_1)}\boldsymbol{\beta}_1$，所以 $\boldsymbol{\beta}_2$ 是 $\boldsymbol{\alpha}_2$ 减去 $\boldsymbol{\alpha}_2$ 在 $\boldsymbol{\beta}_1$ 上的投影. 同样，由于 $\boldsymbol{\beta}_3=\boldsymbol{\alpha}_3-\frac{(\boldsymbol{\alpha}_3,\boldsymbol{\beta}_1)}{(\boldsymbol{\beta}_1,\boldsymbol{\beta}_1)}\boldsymbol{\beta}_1-\frac{(\boldsymbol{\alpha}_3,\boldsymbol{\beta}_2)}{(\boldsymbol{\beta}_2,\boldsymbol{\beta}_2)}\boldsymbol{\beta}_2$，所以 $\boldsymbol{\beta}_3$ 是 $\boldsymbol{\alpha}_3$ 分别减去 $\boldsymbol{\alpha}_3$ 在 $\boldsymbol{\beta}_1$ 和 $\boldsymbol{\beta}_2$ 上的投影. 依此类推. 这样就容易记住正交化方法了.

例 5.5　已知线性无关的向量组

$$\boldsymbol{\alpha}_1=\begin{pmatrix}1\\1\\1\end{pmatrix},\quad \boldsymbol{\alpha}_2=\begin{pmatrix}1\\2\\3\end{pmatrix},\quad \boldsymbol{\alpha}_3=\begin{pmatrix}1\\4\\9\end{pmatrix},$$

用施密特方法将其单位正交化.

解　先正交化. 取

$$\boldsymbol{\beta}_1=\boldsymbol{\alpha}_1=\begin{pmatrix}1\\1\\1\end{pmatrix},\quad \boldsymbol{\beta}_2=\boldsymbol{\alpha}_2-\frac{(\boldsymbol{\alpha}_2,\boldsymbol{\beta}_1)}{(\boldsymbol{\beta}_1,\boldsymbol{\beta}_1)}\boldsymbol{\beta}_1=\begin{pmatrix}1\\2\\3\end{pmatrix}-\frac{6}{3}\begin{pmatrix}1\\1\\1\end{pmatrix}=\begin{pmatrix}-1\\0\\1\end{pmatrix},$$

$$\begin{aligned}\boldsymbol{\beta}_3&=\boldsymbol{\alpha}_3-\frac{(\boldsymbol{\alpha}_3,\boldsymbol{\beta}_1)}{(\boldsymbol{\beta}_1,\boldsymbol{\beta}_1)}\boldsymbol{\beta}_1-\frac{(\boldsymbol{\alpha}_3,\boldsymbol{\beta}_2)}{(\boldsymbol{\beta}_2,\boldsymbol{\beta}_2)}\boldsymbol{\beta}_2\\&=\begin{pmatrix}1\\4\\9\end{pmatrix}-\frac{14}{3}\begin{pmatrix}1\\1\\1\end{pmatrix}-\frac{8}{2}\begin{pmatrix}-1\\0\\1\end{pmatrix}=\begin{pmatrix}\frac{1}{3}\\-\frac{2}{3}\\\frac{1}{3}\end{pmatrix}.\end{aligned}$$

再单位化,得

$$\boldsymbol{p}_1=\frac{1}{\|\boldsymbol{\beta}_1\|}\boldsymbol{\beta}_1=\frac{1}{\sqrt{3}}\begin{pmatrix}1\\1\\1\end{pmatrix}=\begin{pmatrix}\frac{1}{\sqrt{3}}\\\frac{1}{\sqrt{3}}\\\frac{1}{\sqrt{3}}\end{pmatrix},$$

$$\boldsymbol{p}_2=\frac{1}{\|\boldsymbol{\beta}_2\|}\boldsymbol{\beta}_2=\frac{1}{\sqrt{2}}\begin{pmatrix}-1\\0\\1\end{pmatrix}=\begin{pmatrix}-\frac{1}{\sqrt{2}}\\0\\\frac{1}{\sqrt{2}}\end{pmatrix},$$

$$\boldsymbol{p}_3=\frac{1}{\|\boldsymbol{\beta}_3\|}\boldsymbol{\beta}_3=\frac{1}{\sqrt{\frac{2}{3}}}\begin{pmatrix}\frac{1}{3}\\-\frac{2}{3}\\\frac{1}{3}\end{pmatrix}=\begin{pmatrix}\frac{\sqrt{6}}{6}\\-\frac{\sqrt{6}}{3}\\\frac{\sqrt{6}}{6}\end{pmatrix}.$$

在 MATLAB 命令窗口输入矩阵$\boldsymbol{A}=(\boldsymbol{\alpha}_1,\boldsymbol{\alpha}_2,\boldsymbol{\alpha}_3)$,使用 orth(A)就可以将$\boldsymbol{\alpha}_1,\boldsymbol{\alpha}_2,\boldsymbol{\alpha}_3$单位正交化.

例 5.6 已知向量$\boldsymbol{\alpha}_1=\begin{pmatrix}1\\-1\\-1\end{pmatrix}$,求非零向量$\boldsymbol{\alpha}_2,\boldsymbol{\alpha}_3$,使$\boldsymbol{\alpha}_1,\boldsymbol{\alpha}_2,\boldsymbol{\alpha}_3$构成正交向量组.

解 设向量$\boldsymbol{\alpha}_2,\boldsymbol{\alpha}_3$的分量为$x_1,x_2,x_3$,则由$(\boldsymbol{\alpha}_1,\boldsymbol{\alpha}_2)=(\boldsymbol{\alpha}_1,\boldsymbol{\alpha}_3)=0$可得$x_1,x_2,x_3$应满足$x_1-x_2-x_3=0$,其基础解系为

$$\boldsymbol{\xi}_2=\begin{pmatrix}1\\1\\0\end{pmatrix},\quad \boldsymbol{\xi}_3=\begin{pmatrix}1\\0\\1\end{pmatrix},$$

将$\boldsymbol{\xi}_2,\boldsymbol{\xi}_3$正交化,得

$$\boldsymbol{\alpha}_2=\boldsymbol{\xi}_2=\begin{pmatrix}1\\1\\0\end{pmatrix}.$$

$$\boldsymbol{\alpha}_3=\boldsymbol{\xi}_3-\frac{(\boldsymbol{\xi}_3,\boldsymbol{\alpha}_2)}{(\boldsymbol{\alpha}_2,\boldsymbol{\alpha}_2)}\boldsymbol{\alpha}_2=\begin{pmatrix}1\\0\\1\end{pmatrix}-\frac{1}{2}\begin{pmatrix}1\\1\\0\end{pmatrix}=\begin{pmatrix}\frac{1}{2}\\-\frac{1}{2}\\1\end{pmatrix}.$$

这时，$\boldsymbol{\alpha}_1,\boldsymbol{\alpha}_2,\boldsymbol{\alpha}_3$ 构成正交向量组.

5.3.3 正交矩阵

与单位正交向量组密切相关的概念是正交矩阵.

定义 5.7 设 $\boldsymbol{A}$ 是 n 阶方阵，若

$$\boldsymbol{A}^{\mathrm{T}}\boldsymbol{A}=\boldsymbol{E}, \tag{5.14}$$

则称 $\boldsymbol{A}$ 是**正交矩阵**(orthogonal matrix).

根据定义知，若 A 是正交矩阵，则 $\boldsymbol{A}^{-1}=\boldsymbol{A}^{\mathrm{T}}$ 且 $|\boldsymbol{A}|=1$ 或 -1. 很容易验证：若 $\boldsymbol{A}$ 是正交矩阵，则：

(1) $(\boldsymbol{Ax},\boldsymbol{Ay})=(\boldsymbol{x},\boldsymbol{y})$;

(2) $\|\boldsymbol{Ax}\|=\|\boldsymbol{x}\|$;

(3) $(\boldsymbol{Ax},\boldsymbol{Ay})=0\Leftrightarrow(\boldsymbol{x},\boldsymbol{y})=0$.

现将正交矩阵 $\boldsymbol{A}$ 按列分块，即 $\boldsymbol{A}=(\boldsymbol{\alpha}_1,\boldsymbol{\alpha}_2,\cdots,\boldsymbol{\alpha}_n)$，于是

$$\begin{pmatrix}\boldsymbol{\alpha}_1^{\mathrm{T}}\\ \boldsymbol{\alpha}_2^{\mathrm{T}}\\ \vdots\\ \boldsymbol{\alpha}_n^{\mathrm{T}}\end{pmatrix}(\boldsymbol{\alpha}_1,\boldsymbol{\alpha}_2,\cdots,\boldsymbol{\alpha}_n)=\boldsymbol{E}.$$

因此，有

$$\boldsymbol{\alpha}_i^{\mathrm{T}}\boldsymbol{\alpha}_j=\begin{cases}1, & i=j,\\ 0, & i\neq j.\end{cases}$$

这时，$\boldsymbol{\alpha}_1,\boldsymbol{\alpha}_2,\cdots,\boldsymbol{\alpha}_n$ 是单位正交向量组.

由 $\boldsymbol{A}$ 是正交矩阵，可得出 $\boldsymbol{A}^{-1}=\boldsymbol{A}^{\mathrm{T}}$，于是 $\boldsymbol{AA}^{\mathrm{T}}=\boldsymbol{E}$. 类似的讨论可知，由 $\boldsymbol{A}$ 得到的行向量组也是单位正交向量组.

因此，**$\boldsymbol{A}$ 是正交矩阵的充要条件是 $\boldsymbol{A}$ 的列(或行)向量组是单位正交向量组.** 利用此结论可以方便地判定一个方阵是否是正交矩阵. 例如，可以验证

$$\begin{pmatrix}-\frac{1}{2} & \frac{1}{2} & \frac{1}{2} & -\frac{1}{2}\\ -\frac{1}{2} & -\frac{1}{2} & \frac{1}{2} & \frac{1}{2}\\ \frac{1}{\sqrt{2}} & 0 & \frac{1}{\sqrt{2}} & 0\\ 0 & \frac{1}{\sqrt{2}} & 0 & \frac{1}{\sqrt{2}}\end{pmatrix}$$

是正交矩阵.

5.4 实对称矩阵的对角化与二次型的标准形

由 5.1 节知,一个实二次型与一个实对称矩阵相对应,而任何实对称矩阵均可对角化.

5.4.1 实对称矩阵的对角化

不仅实对称矩阵的特征值是实数,而且关于其特征向量有下面的定理.

定理 5.2 实对称矩阵的对应于不同特征值的特征向量是正交的.

证 设 $\boldsymbol{A}$ 是实对称矩阵,λ_1 和 λ_2 是 $\boldsymbol{A}$ 的两个不同特征值,$\boldsymbol{p}_1$ 和 $\boldsymbol{p}_2$ 是对应的实特征向量,这时 $\boldsymbol{A}\boldsymbol{p}_1=\lambda_1\boldsymbol{p}_1,\boldsymbol{A}\boldsymbol{p}_2=\lambda_2\boldsymbol{p}_2$.

由于 $\boldsymbol{A}$ 对称,所以

$$\lambda_1\boldsymbol{p}_1^{\mathrm{T}}=(\lambda_1\boldsymbol{p}_1)^{\mathrm{T}}=(\boldsymbol{A}\boldsymbol{p}_1)^{\mathrm{T}}=\boldsymbol{p}_1^{\mathrm{T}}\boldsymbol{A}^{\mathrm{T}}=\boldsymbol{p}_1^{\mathrm{T}}\boldsymbol{A},$$

于是,

$$\lambda_1\boldsymbol{p}_1^{\mathrm{T}}\boldsymbol{p}_2=\boldsymbol{p}_1^{\mathrm{T}}\boldsymbol{A}\boldsymbol{p}_2=\boldsymbol{p}_1^{\mathrm{T}}(\lambda_2\boldsymbol{p}_2)=\lambda_2\boldsymbol{p}_1^{\mathrm{T}}\boldsymbol{p}_2,$$

即

$$(\lambda_1-\lambda_2)\boldsymbol{p}_1^{\mathrm{T}}\boldsymbol{p}_2=0.$$

因为 $\lambda_1\neq\lambda_2$,于是 $\boldsymbol{p}_1^{\mathrm{T}}\boldsymbol{p}_2=0$,即$(\boldsymbol{p}_1,\boldsymbol{p}_2)=0$,所以 $\boldsymbol{p}_1$ 和 $\boldsymbol{p}_2$ 正交.

例 5.7 设三阶实对称矩阵 $\boldsymbol{A}$ 的特征值为 $\lambda_1=6,\lambda_2=\lambda_3=3$,与特征值 $\lambda_1=6$ 对应的特征向量为 $\boldsymbol{p}_1=\begin{pmatrix}1\\1\\1\end{pmatrix}$,求与特征值 $\lambda_2=\lambda_3=3$ 对应的特征向量.

解 设与特征值为 $\lambda_2=\lambda_3=3$ 对应的线性无关的特征向量(由下面的说明知道有两个)为 $\boldsymbol{p}_2,\boldsymbol{p}_3$,则$(\boldsymbol{p}_1,\boldsymbol{p}_2)=0,(\boldsymbol{p}_1,\boldsymbol{p}_3)=0$,于是 $\boldsymbol{p}_2,\boldsymbol{p}_3$ 是 $x_1+x_2+x_3=0$ 的基础解系

$$\boldsymbol{p}_2=\begin{pmatrix}1\\0\\-1\end{pmatrix},\quad \boldsymbol{p}_3=\begin{pmatrix}0\\1\\-1\end{pmatrix}.$$

因此,与特征值为 $\lambda_2=\lambda_3=3$ 对应的特征向量为

$$k_2\boldsymbol{p}_2+k_3\boldsymbol{p}_3=k_2\begin{pmatrix}1\\0\\-1\end{pmatrix}+k_3\begin{pmatrix}0\\1\\-1\end{pmatrix},$$

其中 k_2,k_3 不全为 0.

可以证明,对于实对称矩阵 $\boldsymbol{A}$ 的重数为 d 的特征值 λ,必存在对应于此特征值的 d 个线性无关的特征向量,它们就是齐次线性方程组$(\boldsymbol{A}-\lambda\boldsymbol{E})\boldsymbol{x}=\boldsymbol{0}$ 的基础解系. 使用施密特方法

将其单位正交化，根据特征值与特征向量的性质，就得到 $\boldsymbol{A}$ 的对应于特征值 λ 的两两正交的单位特征向量. 再由定理 5.2 知，n 阶实对称矩阵 $\boldsymbol{A}$ 必存在 n 个两两正交的单位特征向量，以它们为列向量构成矩阵 $\boldsymbol{P}$，则 $\boldsymbol{P}$ 是正交矩阵. 以 $\boldsymbol{P}$ 的列向量作为坐标轴，称为主轴，二次型有最简单的形式，于是有下面的**主轴定理**(principal axes theorem).

定理 5.3(主轴定理) 设 $\boldsymbol{A}$ 是 n 阶实对称矩阵，则存在正交矩阵 $\boldsymbol{P}$ 使得

$$\boldsymbol{P}^{-1}\boldsymbol{A}\boldsymbol{P}=\boldsymbol{P}^{\mathrm{T}}\boldsymbol{A}\boldsymbol{P}=\begin{pmatrix}\lambda_1 & & & \\ & \lambda_2 & & \\ & & \ddots & \\ & & & \lambda_n\end{pmatrix},$$

其中 $\lambda_1,\lambda_2,\cdots,\lambda_n$ 是 $\boldsymbol{A}$ 的全部特征值.

之所以称为主轴定理，是因为只要将正交矩阵 $\boldsymbol{P}$ 的 n 个列向量作为“轴”，则二次型 $\boldsymbol{x}^{\mathrm{T}}\boldsymbol{A}\boldsymbol{x}$ 在新坐标系下就只含有平方项，而不含有交叉项.

显然，任何实对称矩阵，既相似于一个对角矩阵，又合同于一个对角矩阵.

由上述定理知，任何实对称矩阵 $\boldsymbol{A}$ 均可对角化，其步骤如下.

第 1 步 求出 $\boldsymbol{A}$ 的所有不同的特征值；

第 2 步 对于 $\boldsymbol{A}$ 的特征值 λ，求出齐次线性方程组 $(\boldsymbol{A}-\lambda\boldsymbol{E})\boldsymbol{x}=\boldsymbol{0}$ 的基础解系，并使用施密特方法将其单位正交化.

第 3 步 以这 n 个两两正交的单位特征向量为列向量构成正交矩阵 $\boldsymbol{P}$，这时 $\boldsymbol{P}^{-1}\boldsymbol{A}\boldsymbol{P}=\boldsymbol{P}^{\mathrm{T}}\boldsymbol{A}\boldsymbol{P}=\boldsymbol{\Lambda}$，其中对角方阵 $\boldsymbol{\Lambda}$ 的元素排列顺序依次与 $\boldsymbol{P}$ 的列向量的排列顺序相对应.

例 5.8 设

$$\boldsymbol{A}=\begin{pmatrix}1 & -2 & 2\\ -2 & 4 & -4\\ 2 & -4 & 4\end{pmatrix},$$

求一个正交矩阵 $\boldsymbol{P}$ 将其对角化.

解 由

$$|\boldsymbol{A}-\lambda\boldsymbol{E}|=\begin{vmatrix}1-\lambda & -2 & 2\\ -2 & 4-\lambda & -4\\ 2 & -4 & 4-\lambda\end{vmatrix}=\lambda^2(9-\lambda)=0,$$

得 $\boldsymbol{A}$ 的特征值为 0,9.

当 $\lambda=0$ 时，齐次线性方程组 $(\boldsymbol{A}-0\boldsymbol{E})\boldsymbol{x}=\boldsymbol{0}$ 为

$$\begin{pmatrix}1 & -2 & 2\\ -2 & 4 & -4\\ 2 & -4 & 4\end{pmatrix}\begin{pmatrix}x_1\\ x_2\\ x_3\end{pmatrix}=\begin{pmatrix}0\\ 0\\ 0\end{pmatrix},$$

其基础解系为

$$\boldsymbol{\xi}_1=\begin{pmatrix}2\\1\\0\end{pmatrix},\quad \boldsymbol{\xi}_2=\begin{pmatrix}-2\\0\\1\end{pmatrix},$$

将其正交化，得

$$\boldsymbol{\beta}_1=\boldsymbol{\xi}_1=\begin{pmatrix}2\\1\\0\end{pmatrix},\quad \boldsymbol{\beta}_2=\boldsymbol{\xi}_2-\frac{(\boldsymbol{\xi}_2,\boldsymbol{\beta}_1)}{(\boldsymbol{\beta}_1,\boldsymbol{\beta}_1)}\boldsymbol{\beta}_1=\begin{pmatrix}-2\\0\\1\end{pmatrix}-\frac{-4}{5}\begin{pmatrix}2\\1\\0\end{pmatrix}=\begin{pmatrix}-\frac{2}{5}\\\frac{4}{5}\\1\end{pmatrix}.$$

再单位化，得

$$\boldsymbol{p}_1=\frac{1}{\|\boldsymbol{\beta}_1\|}\boldsymbol{\beta}_1=\begin{pmatrix}\frac{2}{\sqrt{5}}\\\frac{1}{\sqrt{5}}\\0\end{pmatrix},\quad \boldsymbol{p}_2=\frac{1}{\|\boldsymbol{\beta}_2\|}\boldsymbol{\beta}_2=\begin{pmatrix}-\frac{2}{3\sqrt{5}}\\\frac{4}{3\sqrt{5}}\\\frac{5}{3\sqrt{5}}\end{pmatrix}.$$

注　$\boldsymbol{p}_1,\boldsymbol{p}_2$ 是 $\boldsymbol{A}$ 的对应于 $\lambda=0$ 的特征向量.

当 $\lambda=9$ 时，齐次线性方程组 $(\boldsymbol{A}-9\boldsymbol{E})\boldsymbol{x}=\boldsymbol{0}$ 为

$$\begin{pmatrix}-8&-2&2\\-2&-5&-4\\2&-4&-5\end{pmatrix}\begin{pmatrix}x_1\\x_2\\x_3\end{pmatrix}=\begin{pmatrix}0\\0\\0\end{pmatrix},$$

其基础解系为

$$\boldsymbol{\xi}_3=\begin{pmatrix}1\\-2\\2\end{pmatrix},$$

单位化，得

$$\boldsymbol{p}_3=\frac{1}{\|\boldsymbol{\xi}_3\|}\boldsymbol{\xi}_3=\begin{pmatrix}\frac{1}{3}\\-\frac{2}{3}\\\frac{2}{3}\end{pmatrix}.$$

取

$$P=\begin{pmatrix}\frac{2}{\sqrt{5}} & -\frac{2}{3\sqrt{5}} & \frac{1}{3}\\ \frac{1}{\sqrt{5}} & \frac{4}{3\sqrt{5}} & -\frac{2}{3}\\ 0 & \frac{5}{3\sqrt{5}} & \frac{2}{3}\end{pmatrix},$$

则

$$P^{-1}AP=P^{\mathrm{T}}AP=\begin{pmatrix}0 & & \\ & 0 & \\ & & 9\end{pmatrix}.$$

5.4.2 正交变换与二次型的标准形

定义 5.8 对于线性变换

$$x=Py. \tag{5.15}$$

若 P 是正交矩阵,则称(5.15)式是**正交变换**(orthogonal transformation).

正交变换的一条重要性质是:**正交变换保持向量的长度不变**,这是因为

$$\|x\|=\sqrt{x^{\mathrm{T}}x}=\sqrt{(Py)^{\mathrm{T}}(Py)}=\sqrt{y^{\mathrm{T}}(P^{\mathrm{T}}P)y}=\sqrt{y^{\mathrm{T}}y}=\|y\|.$$

由于正交变换保持向量的长度不变,进而正交变换保持图形的形状也不变,这是正交变换的优良特性,也是它与一般的可逆线性变换的不同之处.

根据定理 5.3 知,对于任意二次型 f,必存在一个正交变换 $x=Py$,将 f 标准化,且标准形中平方项的系数为二次型 f 的矩阵的特征值.

例 5.9 求一个正交变换将二次曲面的方程

$$3x^2+5y^2+5z^2+4xy-4xz-10yz=1$$

化成标准方程.

解 方程左边是一个二次型,其对应的矩阵为

$$A=\begin{pmatrix}3 & 2 & -2\\ 2 & 5 & -5\\ -2 & -5 & 5\end{pmatrix}.$$

由

$$|A-\lambda E|=\begin{vmatrix}3-\lambda & 2 & -2\\ 2 & 5-\lambda & -5\\ -2 & -5 & 5-\lambda\end{vmatrix}=\lambda(\lambda-2)(\lambda-11)=0$$

得 A 的特征值为 2,11,0.

当 $\lambda=2$ 时，齐次线性方程组 $(\boldsymbol{A}-2\boldsymbol{E})\boldsymbol{x}=\boldsymbol{0}$ 的基础解系为 $\boldsymbol{\alpha}_1=\begin{pmatrix}4\\-1\\1\end{pmatrix}$.

当 $\lambda=11$ 时，齐次线性方程组 $(\boldsymbol{A}-11\boldsymbol{E})\boldsymbol{x}=\boldsymbol{0}$ 的基础解系为 $\boldsymbol{\alpha}_2=\begin{pmatrix}1\\2\\-2\end{pmatrix}$.

当 $\lambda=0$ 时，齐次线性方程组 $(\boldsymbol{A}-0\boldsymbol{E})\boldsymbol{x}=\boldsymbol{0}$ 的基础解系为 $\boldsymbol{\alpha}_3=\begin{pmatrix}0\\1\\1\end{pmatrix}$.

再单位化，得

$$\boldsymbol{p}_1=\begin{pmatrix}\frac{4}{3\sqrt{2}}\\-\frac{1}{3\sqrt{2}}\\\frac{1}{3\sqrt{2}}\end{pmatrix},\quad \boldsymbol{p}_2=\begin{pmatrix}\frac{1}{3}\\\frac{2}{3}\\-\frac{2}{3}\end{pmatrix},\quad \boldsymbol{p}_3=\begin{pmatrix}0\\\frac{1}{\sqrt{2}}\\\frac{1}{\sqrt{2}}\end{pmatrix}.$$

于是，所求的正交变换为

$$\begin{pmatrix}x\\y\\z\end{pmatrix}=\begin{pmatrix}\frac{4}{3\sqrt{2}}&\frac{1}{3}&0\\-\frac{1}{3\sqrt{2}}&\frac{2}{3}&\frac{1}{\sqrt{2}}\\\frac{1}{3\sqrt{2}}&\frac{2}{3}&\frac{1}{\sqrt{2}}\end{pmatrix}\begin{pmatrix}x'\\y'\\z'\end{pmatrix},$$

且标准方程为 $2x'^2+11y'^2=1$，它是椭圆柱面，参见文献[5].

利用这些方法，可以进一步讨论二次曲线和二次曲面的分类，参见文献[11]. 下面举一个例子加以说明.

例 5.10 判断二次曲面 $2x^2+y^2-4xy-4yz+4x+4y=2$ 的形状.

解 先考虑二次型 $f=2x^2+y^2-4xy-4yz$，其矩阵为

$$\boldsymbol{A}=\begin{pmatrix}2&-2&0\\-2&1&-2\\0&-2&0\end{pmatrix}.$$

由

$$|\boldsymbol{A}-\lambda\boldsymbol{E}|=\begin{vmatrix}2-\lambda&-2&0\\-2&1-\lambda&-2\\0&-2&-\lambda\end{vmatrix}\xlongequal{1c_3+c_2}\begin{vmatrix}2-\lambda&-2&0\\-2&-1-\lambda&-2\\0&-2-\lambda&-\lambda\end{vmatrix}$$

$$= (-2-\lambda)(-1)^{3+2}\begin{vmatrix} 2-\lambda & 0 \\ -2 & -2 \end{vmatrix} + (-\lambda)\cdot(-1)^{3+3}\begin{vmatrix} 2-\lambda & -2 \\ -2 & -1-\lambda \end{vmatrix}$$

$$= (2+\lambda)(-2)(2-\lambda) + (-\lambda)[(2-\lambda)(-1-\lambda)-(-2)(-2)]$$

$$= (2+\lambda)(-2)(2-\lambda) + (-\lambda)(2+\lambda)(3+\lambda)$$

$$= -(\lambda-1)(\lambda-4)(\lambda+2) = 0,$$

得 $\boldsymbol{A}$ 的特征值为 1,4,−2.

当 $\lambda=1$ 时,齐次线性方程组 $(\boldsymbol{A}-\boldsymbol{E})\boldsymbol{x}=\boldsymbol{0}$ 的基础解系为 $\boldsymbol{\alpha}_1=\begin{pmatrix} 2 \\ 1 \\ -2 \end{pmatrix}$,单位化得

$$\boldsymbol{p}_1 = \frac{1}{3}\begin{pmatrix} 2 \\ 1 \\ -2 \end{pmatrix} = \begin{pmatrix} \frac{2}{3} \\ \frac{1}{3} \\ -\frac{2}{3} \end{pmatrix}.$$

当 $\lambda=4$ 时,齐次线性方程组 $(\boldsymbol{A}-4\boldsymbol{E})\boldsymbol{x}=\boldsymbol{0}$ 的基础解系为 $\boldsymbol{\alpha}_2=\begin{pmatrix} -2 \\ 2 \\ -1 \end{pmatrix}$,单位化得

$$\boldsymbol{p}_2 = \frac{1}{3}\begin{pmatrix} -2 \\ 2 \\ -1 \end{pmatrix} = \begin{pmatrix} -\frac{2}{3} \\ \frac{2}{3} \\ -\frac{1}{3} \end{pmatrix}.$$

当 $\lambda=-2$ 时,齐次线性方程组 $(\boldsymbol{A}+2\boldsymbol{E})\boldsymbol{x}=\boldsymbol{0}$ 的基础解系为 $\boldsymbol{\alpha}_3=\begin{pmatrix} 1 \\ 2 \\ 2 \end{pmatrix}$,单位化得

$$\boldsymbol{p}_3 = \frac{1}{3}\begin{pmatrix} 1 \\ 2 \\ 2 \end{pmatrix} = \begin{pmatrix} \frac{1}{3} \\ \frac{2}{3} \\ \frac{2}{3} \end{pmatrix}.$$

令正交变换为 $\begin{pmatrix} x \\ y \\ z \end{pmatrix} = \begin{pmatrix} \frac{2}{3} & -\frac{2}{3} & \frac{1}{3} \\ \frac{1}{3} & \frac{2}{3} & \frac{2}{3} \\ -\frac{2}{3} & -\frac{1}{3} & \frac{2}{3} \end{pmatrix}\begin{pmatrix} x' \\ y' \\ z' \end{pmatrix}$,则 $f=x'^2+4y'^2-2z'^2$,进而二次曲面

$2x^2+y^2-4xy-4yz+4x+4y=2$ 化成

$$x'^2+4y'^2-2z'^2+4x'+4z'=2.$$

再配方得 $(x'+2)^2+4y'^2-2(z'-1)^2=4$，作平移变换

$$x''=x'+2,\quad y''=y',\quad z''=z'-1 \quad 或 \quad x'=x''-2,\quad y'=y'',\quad z'=z''+1,$$

原二次曲面化为

$$x''^2+4y''^2-2z''^2=4$$

或

$$\frac{x''^2}{4}+y''^2-\frac{z''^2}{2}=1,$$

它是单叶双曲面的标准方程，参见文献[5].

例 5.11 已知二次型 $f=5x_1^2+5x_2^2+cx_3^2-2x_1x_2+6x_1x_3-6x_2x_3$ 的秩为 2.

(1) 求参数 c.

(2) 将 f 标准化，并指出 $f=1$ 表示何种二次曲面.

解 二次型 f 的矩阵为

$$\boldsymbol{A}=\begin{pmatrix}5&-1&3\\-1&5&-3\\3&-3&c\end{pmatrix},$$

因为

$$\boldsymbol{A}=\begin{pmatrix}5&-1&3\\-1&5&-3\\3&-3&c\end{pmatrix}\xrightarrow{r_1\leftrightarrow r_2}\begin{pmatrix}-1&5&-3\\5&-1&3\\3&-3&c\end{pmatrix}\xrightarrow[3r_1+r_3]{5r_1+r_2}\begin{pmatrix}-1&5&-3\\0&24&-12\\0&12&c-9\end{pmatrix}$$

$$\xrightarrow{\frac{1}{12}r_2}\begin{pmatrix}-1&5&-3\\0&2&-1\\0&12&c-9\end{pmatrix}\xrightarrow{-6r_2+r_3}\begin{pmatrix}-1&5&-3\\0&2&-1\\0&0&c-3\end{pmatrix},$$

且 $R(\boldsymbol{A})=2$，于是 $c=3$. 这时由

$$|\boldsymbol{A}-\lambda\boldsymbol{E}|=\begin{vmatrix}5-\lambda&-1&3\\-1&5-\lambda&-3\\3&-3&3-\lambda\end{vmatrix}=-\lambda(\lambda-4)(\lambda-9)=0,$$

得 $\boldsymbol{A}$ 的特征值为 0,4,9.

因此 f 经过正交变换化为 $4y_2^2+9y_3^2$，进而 $f=1$ 即 $4y_2^2+9y_3^2=1$ 表示椭圆柱面.

例 5.12 已知二次型 $f=2x_1^2+3x_2^2+3x_3^2+2ax_2x_3\,(a>0)$ 经过正交变换化成的标准形为 $f=y_1^2+2y_2^2+5y_3^2$，求参数 a 及所用的正交变换.

解 二次型 f 的矩阵为

$$\boldsymbol{A}=\begin{pmatrix}2&0&0\\0&3&a\\0&a&3\end{pmatrix},$$

由标准形为 $f=y_1^2+2y_2^2+5y_3^2$，知 A 的特征值为 1,2,5.

由于

$$|\boldsymbol{A}-\lambda\boldsymbol{E}|=\begin{vmatrix}2-\lambda & 0 & 0\\ 0 & 3-\lambda & a\\ 0 & a & 3-\lambda\end{vmatrix}=-(\lambda-2)(\lambda^2-6\lambda+a^2-9),$$

由于 1 和 5 是 $\lambda^2-6\lambda+a^2-9=0$ 的根，故得 $a=2,a=-2$(舍去). 因而

$$\boldsymbol{A}=\begin{pmatrix}2 & 0 & 0\\ 0 & 3 & 2\\ 0 & 2 & 3\end{pmatrix}.$$

当 $\lambda=1$ 时，齐次线性方程组 $(\boldsymbol{A}-\boldsymbol{E})\boldsymbol{x}=\boldsymbol{0}$ 的基础解系为 $\boldsymbol{\alpha}_1=\begin{pmatrix}0\\ 1\\ -1\end{pmatrix}$.

当 $\lambda=2$ 时，齐次线性方程组 $(\boldsymbol{A}-2\boldsymbol{E})\boldsymbol{x}=\boldsymbol{0}$ 的基础解系为 $\boldsymbol{\alpha}_2=\begin{pmatrix}1\\ 0\\ 0\end{pmatrix}$.

当 $\lambda=5$ 时，齐次线性方程组 $(\boldsymbol{A}-5\boldsymbol{E})\boldsymbol{x}=\boldsymbol{0}$ 的基础解系为 $\boldsymbol{\alpha}_3=\begin{pmatrix}0\\ 1\\ 1\end{pmatrix}$.

再单位化，得

$$\boldsymbol{p}_1==\begin{pmatrix}0\\ \frac{1}{\sqrt{2}}\\ -\frac{1}{\sqrt{2}}\end{pmatrix},\quad \boldsymbol{p}_2==\begin{pmatrix}1\\ 0\\ 0\end{pmatrix},\quad \boldsymbol{p}_3==\begin{pmatrix}0\\ \frac{1}{\sqrt{2}}\\ \frac{1}{\sqrt{2}}\end{pmatrix}.$$

于是，所求的正交矩阵为

$$\begin{pmatrix}0 & 1 & 0\\ \frac{1}{\sqrt{2}} & 0 & \frac{1}{\sqrt{2}}\\ -\frac{1}{\sqrt{2}} & 0 & \frac{1}{\sqrt{2}}\end{pmatrix}.$$

由 5.2 节及前面的讨论可知，二次型的标准形是不唯一的，但有下述**惯性定理**(inertial theorem)，它是 J. J. Sylvester 在 1852 年得出的，其证明略.

定理 5.4(惯性定理) 设 $f=\boldsymbol{x}^{\mathrm{T}}\boldsymbol{A}\boldsymbol{x}$ 是二次型，则 f 的任何标准化二次型中，正系数的个数和负系数的个数是不变的，且其和等于 f 的秩.

正系数的个数称为**正惯性指数**(positive inertia index)，负系数的个数称为**负惯性指数**(negative inertia index).

5.5 正定二次型与正定矩阵

设 $f(x_1,x_2,\cdots,x_n)=\boldsymbol{x}^{\mathrm{T}}\boldsymbol{A}\boldsymbol{x}$ 是 n 元二次型，由惯性定理知，f 的任何标准化二次型中，正惯性指数是不变的. 有些 n 元二次型的正惯性指数为未知量的个数 n，这样的二次型就是下面定义的正定二次型.

5.5.1 正定二次型

定义 5.9 设 $f(x_1,x_2,\cdots,x_n)=\boldsymbol{x}^{\mathrm{T}}\boldsymbol{A}\boldsymbol{x}$ 是二次型，若对于任意 $\boldsymbol{x}\neq\boldsymbol{0}$，都有 $f(\boldsymbol{x})>0$，则称 f 为**正定二次型**(positive definite quadratic form).

根据定义容易知道，二次型 $f(x_1,x_2)=2x_1^2+x_2^2$ 是正定的，而二次型 $f(x_1,x_2)=2x_1^2+4x_1x_2+x_2^2$ 不是正定的，因为

$$f(1,-1)=2\times1^2+4\times1\times(-1)+(-1)^2=-1<0.$$

若 $f(x_1,x_2,\cdots,x_n)=\boldsymbol{x}^{\mathrm{T}}\boldsymbol{A}\boldsymbol{x}$ 是正定二次型，则对于任意 $i(i=1,2,\cdots,n)$，取 $\boldsymbol{x}=(0,\cdots,0,1,0,\cdots,0)^{\mathrm{T}}$，其中第 i 分量为 1，其余分量均为 0. 由于 $f(x_1,x_2,\cdots,x_n)>0$ 知 $a_{ii}>0,i=1,2,\cdots,n$.

下面证明如下的定理.

定理 5.5 n 元二次型 $f(x_1,x_2,\cdots,x_n)=\boldsymbol{x}^{\mathrm{T}}\boldsymbol{A}\boldsymbol{x}$ 正定的充要条件是 f 的正惯性指数为 n.

证 设二次型 f 在可逆线性变换 $\boldsymbol{x}=\boldsymbol{P}\boldsymbol{y}$ 下的标准形为

$$f(\boldsymbol{x})\overset{\boldsymbol{x}=\boldsymbol{P}\boldsymbol{y}}{=\!=\!=}k_1y_1^2+k_2y_2^2+\cdots+k_ny_n^2.$$

($\Rightarrow$) 若存在某 $k_i\leqslant0$，取 $y=\boldsymbol{e}_i=(0,\cdots,0,1,0,\cdots,0)^{\mathrm{T}}$. 由于 $\boldsymbol{P}$ 可逆，$\boldsymbol{x}=\boldsymbol{P}\boldsymbol{y}\neq\boldsymbol{0}$，这时 $f(x)=k_i\leqslant0$，与 f 正定条件矛盾. 因此，$k_i>0,i=1,2,\cdots,n$.

($\Leftarrow$) 假设 $k_i>0,i=1,2,\cdots,n$，则对于任意 $\boldsymbol{x}\neq\boldsymbol{0}$，有 $\boldsymbol{y}=\boldsymbol{P}^{-1}\boldsymbol{x}\neq\boldsymbol{0}$，进而

$$f(\boldsymbol{x})=k_1y_1^2+k_2y_2^2+\cdots+k_ny_n^2>0.$$

所以，f 正定.

对于任意二次型 f，由于必存在一个正交变换 $\boldsymbol{x}=\boldsymbol{P}\boldsymbol{y}$，将 f 标准化，且标准形中平方项的系数为二次型 f 的矩阵的特征值，所以正定二次型 f 的矩阵的特征值全为正，即 $\lambda_i>0(i=1,2,\cdots,n)$.

设二元二次型 $f(x,y)$ 正定，则 $f(x,y)=c>0$ 的标准方程为 $\lambda_1x'^2+\lambda_2y'^2=c$，其图形是以原点为中心的椭圆. 三元二次型 $f(x,y,z)$ 正定，则 $f(x,y,z)=c>0$ 的标准方程为 $\lambda_1x'^2+\lambda_2y'^2+\lambda_3z'^2=c$，其图形是以原点为中心的椭球面.

5.5.2 正定矩阵

定义 5.10 正定二次型的矩阵称为**正定矩阵**(positive definite matrix).

由于二次型的矩阵是实对称矩阵,因此正定矩阵仅对实对称阵而言.经过前面的分析,有下面的定理.

定理 5.6 n 阶实对称矩阵 $\boldsymbol{A}$ 正定的充要条件是 $\boldsymbol{A}$ 的特征值全为正.

根据上述定理,容易得出:若实对称矩阵 $\boldsymbol{A}$ 正定,则 $k\boldsymbol{A}(k>0)$,$\boldsymbol{A}^{-1}$,$\boldsymbol{A}^*$,$\boldsymbol{A}^2$ 正定.

例 5.13 设 n 阶实对称矩阵 $\boldsymbol{A}$ 和 $\boldsymbol{B}$ 是正定矩阵,则 $\boldsymbol{A}+\boldsymbol{B}$ 正定.

证 因为 $\boldsymbol{A}$ 和 $\boldsymbol{B}$ 是正定矩阵,所以 $\boldsymbol{A}^{\mathrm{T}}=\boldsymbol{A}$,$\boldsymbol{B}^{\mathrm{T}}=\boldsymbol{B}$ 且对于任意 $\boldsymbol{x}\neq\boldsymbol{0}$,都有

$$\boldsymbol{x}^{\mathrm{T}}\boldsymbol{A}\boldsymbol{x}>0,\quad \boldsymbol{x}^{\mathrm{T}}\boldsymbol{B}\boldsymbol{x}>0.$$

于是 $(\boldsymbol{A}+\boldsymbol{B})^{\mathrm{T}}=\boldsymbol{A}^{\mathrm{T}}+\boldsymbol{B}^{\mathrm{T}}=\boldsymbol{A}+\boldsymbol{B}$,且 $\boldsymbol{x}^{\mathrm{T}}(\boldsymbol{A}+\boldsymbol{B})\boldsymbol{x}=\boldsymbol{x}^{\mathrm{T}}\boldsymbol{A}\boldsymbol{x}+\boldsymbol{x}^{\mathrm{T}}\boldsymbol{B}\boldsymbol{x}>0$,因此 $\boldsymbol{A}+\boldsymbol{B}$ 正定.

注意 对于 n 阶正定矩阵 $\boldsymbol{A}$ 和 $\boldsymbol{B}$,由于 $\boldsymbol{AB}$ 不一定是对称矩阵,例如可以验证 $\boldsymbol{A}=\begin{pmatrix}2&1\\1&2\end{pmatrix}$ 和 $\boldsymbol{B}=\begin{pmatrix}3&1\\1&2\end{pmatrix}$ 是正定矩阵,而 $\boldsymbol{AB}=\begin{pmatrix}7&4\\5&5\end{pmatrix}$ 不对称,因此 $\boldsymbol{AB}$ 不一定是正定矩阵.

对于实对称矩阵 $\boldsymbol{A}$ 正定性的判断,我们仅介绍著名的**赫尔维茨定理**(Hurwitz theorem).

定理 5.7(Hurwitz 定理) n 阶实对称矩阵 $\boldsymbol{A}=(a_{ij})_{n\times n}$ 正定的充要条件是 $\boldsymbol{A}$ 的各阶顺序主子式都为正,即

$$a_{11}>0,\quad \begin{vmatrix}a_{11}&a_{12}\\a_{21}&a_{22}\end{vmatrix}>0,\quad \cdots,\quad \begin{vmatrix}a_{11}&a_{12}&\cdots&a_{1n}\\a_{21}&a_{22}&\cdots&a_{2n}\\\vdots&\vdots&&\vdots\\a_{n1}&a_{n2}&\cdots&a_{nn}\end{vmatrix}>0.$$

例 5.14 判定实对称矩阵

$$\boldsymbol{A}=\begin{pmatrix}5&2&3\\2&4&-1\\3&-1&1\end{pmatrix}$$

是否正定.

解 $\boldsymbol{A}$ 的各阶顺序主子式分别为

$$5>0,\quad \begin{vmatrix}5&2\\2&4\end{vmatrix}=16>0,\quad \begin{vmatrix}5&2&3\\2&4&-1\\3&-1&1\end{vmatrix}=-37<0,$$

所以 $\boldsymbol{A}$ 不是正定矩阵.

例 5.15 t 满足何条件时,二次型

$$f=x_1^2+2x_2^2+x_3^2+2x_1x_2+2tx_1x_3$$

正定.

解　二次型 f 的矩阵为

$$A=\begin{pmatrix}1&1&t\\1&2&0\\t&0&1\end{pmatrix},$$

其各阶顺序主子式都为

$$1>0,\quad \begin{vmatrix}1&1\\1&2\end{vmatrix}=1>0,\begin{vmatrix}1&1&t\\1&2&0\\t&0&1\end{vmatrix}=1-2t^2,$$

所以 $\boldsymbol{A}$ 正定当且仅当 $1-2t^2>0$,即 $-\frac{1}{\sqrt{2}}<t<\frac{1}{\sqrt{2}}$.

例 5.16　设 $\boldsymbol{A}$ 是秩为2的三阶实对称矩阵且 $\boldsymbol{A}^2+2\boldsymbol{A}=\boldsymbol{0}$,当 k 取何值时,$\boldsymbol{A}+k\boldsymbol{E}$ 正定.

解　设 λ 是 $\boldsymbol{A}$ 的特征值,则 $\boldsymbol{A}^2+2\boldsymbol{A}$ 的特征值满足方程 $\lambda^2+2\lambda=0$,于是 $\lambda=0$ 且 $\lambda=-2$.

因为实对称矩阵均可对角化,根据 $R(\boldsymbol{A})=2$ 知,齐次线性方程组 $(\boldsymbol{A}-0\boldsymbol{E})\boldsymbol{x}=\boldsymbol{0}$ 的基础解系中仅一组解向量,进而 $\lambda=-2$ 是 $\boldsymbol{A}$ 的二重特征值. 因此,$\boldsymbol{A}+k\boldsymbol{E}$ 的特征值为 $-2+k$, $-2+k$, k. 由于 $\boldsymbol{A}+k\boldsymbol{E}$ 正定的充要条件是 $\boldsymbol{A}+k\boldsymbol{E}$ 的特征值全为正,所以 $k>2$.

例 5.17　设 $\boldsymbol{A}$ 是实对称矩阵,则 $\boldsymbol{A}$ 正定的充要条件是 $\boldsymbol{A}$ 与 $\boldsymbol{E}$ 合同,即存在可逆矩阵 $\boldsymbol{U}$,使得 $\boldsymbol{A}=\boldsymbol{U}^{\mathrm{T}}\boldsymbol{U}$.

证　因为 $\boldsymbol{A}$ 是实对称矩阵,存在正交矩阵 $\boldsymbol{P}$,使得

$$\boldsymbol{P}^{-1}\boldsymbol{A}\boldsymbol{P}=\operatorname{diag}(\lambda_1,\lambda_2,\cdots,\lambda_n),$$

即 $\boldsymbol{A}=\boldsymbol{P}\operatorname{diag}(\lambda_1,\lambda_2,\cdots,\lambda_n)\boldsymbol{P}^{-1}$.

(⇒) 若 $\boldsymbol{A}$ 正定,则 $\lambda_i>0(i=1,2,\cdots,n)$. 令

$$\boldsymbol{U}=\operatorname{diag}(\sqrt{\lambda_1},\sqrt{\lambda_2},\cdots,\sqrt{\lambda_n})\boldsymbol{P}^{\mathrm{T}},$$

则

$$\begin{aligned}\boldsymbol{U}^{\mathrm{T}}\boldsymbol{U}&=\boldsymbol{P}\operatorname{diag}(\sqrt{\lambda_1},\sqrt{\lambda_2},\cdots,\sqrt{\lambda_n})\cdot\operatorname{diag}(\sqrt{\lambda_1},\sqrt{\lambda_2},\cdots,\sqrt{\lambda_n})\boldsymbol{P}^{\mathrm{T}}\\&=\boldsymbol{P}\operatorname{diag}(\lambda_1,\lambda_2,\cdots,\lambda_n)\boldsymbol{P}^{\mathrm{T}}=\boldsymbol{P}\operatorname{diag}(\lambda_1,\lambda_2,\cdots,\lambda_n)\boldsymbol{P}^{-1}=\boldsymbol{A},\end{aligned}$$

即 $\boldsymbol{A}=\boldsymbol{U}^{\mathrm{T}}\boldsymbol{U}$.

(⇐) 若 $\boldsymbol{A}=\boldsymbol{U}^{\mathrm{T}}\boldsymbol{U}$,则对于任意 $\boldsymbol{x}\neq\boldsymbol{0}$,由于 $\boldsymbol{U}$ 可逆,$\boldsymbol{U}\boldsymbol{x}\neq\boldsymbol{0}$ 这时

$$\boldsymbol{x}^{\mathrm{T}}\boldsymbol{A}\boldsymbol{x}=\boldsymbol{x}^{\mathrm{T}}(\boldsymbol{U}^{\mathrm{T}}\boldsymbol{U})\boldsymbol{x}=(\boldsymbol{x}^{\mathrm{T}}\boldsymbol{U}^{\mathrm{T}})(\boldsymbol{U}\boldsymbol{x})=(\boldsymbol{U}\boldsymbol{x})^{\mathrm{T}}(\boldsymbol{U}\boldsymbol{x})=(\boldsymbol{U}\boldsymbol{x},\boldsymbol{U}\boldsymbol{x})>0,$$

所以 $\boldsymbol{A}$ 正定.

例 5.18　设 n 阶实对称矩阵 $\boldsymbol{A}$ 和 $\boldsymbol{B}$ 是正定矩阵,若 $\boldsymbol{AB}=\boldsymbol{BA}$,则 $\boldsymbol{AB}$ 正定.

证　因为 $\boldsymbol{A}$ 和 $\boldsymbol{B}$ 是对称矩阵且 $\boldsymbol{AB}=\boldsymbol{BA}$,于是 $(\boldsymbol{AB})^{\mathrm{T}}=\boldsymbol{B}^{\mathrm{T}}\boldsymbol{A}^{\mathrm{T}}=\boldsymbol{BA}=\boldsymbol{AB}$,所以 $\boldsymbol{AB}$ 是对称矩阵.

由于 $\boldsymbol{A}$ 和 $\boldsymbol{B}$ 是正定矩阵,存在可逆矩阵 $\boldsymbol{U}$ 和 $\boldsymbol{V}$,使得 $\boldsymbol{A}=\boldsymbol{U}^{\mathrm{T}}\boldsymbol{U}$ 且 $\boldsymbol{B}=\boldsymbol{V}^{\mathrm{T}}\boldsymbol{V}$,取 $\boldsymbol{R}=\boldsymbol{V}\boldsymbol{U}^{\mathrm{T}}$,则 $\boldsymbol{R}$ 可逆且

$$\begin{aligned}
\boldsymbol{AB} &= \boldsymbol{U}^{\mathrm{T}}\boldsymbol{U}\cdot\boldsymbol{V}^{\mathrm{T}}\boldsymbol{V} = \boldsymbol{V}^{-1}\boldsymbol{V}\cdot\boldsymbol{U}^{\mathrm{T}}\boldsymbol{U}\boldsymbol{V}^{\mathrm{T}}\boldsymbol{V} \\
&= \boldsymbol{V}^{-1}\cdot\boldsymbol{V}\boldsymbol{U}^{\mathrm{T}}\boldsymbol{U}\boldsymbol{V}^{\mathrm{T}}\cdot\boldsymbol{V} = \boldsymbol{V}^{-1}\cdot(\boldsymbol{U}\boldsymbol{V}^{\mathrm{T}})^{\mathrm{T}}\boldsymbol{U}\boldsymbol{V}^{\mathrm{T}}\cdot\boldsymbol{V} \\
&= \boldsymbol{V}^{-1}\cdot\boldsymbol{R}^{\mathrm{T}}\boldsymbol{R}\cdot\boldsymbol{V} = \boldsymbol{V}^{-1}\boldsymbol{C}\boldsymbol{V}.
\end{aligned}$$

这里 $\boldsymbol{C}=\boldsymbol{R}^{\mathrm{T}}\boldsymbol{R}$ 正定，进而 $\boldsymbol{C}$ 的特征值均为正. 由于 $\boldsymbol{AB}$ 与 $\boldsymbol{C}$ 相似，所以 $\boldsymbol{AB}$ 的特征值与 $\boldsymbol{C}$ 相同，即 $\boldsymbol{AB}$ 的特征值均为正，故 $\boldsymbol{AB}$ 正定.

最后，介绍几个关于正定性的其他几个概念.

设 $f(x_1,x_2,\cdots,x_n)=\boldsymbol{x}^{\mathrm{T}}\boldsymbol{A}\boldsymbol{x}$ 是二次型，若对于任意 $\boldsymbol{x}\neq\boldsymbol{0}$，都有 $f(\boldsymbol{x})\geqslant 0$，则称 f 为**半正定二次型**(positive semi-definite quadratic form). 若对于任意 $\boldsymbol{x}\neq\boldsymbol{0}$，都有 $f(\boldsymbol{x})<0$，则称 f 为**负定二次型**(negative definite quadratic form). 若对于任意 $\boldsymbol{x}\neq\boldsymbol{0}$ 都有 $f(\boldsymbol{x})\leqslant 0$，则称 f 为**半负定二次型**(negative semi-definite quadratic form).

显然，二次型 f 负定的充要条件是 $-f$ 正定. 实对称矩阵 $\boldsymbol{A}$ 负定的充要条件是 $-\boldsymbol{A}$ 正定.

习题 5

1. 写出下列二次型的矩阵.

(1) $f=x_1^2+x_2^2-2x_3^2+x_1x_2-3x_1x_3+4x_2x_3$；

(2) $f=x^2-2y^2-3z^2-3xy+4xz+yz$；

(3) $f=x_1x_2-3x_1x_3+4x_2x_3+x_2x_4$；

(4) $f=\sum\limits_{i,j=1}^{n}\dfrac{A_{ij}}{|\boldsymbol{A}|}x_ix_j$，其中 $\boldsymbol{A}=(a_{ij})_{n\times n}$ 是可逆的实对称矩阵，A_{ij} 是 $\boldsymbol{A}$ 中元素 a_{ij} 的代数余子式，$i,j=1,2,\cdots,n$.

2. 将下列二次型展开，并写出其矩阵形式：

(1) $f=\boldsymbol{x}^{\mathrm{T}}\begin{pmatrix}1 & 2\\ 3 & 4\end{pmatrix}\boldsymbol{x}$；　(2) $f=\boldsymbol{x}^{\mathrm{T}}\begin{pmatrix}-1 & 2 & 1\\ 3 & -2 & 2\\ 4 & 1 & -1\end{pmatrix}\boldsymbol{x}$.

3. 设二次型 $f=\boldsymbol{x}^{\mathrm{T}}\boldsymbol{A}\boldsymbol{x}$. 若对于任意的向量 $\boldsymbol{x}$，均有 $\boldsymbol{x}^{\mathrm{T}}\boldsymbol{A}\boldsymbol{x}=0$，则 $\boldsymbol{A}=\boldsymbol{0}$.

4. 设 $\boldsymbol{A}$ 和 $\boldsymbol{B}$ 是 n 阶方阵，若对于任意的 n 维向量 $\boldsymbol{x}$，均有 $\boldsymbol{x}^{\mathrm{T}}\boldsymbol{A}\boldsymbol{x}=\boldsymbol{x}^{\mathrm{T}}\boldsymbol{B}\boldsymbol{x}$，则 $\boldsymbol{A}=\boldsymbol{B}$.

5. 分别将下列线性变换写成矩阵形式，并求出依次经过变换(1)和变换(2)得到的线性变换：

(1) $\begin{cases}x_1=2y_1+y_2-3y_3-y_4,\\ x_2=y_1-3y_2-2y_3,\\ x_3=-y_2+4y_3,\\ x_4=y_4;\end{cases}$　(2) $\begin{cases}y_1=\sqrt{3}z_1,\\ y_2=z_2,\\ y_3=2z_3,\\ y_4=-z_4.\end{cases}$

6. 用配方法求下列二次型的标准形，并写出相应的可逆线性变换：

(1) $f=x_1^2+2x_2^2+5x_3^2+2x_1x_2+2x_1x_3+6x_2x_3$；

(2) $f=x_1x_2+x_1x_3-3x_2x_3$.

7. 已知$\boldsymbol{\alpha}=\begin{pmatrix}2\\3\\1\\2\end{pmatrix}$，$\boldsymbol{\beta}=\begin{pmatrix}1\\-2\\2\\1\end{pmatrix}$，求$(\boldsymbol{\alpha},\boldsymbol{\beta})$，$\|\boldsymbol{\alpha}\|$，$\|\boldsymbol{\beta}\|$，$\|\boldsymbol{\alpha}-\boldsymbol{\beta}\|$.

8. 求一个单位向量使其与

$$\boldsymbol{\alpha}_1=\begin{pmatrix}1\\-2\\4\\2\end{pmatrix},\quad \boldsymbol{\alpha}_2=\begin{pmatrix}1\\0\\0\\0\end{pmatrix},\quad \boldsymbol{\alpha}_3=\begin{pmatrix}3\\4\\3\\2\end{pmatrix}$$

都正交.

9. 已知线性无关的向量组

$$\boldsymbol{\alpha}_1=\begin{pmatrix}0\\0\\1\\1\end{pmatrix},\quad \boldsymbol{\alpha}_2=\begin{pmatrix}1\\0\\0\\-1\end{pmatrix},\quad \boldsymbol{\alpha}_3=\begin{pmatrix}0\\1\\0\\1\end{pmatrix},\quad \boldsymbol{\alpha}_4=\begin{pmatrix}1\\-1\\-1\\1\end{pmatrix},$$

用施密特方法将其单位正交化.

10. 设$\boldsymbol{A}$是秩为2的5×4矩阵，且

$$\boldsymbol{\alpha}_1=\begin{pmatrix}1\\1\\2\\3\end{pmatrix},\quad \boldsymbol{\alpha}_2=\begin{pmatrix}-1\\1\\4\\-1\end{pmatrix}$$

是齐次线性方程组$\boldsymbol{Ax}=\boldsymbol{0}$的解向量，求$\boldsymbol{Ax}=\boldsymbol{0}$的解空间的一个单位正交基.

11. 已知向量$\boldsymbol{\alpha}_1=\begin{pmatrix}1\\1\\-1\end{pmatrix}$，求非零向量$\boldsymbol{\alpha}_2$，$\boldsymbol{\alpha}_3$，使$\boldsymbol{\alpha}_1$，$\boldsymbol{\alpha}_2$，$\boldsymbol{\alpha}_3$是正交向量组.

12. 判断矩阵

$$\begin{pmatrix}1 & -\frac{1}{2} & \frac{1}{3}\\ -\frac{1}{2} & 1 & \frac{1}{2}\\ \frac{1}{3} & \frac{1}{2} & -1\end{pmatrix}$$

是否是正交矩阵？

13. 已知正交矩阵 $\boldsymbol{A}$ 的前 3 行分别为 $\boldsymbol{\alpha}_1=\left(\frac{1}{2},-\frac{1}{2},-\frac{1}{2},-\frac{1}{2}\right)$，$\boldsymbol{\alpha}_2=\left(-\frac{1}{2},\frac{1}{2},-\frac{1}{2},-\frac{1}{2}\right)$，$\boldsymbol{\alpha}_3=\left(-\frac{1}{2},-\frac{1}{2},\frac{1}{2},-\frac{1}{2}\right)$，求 $\boldsymbol{A}$.

14. 设 $\boldsymbol{A}$ 是正交矩阵，则 $\boldsymbol{A}$ 的伴随矩阵 $\boldsymbol{A}^*$ 也是正交矩阵.

15. 求一个正交矩阵 $\boldsymbol{P}$，将下列实对称矩阵 $\boldsymbol{A}$ 对角化：

(1) $\begin{pmatrix} 2 & -2 & 0 \\ -2 & 1 & -2 \\ 0 & -2 & 0 \end{pmatrix}$；　(2) $\begin{pmatrix} 1 & -2 & -2 \\ -2 & 4 & -1 \\ -2 & -1 & 4 \end{pmatrix}$.

16. 设三阶实对称矩阵 $\boldsymbol{A}$ 的特征值为 $\lambda_1=9,\lambda_2=-9,\lambda_3=0$，与特征值 λ_1,λ_2 对应的特征向量分别为 $\boldsymbol{\xi}_1=\begin{pmatrix} 2 \\ 2 \\ 1 \end{pmatrix}$，$\boldsymbol{\xi}_2=\begin{pmatrix} -2 \\ 1 \\ 2 \end{pmatrix}$，求 $\boldsymbol{A}$.

17. 设三阶实对称矩阵 $\boldsymbol{A}$ 的特征值为 $\lambda_1=1,\lambda_2=2,\lambda_3=-2$，$\boldsymbol{A}$ 的对应于特征值 λ_1 的特征向量为 $\boldsymbol{\alpha}_1=\begin{pmatrix} 1 \\ -1 \\ 1 \end{pmatrix}$. 令矩阵 $\boldsymbol{B}=\boldsymbol{A}^5-4\boldsymbol{A}^3+\boldsymbol{E}$.

(1) 验证 $\boldsymbol{\alpha}_1$ 是 $\boldsymbol{B}$ 的特征向量，并求出 $\boldsymbol{B}$ 的所有特征值及特征向量；

(2) 计算矩阵 $\boldsymbol{B}$.

18. 设 $\boldsymbol{A}$ 和 $\boldsymbol{B}$ 是实对称矩阵，若 $\boldsymbol{A}$ 和 $\boldsymbol{B}$ 的特征多项式相同，则 $\boldsymbol{A}\sim\boldsymbol{B}$.

19. 设

$$\boldsymbol{A}=\begin{pmatrix} 1 & 1 & 1 & 1 \\ 1 & 1 & 1 & 1 \\ 1 & 1 & 1 & 1 \\ 1 & 1 & 1 & 1 \end{pmatrix},\quad \boldsymbol{B}=\begin{pmatrix} 4 & 0 & 0 & 0 \\ 0 & 0 & 0 & 0 \\ 0 & 0 & 0 & 0 \\ 0 & 0 & 0 & 0 \end{pmatrix},$$

讨论 $\boldsymbol{A}$ 与 $\boldsymbol{B}$ 是否等价、相似或合同.

20. 求一个正交变换将二次曲面的方程

$$5x^2+5y^2+8xy=1$$

化成标准方程.

21. 设二次曲面的方程为 $ax^2+2bxy+cy^2=1$，证明：

(1) 当 $b^2<ac$ 且 $a+c>0$ 时，曲线是椭圆；

(2) 当 $b^2>ac$ 时，曲线是双曲线.

22. 用正交变换将下列二次型化成标准形，并写出所用的正交变换：

(1) $f=x_1^2+x_2^2+2x_3^2+4x_1x_2+2x_1x_3+2x_2x_3$；

(2) $f=x_1^2+4x_2^2+4x_3^2-4x_1x_2+4x_1x_3-8x_2x_3$.

23. 设 n 元二次型 $f=\boldsymbol{x}^{\mathrm{T}}\boldsymbol{A}\boldsymbol{x}$，矩阵 $\boldsymbol{A}$ 的特征值为 $\lambda_1,\lambda_2,\cdots,\lambda_n$ 且 $\lambda_1=\max\limits_{i=1,2,\cdots,n}\{\lambda_i\}$，则在 $\|\boldsymbol{x}\|=1$ 条件下 f 的最大值为 λ_1.

24. 已知二次型

$$f=a(x_1^2+x_2^2+x_3^2)+4x_1x_2+4x_1x_3+4x_2x_3$$

经正交变换 $\boldsymbol{x}=\boldsymbol{P}\boldsymbol{y}$ 化为标准形 $f=6y_1^2$，求参数 a.

25. 已知二次曲面 $x_1^2+ax_2^2+x_3^2+2bx_1x_2+2x_1x_3+2x_2x_3=4$ 可以经过正交变换 $\boldsymbol{x}=\boldsymbol{P}\boldsymbol{y}$ 化为椭圆柱面方程 $y_1^2+4y_2^2=4$，求 a 和 b 以及 $\boldsymbol{P}$.

26. 已知二次型

$$f(x_1,x_2,x_3)=(1-a)x_1^2+(1-a)x_2^2+2x_3^2+2(1+a)x_1x_2$$

的秩为2.

(1) 求参数 a；

(2) 求正交变换 $\boldsymbol{x}=\boldsymbol{P}\boldsymbol{y}$ 将 f 标准化，并指出它表示何种二次曲面；

(3) 求 $f(x_1,x_2,x_3)=0$ 的解.

27. 设三阶实对称矩阵 $\boldsymbol{A}$ 的各行元素之和均为3，向量

$$\boldsymbol{\xi}_1=\begin{pmatrix}-1\\2\\-1\end{pmatrix},\quad \boldsymbol{\xi}_2=\begin{pmatrix}0\\-1\\1\end{pmatrix}$$

是线性方程组 $\boldsymbol{A}\boldsymbol{x}=\boldsymbol{0}$ 的两个解.

(1) 求 $\boldsymbol{A}$ 的特征值与特征向量；

(2) 求正交矩阵 $\boldsymbol{P}$ 和对角矩阵 $\boldsymbol{\Lambda}$，使得 $\boldsymbol{P}^{\mathrm{T}}\boldsymbol{A}\boldsymbol{P}=\boldsymbol{\Lambda}$.

28. 判断下列二次型是否正定：

(1) $f=2x_1^2+5x_2^2+4x_3^2+2x_1x_2+2x_1x_3$；

(2) $f=6x_1^2+3x_2^2-x_3^2+4x_1x_2+2x_2x_3$.

29. t 满足何条件时，二次型

$$f=x_1^2+x_2^2+5x_3^2+2tx_1x_2-2x_1x_3+4x_2x_3$$

正定.

30. 已知 n 阶实对称矩阵 $\boldsymbol{A}=(a_{ij})_{n\times n}$ 正定，证明

(1) $a_{ii}>0, i=1,2,\cdots,n$；

(2) $|\boldsymbol{A}+\boldsymbol{E}|>1$.

31. 设 $\boldsymbol{A}$ 和 $\boldsymbol{B}$ 分别是 n 阶和 m 阶正定矩阵，证明：分块矩阵 $\begin{pmatrix}\boldsymbol{A} & \boldsymbol{0}\\ \boldsymbol{0} & \boldsymbol{B}\end{pmatrix}$ 是正定矩阵.

32. 设 $\boldsymbol{A}$ 是 n 阶正定矩阵，证明：存在实数 λ 使得 $\boldsymbol{A}-\lambda\boldsymbol{E}$ 是正定矩阵.

33. 设$\boldsymbol{A}=\begin{pmatrix}1&0&1\\0&2&0\\1&0&1\end{pmatrix}$，且$\boldsymbol{B}=(\boldsymbol{A}-k\boldsymbol{E})^2$，问$k$取何值时，$\boldsymbol{B}$是正定矩阵.

34. 设n元实二次型

$$f=(x_1+a_1x_2)^2+(x_2+a_2x_3)^2+\cdots+(x_{n-1}+a_{n-1}x_{n-1})^2+(x_n+a_nx_1)^2,$$

问$a_1,a_2,\cdots,a_n$满足何条件时，f是正定二次型.

35. 设$\boldsymbol{A}$为m阶正定矩阵，$\boldsymbol{B}$为$m\times n$实矩阵，证明：$\boldsymbol{B}^{\mathrm{T}}\boldsymbol{A}\boldsymbol{B}$为正定矩阵的充要条件是$R(\boldsymbol{B})=n$.

36. 设$\boldsymbol{A}$是实对称矩阵，则对于任意正奇数k，均存在矩阵$\boldsymbol{B}$使得$\boldsymbol{A}=\boldsymbol{B}^k$.

附录A 中英文名词索引

$\boldsymbol{A}$ 的 k 次幂　the k powers of $\boldsymbol{A}$

$\boldsymbol{A}$ 和 $\boldsymbol{B}$ 的差　subtraction of $\boldsymbol{A}$ and $\boldsymbol{B}$

$\boldsymbol{A}$ 与 $\boldsymbol{B}$ 的乘积　multiplication of $\boldsymbol{A}$ and $\boldsymbol{B}$

$\boldsymbol{A}$ 与 $\boldsymbol{B}$ 的和　addition of $\boldsymbol{A}$ and $\boldsymbol{B}$

k 阶子式　subdeterminant with order k

$m\times n$ 矩阵　matrix of size $m\times n$

m 维向量　m-dimensional vector

n 阶单位阵　identity matrix of order n

n 阶对角阵　diagonal matrix of order n

n 阶方阵/n 阶矩阵　square matrix of order n/matrix of order n

n 阶行列式　determinant of order n

n 元二次型　quadratic form with n variables

$\boldsymbol{\alpha}$ 和 $\boldsymbol{\beta}$ 的和　addition of $\boldsymbol{\alpha}$ and $\boldsymbol{\beta}$

$\boldsymbol{\alpha}$ 和 $\boldsymbol{\beta}$ 的夹角　angle between $\boldsymbol{\alpha}$ and $\boldsymbol{\beta}$

半负定二次型　negative semi-definite quadratic form

半正定二次型　positive semi-definite quadratic form

伴随矩阵　associated/adjoint matrix

变换　transformation

标准二次型　standard quadratic form

标准形　standardized form

常数项　constant

初等变换　elementary operations

初等矩阵　elementary matrix

次对角线　secondary diagonal

错切变换　shear transformation

单位化　normalizing

单位向量　unit vector

单位正交基　orthonormal basis

第 i 行元素　the i-th row

第 j 列元素　the j-th column

对称矩阵　symmetric matrix

对角化　diagonalizable

对应于 λ 的特征向量　eigenvector corresponding to the eigenvalue λ

二次型 f 的矩阵　matrix of the quadratic form f

二次型 f 的秩　rank of the quadratic form f

二阶行列式　determinant of order 2

反对称矩阵　antisymmetric matrix

反射变换　reflection transformation

非零解　nonzero solution

非齐次线性方程组　non-homogeneous linear equations

非线性方程　nonlinear equation

分块对角阵　block diagonal matrix

分块矩阵　block matrix

分量/坐标　component/coordinate

负定二次型　negative definite quadratic form

负惯性指数　negative inertia index

负矩阵　negative matrix

负向量　negative vector

复矩阵　complex matrix

复向量　complex vector

高斯消元法　Gaussian elimination method

格拉姆-施密特方法　Gram-Schmidt method

惯性定理　inertial theorem

规范二次型　normal quadratic form

规范形　normalized form

过渡矩阵　transition matrix

合同　contractible

赫尔维茨定理　Hurwitz theorem

行阶梯形矩阵　row echelon matrix

行列展开法则/Laplace 定理　rule of row-column expansion/Laplace theorem

行最简形矩阵　reduced row echelon form of a matrix，rref

齐次线性方程组　homogeneous linear equations

迹　trace

附录B　习题答案

习题 1

1. $A=1, B=1, C=-1$.

2. $\boldsymbol{A}^{\mathrm{T}}=\begin{pmatrix}2 & 1 & 3 & -5\\ 3 & 2 & 8 & 7\\ 1 & 0 & -2 & -2\\ -3 & -3 & 3 & -1\end{pmatrix}$，$\boldsymbol{A}$ 不是对称矩阵.

3. (1) $\boldsymbol{A}=\begin{pmatrix}1 & 1 & -1 & 2\\ 2 & 1 & 0 & -3\\ -2 & 0 & -2 & 10\end{pmatrix}$，$\boldsymbol{B}=\begin{pmatrix}1 & 1 & -1 & 2 & 3\\ 2 & 1 & 0 & -3 & 1\\ -2 & 0 & -2 & 10 & 4\end{pmatrix}$.

(2) $\boldsymbol{A}=\begin{pmatrix}1 & 2 & 1 & -1\\ 3 & 6 & -1 & -3\\ 5 & 10 & 1 & -5\end{pmatrix}$，$\boldsymbol{B}=\begin{pmatrix}1 & 2 & 1 & -1 & 0\\ 3 & 6 & -1 & -3 & 0\\ 5 & 10 & 1 & -5 & 0\end{pmatrix}$.

4. (1) $\begin{pmatrix}1 & 2 & 2 & 1\\ 2 & 1 & -2 & -2\\ 1 & -1 & -4 & -3\end{pmatrix}\rightarrow\begin{pmatrix}1 & 2 & 2 & 1\\ 0 & -3 & -6 & -4\\ 0 & 0 & 0 & 0\end{pmatrix}\rightarrow\begin{pmatrix}1 & 0 & -2 & -\frac{5}{3}\\ 0 & 1 & 2 & \frac{4}{3}\\ 0 & 0 & 0 & 0\end{pmatrix}$.

(2) $\begin{pmatrix}0 & -2 & 1 & 1 & 0 & 0\\ 3 & 0 & -2 & 0 & 1 & 0\\ -2 & 3 & 0 & 0 & 0 & 1\end{pmatrix}\rightarrow\begin{pmatrix}1 & 3 & -2 & 0 & 1 & 1\\ 0 & -1 & 0 & -4 & -2 & -3\\ 0 & 0 & 1 & 9 & 4 & 6\end{pmatrix}\rightarrow\begin{pmatrix}1 & 0 & 0 & 6 & 3 & 4\\ 0 & 1 & 0 & 4 & 2 & 3\\ 0 & 0 & 1 & 9 & 4 & 6\end{pmatrix}$.

5. (1) 3.

(2) 当 $k=1$ 时，$R(\boldsymbol{A})=1$. 当 $k=-2$ 时，$R(\boldsymbol{A})=2$. 当 $k\neq 1,-2$ 时，$R(\boldsymbol{A})=3$.

6. (1) $\begin{cases}x_1=-k+1\\ x_2=\frac{1}{2}k+1\\ x_3=k\\ x_4=4\end{cases}$，其中 k 为任意常数.　(2) $\begin{cases}x_1=0\\ x_2=-2\\ x_3=3\\ x_4=6\end{cases}$.

7. (1) $\begin{cases}x_1=-\frac{3}{2}k_1-k_2\\ x_2=\frac{7}{2}k_1-2k_2\\ x_3=k_1\\ x_4=k_2\end{cases}$，其中 k_1, k_2 为任意常数.

(2) $\begin{cases} x_1=-\frac{2}{3}k_1-\frac{4}{3}k_2-\frac{8}{3}k_3 \\ x_2=k_1 \\ x_3=k_2+3k_3 \\ x_4=k_2 \\ x_5=k_3 \end{cases}$， 其中 k_1,k_2,k_3 为任意常数.

8. (1) 当 $a=-1$ 且 $b\neq 3$ 时，$R(\boldsymbol{B})=3$ 而 $R(\boldsymbol{A})=2$，原线性方程组无解.

(2) 当 $a\neq -1$ 时，$R(\boldsymbol{B})=R(\boldsymbol{A})=3$，原线性方程组有唯一解

$$\begin{pmatrix} x_1 \\ x_2 \\ x_3 \end{pmatrix}=\frac{1}{a+1}\begin{pmatrix} 2a+b-1 \\ -a-b+2 \\ -b+3 \end{pmatrix}.$$

(3) 当 $a=-1$ 且 $b=3$ 时，$R(\boldsymbol{B})=R(\boldsymbol{A})=2$，原线性方程组有无限多个解

$$\begin{pmatrix} x_1 \\ x_2 \\ x_3 \end{pmatrix}=\begin{pmatrix} -c+2 \\ c-1 \\ c \end{pmatrix}，\quad 其中 c 为任意常数.$$

习题 2

1. $\boldsymbol{A}+\boldsymbol{B}=\begin{pmatrix} 0 & 3 & 2 \\ -1 & -8 & 7 \end{pmatrix}$，$\boldsymbol{A}-\boldsymbol{B}=\begin{pmatrix} 2 & 1 & -2 \\ 3 & 2 & -3 \end{pmatrix}$，$2\boldsymbol{A}^{\mathrm{T}}-3\boldsymbol{B}^{\mathrm{T}}=\begin{bmatrix} 5 & 8 \\ 1 & 9 \\ -6 & -11 \end{bmatrix}$.

2. $\boldsymbol{C}=\begin{bmatrix} \frac{3}{4} & \frac{3}{8} & -\frac{1}{2} \\ \frac{5}{8} & \frac{5}{2} & \frac{19}{8} \\ -\frac{5}{8} & \frac{1}{2} & \frac{5}{8} \end{bmatrix}$.

3. (1) $\boldsymbol{A}+\boldsymbol{B}=\begin{bmatrix} 121 & 52 & 28 & 9 \\ 162 & 60 & 38 & 12 \\ 145 & 53 & 32 & 8 \end{bmatrix}$，它代表三个商店在第一个月和第二个月进货四种产品的总的数量. $\boldsymbol{A}-\boldsymbol{B}=\begin{bmatrix} -5 & 2 & 2 & -1 \\ -18 & 0 & -2 & -2 \\ -15 & -3 & -4 & -2 \end{bmatrix}$，它代表三个商店在第一个月和第二个月进货四种产品的数量之差.

(2) $\frac{1}{2}(\boldsymbol{A}+\boldsymbol{B})=\begin{bmatrix} 60.5 & 26 & 14 & 4.5 \\ 81 & 30 & 19 & 6 \\ 72.5 & 26.5 & 16 & 4 \end{bmatrix}$，它代表三个商店在第一个月和第二个月进货四种产品的平均数量.

4. $\boldsymbol{AB}=a_1b_1+a_2b_2+\cdots+a_nb_n$，$\boldsymbol{BA}=\begin{bmatrix} b_1a_1 & b_1a_2 & \cdots & b_1a_n \\ b_2a_1 & b_2a_2 & \cdots & b_2a_n \\ \vdots & \vdots & & \vdots \\ b_na_1 & b_na_2 & \cdots & b_na_n \end{bmatrix}$. 若 $\boldsymbol{AB}=\boldsymbol{BA}$，则 $n=1$，这时 $\boldsymbol{AB}=\boldsymbol{BA}=(a_1b_1)$.

5. (1) $\begin{pmatrix} -13 & 2 \\ -10 & 2 \end{pmatrix}$. (2) $\begin{pmatrix} -2 & -5 \\ 3 & 6 \end{pmatrix}$. (3) $\begin{pmatrix} -2 & -24 \\ -17 & -5 \\ 20 & -1 \end{pmatrix}$. (4) 75. (5) $\begin{pmatrix} -2 & 1 & 9 \\ 3 & 0 & 13 \\ 1 & 7 & 20 \end{pmatrix}$.

6. $\begin{pmatrix} 3^{k-1} & \frac{3^{k-1}}{2} & 3^{k-2} \\ 2\cdot 3^{k-1} & 3^{k-1} & 2\cdot 3^{k-2} \\ 3^k & \frac{3^k}{2} & 3^{k-1} \end{pmatrix}$.

7. $\sum_{i,j=1}^{n} a_{ij}x_ix_j$.

8. (1) $\boldsymbol{A}=\begin{pmatrix} 0 & 1 \\ 0 & 0 \end{pmatrix}$. (2) $\boldsymbol{A}=\begin{pmatrix} 1 & 0 \\ 0 & 0 \end{pmatrix}$. (3) $\boldsymbol{A}=\begin{pmatrix} 1 & 0 \\ 0 & -1 \end{pmatrix}$.

(4) $\boldsymbol{A}=\begin{pmatrix} 0 & 0 \\ 0 & 0 \end{pmatrix}$, $\boldsymbol{B}=\begin{pmatrix} 1 & 2 \\ 3 & 4 \end{pmatrix}$, $\boldsymbol{C}=\begin{pmatrix} -3 & 4 \\ -1 & 2 \end{pmatrix}$.

10. $\boldsymbol{B}=\begin{pmatrix} b_{11} & b_{12} & b_{13} \\ 0 & b_{11} & 0 \\ 0 & b_{32} & b_{33} \end{pmatrix}$,其中 $b_{11},b_{12},b_{13},b_{32},b_{33}$ 为任意常数.

11. -2.

12. (1) $3abc-a^3-b^3-c^3$. (2) 110. (3) $x^4+a_1x^3+a_2x^2+a_3x+a_4$.

(4) $a(a-b)^3$. (5) $1-a+a^2-a^3+a^4-a^5$.

13. (1) $(-1)^{n+1}n!$. (2) $a^n+(-1)^{n+1}b^n$. (3) $(-1)^{n-1}\left(\sum_{i=1}^{n}a_i-x\right)x^{n-1}$.

(4) $(n-1)(-2)^{n-1}=(-1)^{n-1}(n-1)2^{n-1}$.

14. (1) $a^n+a^{n-1}b+a^{n-2}b^2+\cdots+b^n$. (2) $\cos n\alpha$.

(3) $\left(1+\frac{1}{a_1}+\frac{1}{a_2}+\cdots+\frac{1}{a_n}\right)a_1a_2\cdots a_n$. (4) $\begin{cases} 0, n>2 \\ (a_1-a_2)(x_2-x_1), n=2 \end{cases}$.

15. (1) $\prod_{0\leqslant j<i\leqslant n}(i-j)$. (2) $(x_1+x_2+\cdots+x_n)\prod_{1\leqslant j<i\leqslant n}(x_i-x_j)$.

16. 1.

17. $A_{11}+A_{12}+A_{13}+A_{14}=4, M_{11}+M_{21}+M_{31}+M_{41}=0$.

18. 当 $t=1$ 时,$R(\boldsymbol{A})=1$. 当 $t\neq 1$ 且 $t=-2$ 时 $R(\boldsymbol{A})=2$. 当 $t\neq 1$ 且 $t\neq -2$ 时 $R(\boldsymbol{A})=3$.

19. $x_1=1, x_2=2, x_3=3, x_4=-1$.

20. $a\neq 3$ 且 $a\neq 0$.

21. $\lambda=1$ 或 $\mu=0$.

23. $\boldsymbol{AB}=\left(\begin{array}{cc|cc} 1 & 0 & -1 & 0 \\ -1 & -3 & 0 & -1 \\ \hline 4 & 3 & 1 & 2 \\ -3 & -4 & 3 & 0 \end{array}\right)$.

24. $(\boldsymbol{A}-\boldsymbol{E})(\boldsymbol{A}+2\boldsymbol{E})=2\boldsymbol{E}$.

25. $\frac{1}{2}$.

27. $\frac{1}{9}$.

28. $-\frac{16}{27}$.

31. (1) $\begin{pmatrix}3 & 5\\ 1 & 2\end{pmatrix}$. (2) $\begin{pmatrix}\frac{1}{3} & 0 & \frac{1}{3}\\ -\frac{2}{3} & 1 & -\frac{2}{3}\\ -1 & 1 & 0\end{pmatrix}$. (3) $\begin{pmatrix}\frac{1}{9} & \frac{1}{9} & \frac{1}{3} & \frac{8}{9}\\ -\frac{1}{3} & \frac{2}{3} & 0 & \frac{1}{3}\\ -\frac{1}{9} & -\frac{1}{9} & \frac{2}{3} & \frac{1}{9}\\ -\frac{1}{9} & -\frac{1}{9} & -\frac{1}{3} & \frac{1}{9}\end{pmatrix}$.

32. $\begin{pmatrix}6 & 0 & 0 & 0\\ 0 & 6 & 0 & 0\\ 6 & 0 & 6 & 0\\ 0 & 3 & 0 & -1\end{pmatrix}$.

33. $\boldsymbol{A}^* \cdot (\boldsymbol{A}^*)^* = |\boldsymbol{A}^*|\boldsymbol{E}, |(\boldsymbol{A}^*)^*| = |\boldsymbol{A}|^{(n-1)^2}$.

34. $\frac{1}{6}\begin{pmatrix}-2+3\cdot 2^{15}+3^{15} & -2-2\cdot 3^{15} & -2-3\cdot 2^{15}+3^{15}\\ -2-2\cdot 3^{15} & -2+4\cdot 3^{15} & -2-2\cdot 3^{15}\\ -2-3\cdot 2^{15}+3^{15} & -2-2\cdot 3^{15} & -2+3\cdot 2^{15}+3^{15}\end{pmatrix}$.

35. (1) $\begin{pmatrix}-\frac{1}{3} & -3\\ 1 & 3\\ \frac{2}{3} & -1\end{pmatrix}$. (2) $\begin{pmatrix}-1 & -2 & 1\\ -1 & \frac{1}{3} & \frac{1}{3}\end{pmatrix}$. (3) $\begin{pmatrix}-1 & 2 & 1\\ 1 & -1 & 2\\ 1 & 0 & -3\end{pmatrix}$.

36. $(\boldsymbol{A}-\boldsymbol{B})\boldsymbol{X}(\boldsymbol{A}-\boldsymbol{B})=\boldsymbol{E}, \boldsymbol{X}=\begin{pmatrix}1 & 2 & 5\\ 0 & 1 & 2\\ 0 & 0 & 1\end{pmatrix}$.

37. (3) $\boldsymbol{A}=\begin{pmatrix}1 & \frac{1}{2} & 0\\ -\frac{1}{3} & 1 & 0\\ 0 & 0 & 2\end{pmatrix}$.

38. -3.

39. 2.

40. $\begin{pmatrix}\boldsymbol{A}_1^{-1} & \boldsymbol{0}\\ -\boldsymbol{A}_2^{-1}\boldsymbol{C}\boldsymbol{A}_1^{-1} & \boldsymbol{A}_2^{-1}\end{pmatrix}$.

习题 3

1. $\begin{pmatrix}6\\ -7\\ 4\\ 4\end{pmatrix}$.

2. $\begin{pmatrix} 2.9 \\ -2.7 \\ 1.6 \\ -1.7 \end{pmatrix}$.

3. 线性方程组$\boldsymbol{\beta}=k_1\boldsymbol{\alpha}_1+k_2\boldsymbol{\alpha}_2+k_3\boldsymbol{\alpha}_3$有解$k_1=2,k_2=-1,k_3=0$.

4. 齐次线性方程组$k_1\boldsymbol{\alpha}_1+k_2\boldsymbol{\alpha}_2+k_3\boldsymbol{\alpha}_3=\boldsymbol{0}$有非零解$k_1=7,k_2=-2,k_3=3$.

6. (1) 线性相关. (2) 线性无关.

9. $\lambda\neq-3$.

12. 均不正确.

16. $|\boldsymbol{B}|=2$.

17. (1) $\boldsymbol{\alpha}_1,\boldsymbol{\alpha}_2,\boldsymbol{\alpha}_4$可作为所给向量组的极大无关组,进而该向量组的秩为3.这时,有

$$\boldsymbol{\alpha}_3=\boldsymbol{\alpha}_1-\boldsymbol{\alpha}_2+0\boldsymbol{\alpha}_4.$$

(2) $\boldsymbol{\alpha}_1,\boldsymbol{\alpha}_2$可作为所给向量组的极大无关组,进而该向量组的秩为2.这时,有

$$\boldsymbol{\alpha}_3=-\boldsymbol{\alpha}_1+\boldsymbol{\alpha}_2,\quad \boldsymbol{\alpha}_4=-2\boldsymbol{\alpha}_1+\boldsymbol{\alpha}_2.$$

18. (1) 是. (2) 不是.

19. 向量$\boldsymbol{\alpha}$在该基下的坐标为$(3,-1,0)$.

20. $\begin{pmatrix} 2 & 3 & 4 \\ 0 & -1 & 0 \\ -1 & 0 & -1 \end{pmatrix}$.

21. (1) 基础解系为$\boldsymbol{\xi}_1=\begin{pmatrix} -1 \\ 1 \\ 0 \\ 0 \\ 0 \end{pmatrix},\boldsymbol{\xi}_2=\begin{pmatrix} -1 \\ 0 \\ -1 \\ 0 \\ 1 \end{pmatrix}$. (2) 基础解系为$\boldsymbol{\xi}_1=\begin{pmatrix} -3 \\ 7 \\ 2 \\ 0 \\ 0 \end{pmatrix},\boldsymbol{\xi}_2=\begin{pmatrix} -1 \\ -2 \\ 0 \\ 1 \\ 0 \end{pmatrix}$.

23. $\boldsymbol{x}=k\begin{pmatrix} 1 \\ 1 \\ \vdots \\ 1 \end{pmatrix}$.

24. (1) 若s为奇数,则$t_1\neq-t_2$. (2) 若s为偶数,则$t_1\neq\pm t_2$.

25. (1) $\boldsymbol{\xi}_1=\begin{pmatrix} 5 \\ -3 \\ 1 \\ 0 \end{pmatrix},\boldsymbol{\xi}_2=\begin{pmatrix} -3 \\ 2 \\ 0 \\ 1 \end{pmatrix}$. (2) 当$a=-1$时,所有非零公共解为

$$\boldsymbol{\xi}=c_1\begin{pmatrix} 5 \\ -3 \\ 1 \\ 0 \end{pmatrix}+c_2\begin{pmatrix} -3 \\ 2 \\ 0 \\ 1 \end{pmatrix},\quad \text{其中 } c_1 \text{ 和 } c_2 \text{ 为不全为零的任意常数.}$$

26. (1) $\boldsymbol{x}=k_1\begin{pmatrix}3\\2\\1\\0\end{pmatrix}+k_2\begin{pmatrix}5\\-7\\0\\1\end{pmatrix}+\begin{pmatrix}-2\\5\\0\\0\end{pmatrix}$. (2) $\boldsymbol{x}=k_1\begin{pmatrix}-2\\3\\0\\0\\0\end{pmatrix}+k_2\begin{pmatrix}-1\\0\\0\\3\\0\end{pmatrix}+\begin{pmatrix}6\\0\\13\\1\\-34\end{pmatrix}$.

27. 当$\lambda=-\frac{4}{5}$时,原方程组无解. 当$\lambda\neq-\frac{4}{5}$且$\lambda\neq1$时,$R(\boldsymbol{A})=R(\boldsymbol{B})=3$,原方程组有唯一解. 当$\lambda=1$时,$\boldsymbol{x}=\begin{pmatrix}1\\k-1\\k\end{pmatrix}$,其中$k$为任意常数.

28. (1) 当$\lambda\neq-2$时,$R(\boldsymbol{A})\neq R(\boldsymbol{B})$,原方程组无解.

(2) 当$\lambda=-2$且$\mu\neq-8$时,$\boldsymbol{x}=\begin{pmatrix}-k-1\\-2k+1\\0\\k\end{pmatrix}=k\begin{pmatrix}-1\\-2\\0\\1\end{pmatrix}+\begin{pmatrix}-1\\1\\0\\0\end{pmatrix}$.

(3) 当$\lambda=-2$且$\mu=-8$时,$\boldsymbol{x}=k_1\begin{pmatrix}4\\-2\\1\\0\end{pmatrix}+k_2\begin{pmatrix}-1\\-2\\0\\1\end{pmatrix}+\begin{pmatrix}-1\\1\\0\\0\end{pmatrix}$.

29. $\boldsymbol{x}=k\begin{pmatrix}1\\2\\1\end{pmatrix}+\begin{pmatrix}\frac{1}{2}\\1\\0\end{pmatrix}$.

30. $k\begin{pmatrix}3\\4\\5\\6\end{pmatrix}+\begin{pmatrix}2\\3\\4\\5\end{pmatrix}$.

31. (2) $a=2$且$b=-3$. $\boldsymbol{x}=k_1\begin{pmatrix}-2\\1\\1\\0\end{pmatrix}+k_2\begin{pmatrix}4\\-5\\0\\1\end{pmatrix}+\begin{pmatrix}2\\-3\\0\\0\end{pmatrix}$.

32. (1) 当$a=0$时,$\boldsymbol{x}=k_1\begin{pmatrix}-1\\1\\0\\\vdots\\0\end{pmatrix}+k_2\begin{pmatrix}-1\\0\\1\\\vdots\\0\end{pmatrix}+\cdots+k_{n-1}\begin{pmatrix}-1\\0\\0\\\vdots\\1\end{pmatrix}$.

(2) 当$a=-\frac{n(n+1)}{2}$时,$\boldsymbol{x}=k\begin{pmatrix}1\\2\\\vdots\\n\end{pmatrix}$.

33. $\boldsymbol{x}=k\begin{pmatrix}1\\-2\\1\\0\end{pmatrix}+\begin{pmatrix}1\\1\\1\\1\end{pmatrix}$.

34. $\boldsymbol{x}=k_1\begin{pmatrix}a_{11}\\a_{12}\\\vdots\\a_{1,2n}\end{pmatrix}+k_2=\begin{pmatrix}a_{21}\\a_{22}\\\vdots\\a_{2,2n}\end{pmatrix}+\cdots+k_n\begin{pmatrix}a_{n1}\\a_{n2}\\\vdots\\a_{n,2n}\end{pmatrix}$.

35. (2) $a\neq0$,根据 Cramer 法则,知 $x_1=\frac{n}{(n+1)a}$.

(3) $a=0$,线性方程组 $\boldsymbol{Ax}=\boldsymbol{b}$ 的通解为

$$k\boldsymbol{\xi}+\boldsymbol{\eta}^*=k\begin{pmatrix}1\\0\\0\\\vdots\\0\end{pmatrix}+\begin{pmatrix}0\\1\\0\\\vdots\\0\end{pmatrix},\quad \text{其中 } k \text{ 为任意常数.}$$

习题 4

2. (1) $\boldsymbol{A}$ 的对应于 1 的全部特征向量为 $k_1\boldsymbol{\xi}_1=k_1\begin{pmatrix}-1\\-2\\1\end{pmatrix}$,其中 k_1 不为 0. $\boldsymbol{A}$ 的对应于 2 的全部特征向量为 $k_2\boldsymbol{\xi}_2=k_2\begin{pmatrix}0\\0\\1\end{pmatrix}$,其中 k_2 不为 0.

(2) $\boldsymbol{A}$ 的对应于 2 的全部特征向量为 $k_1\boldsymbol{\xi}_1+k_2\boldsymbol{\xi}_2=k_1\begin{pmatrix}1\\0\\4\end{pmatrix}+k_2\begin{pmatrix}0\\1\\-1\end{pmatrix}$,其中 k_1,k_2 不全为 0. $\boldsymbol{A}$ 的对应于 -1 的全部特征向量为 $k_3\boldsymbol{\xi}_3=k_3\begin{pmatrix}1\\0\\1\end{pmatrix}$,其中 k_3 不为 0.

(3) $\boldsymbol{A}$ 的对应于 2 的全部特征向量为

$k_1\boldsymbol{\xi}_1+k_2\boldsymbol{\xi}_2+k_3\boldsymbol{\xi}_3=k_1\begin{pmatrix}1\\1\\0\\0\end{pmatrix}+k_2\begin{pmatrix}1\\0\\1\\0\end{pmatrix}+k_3\begin{pmatrix}1\\0\\0\\1\end{pmatrix}$,其中 k_1,k_2,k_3 不全为 0. $\boldsymbol{A}$ 的对应于 -2 的全部特征向量为 $k_4\boldsymbol{\xi}_4=k_4\begin{pmatrix}-1\\1\\1\\1\end{pmatrix}$,其中 k_4 不为 0.

3. (1) $\boldsymbol{\beta}=2\boldsymbol{p}_1-2\boldsymbol{p}_2+\boldsymbol{p}_3$. (2) $\begin{pmatrix}2-2^{k+1}+3^k\\2-2^{k+2}+3^{k+1}\\2-2^{k+3}+3^{k+2}\end{pmatrix}$.

4. $k=1,k=-2$.

5. $a=2,b=1,\lambda=1$ 或 $a=2,b=-2,\lambda=4$.

6. $\begin{pmatrix}-2&3&-3\\-4&5&-3\\-4&4&-2\end{pmatrix}$.

7. (2) $\boldsymbol{\xi}_1=\begin{pmatrix}-\dfrac{a_2}{a_1}\\1\\0\\\vdots\\0\end{pmatrix}$, $\boldsymbol{\xi}_2=\begin{pmatrix}-\dfrac{a_3}{a_1}\\0\\1\\\vdots\\0\end{pmatrix}$, …, $\boldsymbol{\xi}_{n-1}=\begin{pmatrix}-\dfrac{a_n}{a_1}\\0\\0\\\vdots\\1\end{pmatrix}$, $\boldsymbol{\xi}_n=\begin{pmatrix}a_1\\a_2\\a_3\\\vdots\\a_n\end{pmatrix}$.

9. (1) -1344. (2) 25.

13. (1) $\boldsymbol{A}^2=\boldsymbol{\alpha\beta}^{\mathrm{T}}\cdot\boldsymbol{\alpha\beta}^{\mathrm{T}}=\boldsymbol{\alpha}(\boldsymbol{\beta}^{\mathrm{T}}\boldsymbol{\alpha})\boldsymbol{\beta}^{\mathrm{T}}=0\,\boldsymbol{\alpha\beta}^{\mathrm{T}}=\boldsymbol{0}$.

(2) 设 λ 为 $\boldsymbol{A}$ 的特征值,则 $\lambda^2=0$,进而 $\lambda=0$. 由于 $\boldsymbol{\alpha}$,$\boldsymbol{\beta}$ 均为非零向量,不妨设 $a_1\neq0,b_1\neq0$. 考虑齐次线性方程组 $(\boldsymbol{A}-0\boldsymbol{E})\boldsymbol{x}=\boldsymbol{0}$,其系数矩阵为

$$\boldsymbol{A}=\begin{pmatrix}a_1b_1&a_1b_2&\cdots&a_1b_n\\a_2b_1&a_2b_2&\cdots&a_2b_n\\\vdots&\vdots&&\vdots\\a_nb_1&a_nb_2&\cdots&a_nb_n\end{pmatrix}\xrightarrow{\frac{1}{a_1}r_1}\begin{pmatrix}b_1&b_2&\cdots&b_n\\a_2b_1&a_2b_2&\cdots&a_2b_n\\\vdots&\vdots&&\vdots\\a_nb_1&a_nb_2&\cdots&a_nb_n\end{pmatrix}\xrightarrow[-a_nr_1+r_n]{\substack{-a_2r_1+r_2\\-a_3r_1+r_3\\\vdots}}\begin{pmatrix}b_1&b_2&\cdots&b_n\\0&0&\cdots&0\\\vdots&\vdots&&\vdots\\0&0&\cdots&0\end{pmatrix}.$$

同解的齐次线性方程组为 $b_1x_1+b_2x_2+\cdots+b_nx_n=0$,其基础解系为

$$\boldsymbol{\xi}_1=\begin{pmatrix}-\dfrac{b_2}{b_1}\\1\\0\\\vdots\\0\end{pmatrix},\quad\boldsymbol{\xi}_2=\begin{pmatrix}-\dfrac{b_3}{b_1}\\0\\1\\\vdots\\0\end{pmatrix},\quad\cdots,\quad\boldsymbol{\xi}_{n-1}=\begin{pmatrix}\dfrac{b_n}{b_1}\\0\\0\\\vdots\\1\end{pmatrix}.$$

14. $a=0,b=1$.

15. $1,-2$ 和 $\dfrac{3}{5}$ 是 $\boldsymbol{A}$ 的特征值.

17. $a=3$, $\boldsymbol{P}=\begin{pmatrix}1&0&-1\\3&1&0\\4&0&1\end{pmatrix}$, $\boldsymbol{P}^{-1}\boldsymbol{AP}=\begin{pmatrix}6&&\\&1&\\&&1\end{pmatrix}$.

18. (1) $\boldsymbol{P}^{-1}(\boldsymbol{x}\ \boldsymbol{Ax}\ \boldsymbol{A}^2\boldsymbol{x})=\boldsymbol{E}$, $\boldsymbol{B}=\boldsymbol{P}^{-1}\boldsymbol{AP}=\begin{pmatrix}0&0&0\\1&0&3\\0&1&-2\end{pmatrix}$. (2) $|\boldsymbol{A}+\boldsymbol{E}|=|\boldsymbol{B}+\boldsymbol{E}|=-4$.

19. $\boldsymbol{P}=\begin{pmatrix}0&-2&1\\1&-1&0\\1&1&0\end{pmatrix}$， $\boldsymbol{B}=\boldsymbol{P}^{-1}\boldsymbol{A}\boldsymbol{P}$.

20. (1) $a=-3,b=0,\lambda=-1$. (2) $\boldsymbol{A}$ 不能对角化.

21. (1) $a=5,b=6$.

(2) 令 $\boldsymbol{P}=\begin{pmatrix}-1&1&-1\\1&0&2\\0&1&-3\end{pmatrix}$，则 $\boldsymbol{P}^{-1}\boldsymbol{A}\boldsymbol{P}=\boldsymbol{B}=\begin{pmatrix}2&&\\&2&\\&&6\end{pmatrix}$.

22. (1) $\boldsymbol{B}=\begin{pmatrix}1&0&0\\1&2&2\\1&1&3\end{pmatrix}$. (2) 1，1，4. (3) $\boldsymbol{P}=(\boldsymbol{\alpha}_1\ \boldsymbol{\alpha}_2\ \boldsymbol{\alpha}_3)\begin{pmatrix}-1&-2&0\\1&0&1\\0&1&1\end{pmatrix}$.

23. (1) 记 $m=\left(\sum_{i=1}^{n}a_i^2\right)^{k-1}$，有 $\boldsymbol{A}^k=m\boldsymbol{A}$.

(2) $\boldsymbol{P}=\begin{pmatrix}-\frac{a_2}{a_1}&-\frac{a_3}{a_1}&\cdots&-\frac{a_n}{a_1}&a_1\\1&0&\cdots&0&a_2\\0&1&\cdots&0&a_3\\\vdots&\vdots&&\vdots&\vdots\\0&0&\cdots&1&a_n\end{pmatrix}$， $\boldsymbol{P}^{-1}\boldsymbol{A}\boldsymbol{P}=\begin{pmatrix}0&&&\\&\ddots&&\\&&0&\\&&&\sum_{i=1}^{n}a_i^2\end{pmatrix}$.

习题 5

1. (1) $\begin{pmatrix}1&\frac{1}{2}&-\frac{3}{2}\\\frac{1}{2}&1&2\\-\frac{3}{2}&2&-2\end{pmatrix}$. (2) $\begin{pmatrix}1&-\frac{3}{2}&2\\-\frac{3}{2}&-2&\frac{1}{2}\\2&\frac{1}{2}&-3\end{pmatrix}$.

(3) $\begin{pmatrix}0&\frac{1}{2}&-\frac{3}{2}&0\\\frac{1}{2}&0&2&\frac{1}{2}\\-\frac{3}{2}&2&0&0\\0&\frac{1}{2}&0&0\end{pmatrix}$. (4) $\frac{1}{|\boldsymbol{A}|}\begin{pmatrix}A_{11}&A_{12}&\cdots&A_{1n}\\A_{21}&A_{22}&\cdots&A_{2n}\\\vdots&\vdots&&\vdots\\A_{n1}&A_{n2}&\cdots&A_{nn}\end{pmatrix}=\boldsymbol{A}^{-1}$.

2. (1) $f=x_1^2+5x_1x_2+4x_2^2=(x_1,x_2)\begin{pmatrix}1&\frac{5}{2}\\\frac{5}{2}&4\end{pmatrix}\begin{pmatrix}x_1\\x_2\end{pmatrix}$.

(2) $f=-x_1^2-2x_2^2-x_3^2+5x_1x_2+5x_1x_3+3x_2x_3$

$$=(x_1,x_2,x_3)\begin{pmatrix}-1 & \frac{5}{2} & \frac{5}{2}\\ \frac{5}{2} & -2 & \frac{3}{2}\\ \frac{5}{2} & \frac{3}{2} & -1\end{pmatrix}\begin{pmatrix}x_1\\x_2\\x_3\end{pmatrix}.$$

5. (1) $\begin{pmatrix}x_1\\x_2\\x_3\\x_4\end{pmatrix}=\begin{pmatrix}2 & 1 & -3 & -1\\ 1 & -3 & -2 & 0\\ 0 & -1 & 4 & 0\\ 0 & 0 & 0 & 1\end{pmatrix}\begin{pmatrix}y_1\\y_2\\y_3\\y_4\end{pmatrix}$,

(2) $\begin{pmatrix}y_1\\y_2\\y_3\\y_4\end{pmatrix}=\begin{pmatrix}\sqrt{3} & 0 & 0 & 0\\ 0 & 1 & 0 & 0\\ 0 & 0 & 2 & 0\\ 0 & 0 & 0 & -1\end{pmatrix}\begin{pmatrix}z_1\\z_2\\z_3\\z_4\end{pmatrix}$, $\begin{pmatrix}x_1\\x_2\\x_3\\x_4\end{pmatrix}=\begin{pmatrix}2\sqrt{3} & 1 & -6 & 1\\ \sqrt{3} & -3 & -4 & 0\\ 0 & -1 & 8 & 0\\ 0 & 0 & 0 & -1\end{pmatrix}\begin{pmatrix}z_1\\z_2\\z_3\\z_4\end{pmatrix}$.

6. (1) $\begin{pmatrix}x_1\\x_2\\x_3\end{pmatrix}=\begin{pmatrix}1 & -1 & 1\\ 0 & 1 & -2\\ 0 & 0 & 1\end{pmatrix}\begin{pmatrix}y_1\\y_2\\y_3\end{pmatrix}$, $f=y_1^2+y_2^2$.

(2) $\begin{pmatrix}x_1\\x_2\\x_3\end{pmatrix}=\begin{pmatrix}1 & 1 & 3\\ 1 & -1 & -1\\ 0 & 0 & 1\end{pmatrix}\begin{pmatrix}z_1\\z_2\\z_3\end{pmatrix}$, $f=z_1^2-z_2^2+3z_3^2$.

7. $(\boldsymbol{\alpha},\boldsymbol{\beta})=0$, $\|\boldsymbol{\alpha}\|=3\sqrt{2}$, $\|\boldsymbol{\beta}\|=\sqrt{10}$, $\|\boldsymbol{\alpha}-\boldsymbol{\beta}\|=2\sqrt{7}$.

8. $\frac{1}{\sqrt{158}}\begin{pmatrix}0\\-1\\-6\\11\end{pmatrix}$.

9. 先正交化. $\boldsymbol{\beta}_1=\boldsymbol{\alpha}_1=\begin{pmatrix}0\\0\\1\\1\end{pmatrix}$. $\boldsymbol{\beta}_2=\begin{pmatrix}1\\0\\\frac{1}{2}\\-\frac{1}{2}\end{pmatrix}$. $\boldsymbol{\beta}_3=\begin{pmatrix}\frac{1}{3}\\1\\-\frac{1}{3}\\\frac{1}{3}\end{pmatrix}$. $\boldsymbol{\beta}_4=\begin{pmatrix}1\\-1\\-1\\1\end{pmatrix}$.

再单位化. $\boldsymbol{p}_1=\begin{pmatrix}0\\0\\\frac{1}{\sqrt{2}}\\\frac{1}{\sqrt{2}}\end{pmatrix}$. $\boldsymbol{p}_2=\begin{pmatrix}\frac{2}{\sqrt{6}}\\0\\\frac{1}{\sqrt{6}}\\-\frac{1}{\sqrt{6}}\end{pmatrix}$. $\boldsymbol{p}_3=\begin{pmatrix}\frac{\sqrt{3}}{6}\\\frac{\sqrt{3}}{2}\\-\frac{\sqrt{3}}{6}\\\frac{\sqrt{3}}{6}\end{pmatrix}$. $\boldsymbol{p}_4=\begin{pmatrix}\frac{1}{2}\\-\frac{1}{2}\\-\frac{1}{2}\\\frac{1}{2}\end{pmatrix}$.

10. $\boldsymbol{p}_1=\begin{pmatrix}\frac{1}{\sqrt{15}}\\\frac{1}{\sqrt{15}}\\\frac{2}{\sqrt{15}}\\\frac{3}{\sqrt{15}}\end{pmatrix}$, $\boldsymbol{p}_2=\begin{pmatrix}-\frac{2}{\sqrt{39}}\\\frac{1}{\sqrt{39}}\\\frac{5}{\sqrt{39}}\\-\frac{3}{\sqrt{39}}\end{pmatrix}$.

11. $\boldsymbol{\alpha}_2=\begin{pmatrix}-1\\1\\0\end{pmatrix}$, $\boldsymbol{\alpha}_3=\frac{1}{2}\begin{pmatrix}1\\1\\2\end{pmatrix}$.

12. 不是.

13. $\boldsymbol{A}=\begin{pmatrix}\frac{1}{2}&-\frac{1}{2}&-\frac{1}{2}&-\frac{1}{2}\\-\frac{1}{2}&\frac{1}{2}&-\frac{1}{2}&-\frac{1}{2}\\-\frac{1}{2}&-\frac{1}{2}&\frac{1}{2}&-\frac{1}{2}\\-\frac{1}{2}&-\frac{1}{2}&-\frac{1}{2}&\frac{1}{2}\end{pmatrix}$, $\begin{pmatrix}\frac{1}{2}&-\frac{1}{2}&-\frac{1}{2}&-\frac{1}{2}\\-\frac{1}{2}&\frac{1}{2}&-\frac{1}{2}&-\frac{1}{2}\\-\frac{1}{2}&-\frac{1}{2}&\frac{1}{2}&-\frac{1}{2}\\\frac{1}{2}&\frac{1}{2}&\frac{1}{2}&-\frac{1}{2}\end{pmatrix}$.

15. (1) 令 $\boldsymbol{P}=\begin{pmatrix}\frac{1}{3}&-\frac{2}{3}&\frac{2}{3}\\\frac{2}{3}&-\frac{1}{3}&-\frac{2}{3}\\\frac{2}{3}&\frac{2}{3}&\frac{1}{3}\end{pmatrix}$,则 $\boldsymbol{P}$ 是正交矩阵且 $\boldsymbol{P}^{-1}\boldsymbol{AP}=\begin{pmatrix}-2&&\\&1&\\&&4\end{pmatrix}$.

(2) 令 $\boldsymbol{P}=\begin{pmatrix}-\frac{1}{\sqrt{5}}&-\frac{2}{\sqrt{30}}&\frac{2}{\sqrt{6}}\\\frac{2}{\sqrt{5}}&-\frac{1}{\sqrt{30}}&\frac{1}{\sqrt{6}}\\0&\frac{5}{\sqrt{30}}&\frac{1}{\sqrt{6}}\end{pmatrix}$,则 $\boldsymbol{P}$ 是正交矩阵且 $\boldsymbol{P}^{-1}\boldsymbol{AP}=\begin{pmatrix}5&&\\&5&\\&&-1\end{pmatrix}$.

16. $\begin{pmatrix}0&6&6\\6&3&0\\6&0&-3\end{pmatrix}$.

17. (1) $\boldsymbol{B\alpha}_1=(\lambda_1^5-4\lambda_1^3+1)\boldsymbol{\alpha}_1=-2\boldsymbol{\alpha}_1$. $\boldsymbol{B}$ 的对应于特征值 -2 的特征向量为 $k_1\boldsymbol{\alpha}_1=k_1\begin{pmatrix}1\\-1\\1\end{pmatrix}$,其中 k_1 为任意不为 0 的实数,$\boldsymbol{B}$ 的对应于特征值 1 的特征向量为 $k_2\boldsymbol{\alpha}_2+k_3\boldsymbol{\alpha}_3=k_2\begin{pmatrix}1\\1\\0\end{pmatrix}+k_3\begin{pmatrix}-1\\0\\1\end{pmatrix}$,其中 k_2 和 k_3 为任意不全为 0 的实数.

(2) $\boldsymbol{B}=\begin{pmatrix} 0 & 1 & -1 \\ 1 & 0 & 1 \\ -1 & 1 & 0 \end{pmatrix}$.

19. $\boldsymbol{A}$ 与 $\boldsymbol{B}$ 等价、相似且合同.

20. 令正交变换为 $\begin{pmatrix} x \\ y \end{pmatrix}=\boldsymbol{P}\begin{pmatrix} x' \\ y' \end{pmatrix}$，其中 $\boldsymbol{P}=\begin{pmatrix} -\frac{1}{\sqrt{2}} & \frac{1}{\sqrt{2}} \\ \frac{1}{\sqrt{2}} & \frac{1}{\sqrt{2}} \end{pmatrix}$，则 $f=x'^2+9y'^2$，于是 $5x^2+5y^2+8xy=1$ 的标准方程为 $x'^2+9y'^2=1$，它是椭圆方程.

22. (1) 正交变换为 $\boldsymbol{x}=\begin{pmatrix} -\frac{1}{\sqrt{2}} & -\frac{1}{\sqrt{6}} & \frac{1}{\sqrt{3}} \\ \frac{1}{\sqrt{2}} & -\frac{1}{\sqrt{6}} & \frac{1}{\sqrt{3}} \\ 0 & \frac{2}{\sqrt{6}} & \frac{1}{\sqrt{3}} \end{pmatrix}\boldsymbol{y}$，　$f=-y_1^2+y_2^2+4y_3^2$.

(2) 正交变换为 $\boldsymbol{x}=\begin{pmatrix} \frac{2}{\sqrt{5}} & -\frac{2}{3\sqrt{5}} & \frac{1}{3} \\ \frac{1}{\sqrt{5}} & \frac{4}{3\sqrt{5}} & -\frac{2}{3} \\ 0 & \frac{5}{3\sqrt{5}} & \frac{2}{3} \end{pmatrix}\boldsymbol{y}$，则 f 的标准形为 $f=9y_3^2$.

23. $\max\limits_{|\boldsymbol{x}|=1} f(\boldsymbol{x}) \xlongequal{x=Py} \max\limits_{|\boldsymbol{y}|=1} f(\boldsymbol{y})=\max\limits_{|\boldsymbol{y}|=1}(\lambda_1 y_1^2+\lambda_2 y_2^2+\cdots+\lambda_n y_n^2)\leqslant\lambda_1$.

24. $a=2$.

25. $a=3, b=1, \boldsymbol{P}=\begin{pmatrix} -\frac{1}{\sqrt{2}} & \frac{1}{\sqrt{3}} & \frac{1}{\sqrt{6}} \\ 0 & -\frac{1}{\sqrt{3}} & \frac{2}{\sqrt{6}} \\ \frac{1}{\sqrt{2}} & \frac{1}{\sqrt{3}} & \frac{1}{\sqrt{6}} \end{pmatrix}$.

26. (1) $a=0$.　(2) $\boldsymbol{P}=(\boldsymbol{p}_1, \boldsymbol{p}_2, \boldsymbol{p}_3)=\begin{pmatrix} \frac{1}{\sqrt{2}} & 0 & -\frac{1}{\sqrt{2}} \\ \frac{1}{\sqrt{2}} & 0 & \frac{1}{\sqrt{2}} \\ 0 & 1 & 0 \end{pmatrix}$，　$f=2y_1^2+2y_2^2$.

(3) $\begin{pmatrix} x_1 \\ x_2 \\ x_3 \end{pmatrix}=\begin{pmatrix} -k \\ k \\ 0 \end{pmatrix}$，其中 k 为任意常数.

27. (1) $\boldsymbol{A}$ 的对应于特征值 0 的所有特征向量为 $k_1\begin{pmatrix} -1 \\ 2 \\ -1 \end{pmatrix}+k_2\begin{pmatrix} 0 \\ -1 \\ 1 \end{pmatrix}$，其中 k_1, k_2 为不全为零的任意

常数. $\boldsymbol{A}$ 的对应于特征值 3 的所有特征向量为 $k_3\begin{pmatrix}1\\1\\1\end{pmatrix}$,其中 k_3 为不为零的任意常数.

(2) $\boldsymbol{P}=\begin{pmatrix}-\frac{1}{\sqrt{6}} & -\frac{1}{\sqrt{2}} & \frac{1}{\sqrt{3}}\\ \frac{2}{\sqrt{6}} & 0 & \frac{1}{\sqrt{3}}\\ -\frac{1}{\sqrt{6}} & \frac{1}{\sqrt{2}} & \frac{1}{\sqrt{3}}\end{pmatrix}$, $\boldsymbol{\Lambda}=\begin{pmatrix}0 & & \\ & 0 & \\ & & 3\end{pmatrix}$.

28. (1) 正定. (2) 不正定.

29. $-\frac{4}{5}<t<0$.

33. $k\neq 0$ 且 $k\neq 2$.

34. $\begin{vmatrix}1 & a_1 & 0 & \cdots & 0\\ 0 & 1 & a_2 & \cdots & 0\\ \vdots & \vdots & \vdots & & \vdots\\ 0 & 0 & 0 & \cdots & a_{n-1}\\ a_n & 0 & 0 & \cdots & 1\end{vmatrix}=1+(-1)^{n+1}a_1a_2\cdots a_n\neq 0$.

参 考 文 献

［1］ 同济大学数学系编. 线性代数(第五版). 北京：高等教育出版社，2007.

［2］ 胡一鸣. 线性代数辅导及习题精解(与同济四版配套). 北京：中国社会出版社，2006.

［3］ 卢刚. 线性代数(第二版). 北京：高等教育出版社，2004.

［4］ 魏占线. 线性代数(第二版). 沈阳：辽宁大学出版社，2000.

［5］ 同济大学数学系编. 高等数学(第六版). 北京：高等教育出版社，2007.

［6］ John H Mathews, Kurtis D Fink. Numerical Methods Using MATLAB(Third Edition). Pearson Education, Inc., Prentice Hall, 1999. (有影印本)

［7］ 张志涌. 刘瑞桢. 杨祖樱. 掌握和精通 MATLAB. 北京：北京航空航天大学出版社，1997.

［8］ Donald Hearn, M Pauline Baker. Computer Graphics with OpenGL (Third Edition). Pearson Education, Inc., 2004. (有中译本)

［9］ Rafael C Gonzalez, Richard E Woods. Digital Image Processing(Second Edition). Pearson Education, Inc., 2002. (有中译本)

［10］ 邓辉文. 离散数学. 北京：清华大学出版社，2006.

［11］ 同济大学应用数学系《线性代数》编写组. 线性代数(第二版). 上海：同济大学出版社，2003.

［12］ David C Lay. Linear Algebra and Its Applications (Third Edition). Pearson Education, Inc. as Addison-Wesley, 2003. (刘深泉等译，线性代数及其应用，机械工业出版社，2005.)

［13］ Steven J Leon. Linear Algebra with Applications(Sixth Edition). Pearson Education, Inc. publishing as Prentice-Hall, Inc., 2002.